重点大学计算机教材

程序设计基础教程

用C语言编程

刘奇志 尹存燕 曹迎春 编著
南京大学

Basics of Programming with

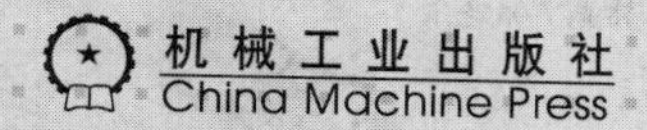

图书在版编目（CIP）数据

程序设计基础教程：用C语言编程 / 刘奇志，尹存燕，曹迎春编著. —北京：机械工业出版社，2018.3
（重点大学计算机教材）

ISBN 978-7-111-59389-8

Ⅰ. 程…　Ⅱ. ①刘…　②尹…　③曹…　Ⅲ. C语言－程序设计－高等学校－教材
Ⅳ. TP312.8

中国版本图书馆CIP数据核字（2018）第047696号

本书以C语言为媒介，结合具体的程序实例阐述程序设计的基本方法和理念，并直观地解释计算机求解问题的常用方法和思路。主要内容包括初识C程序、流程及其控制方法、模块设计方法、操作的描述、数据的描述等主要内容，并在此基础上依次介绍数组、指针、字符串、结构、文件等复杂数据及其操作的描述方法。

本书适合作为高等院校计算机及相关专业程序设计入门课程的教材，也适合其他对编程感兴趣的初学者阅读。

出版发行：机械工业出版社（北京市西城区百万庄大街22号　邮政编码：100037）
责任编辑：佘　洁　　　　责任校对：李秋荣
印　　刷：北京瑞德印刷有限公司　　　　版　　次：2018年4月第1版第1次印刷
开　　本：185mm×260mm　1/16　　　　印　　张：15
书　　号：ISBN 978-7-111-59389-8　　　　定　　价：49.00元

凡购本书，如有缺页、倒页、脱页，由本社发行部调换
客服热线：（010）88378991　88361066　　　　投稿热线：（010）88379604
购书热线：（010）68326294　88379649　68995259　　　　读者信箱：hzjsj@hzbook.com

前　言

程序设计课程涉及众多计算机科技领域的概念和术语，这些概念和术语对于在该领域学习工作了若干年的人而言，已经习以为常，但是对于初学者，它们是突兀的陌生字眼，难以理解。在“翻转课堂”盛行的现阶段，大学新生尤其需要一本易读的程序设计入门级教程。鉴于此，本书先通过具体的程序样式介绍了编程的起步知识（第 0 章），然后逐步介绍了程序设计的基本方法（第 1~9 章），最后总结程序与程序设计的本质及相关概念（第 10 章）。在本书的前面章节中尽量避免涉及抽象的概念和术语，这一安排符合人们从感性到理性的认知特点。本书力求用准确和简练的语言、清晰的层次和排版形式来描述与组织内容，以减少初学者的阅读障碍。

本书在进阶部分着重从四个方面介绍程序设计的基本要素。第 1 章介绍比较容易理解的流程控制方法；第 2 章介绍比较有趣的模块设计方法；第 3~4 章介绍较为琐碎的简单数据的描述与基本操作方法；第 5~9 章介绍较难掌握的复杂数据的描述与操作方法。教学实践证明，这一安排可以让初学者尽快进入程序员角色，避免初学者在尝试编写程序之前，被计算机系统对数据的存储方式、表达式的处理规则等知识所困扰。此外，本书是从“如何设计、实现好的程序让计算机求解问题”这个角度展开讨论的，在涉及计算机系统、数据结构、算法设计与分析等后续课程中的一些深入话题时，只引导读者了解相关内容，不对它们做深入讨论。例如，第 5~9 章介绍了各种类型的数据在程序中的表示方法、特征及其在实际问题求解中的运用，不深入分析数据在机器中的表示和存储模式，也不深入分析数据的组织结构；又如，第 5~9 章只涉及如何结合流程控制、模块设计等其他程序设计要素来实现问题求解中各种数据的操作方法，不深入探讨操作本身的实现原理，也不涉及算法的设计、比较或性能评价。这样的安排，既考虑到初学者的学习需求，又能为后继课程奠定基础。

本书以经典的通用程序设计语言——C 语言为媒介，结合具体的程序实例介绍程序设计的基本方法和理念，并直观地解释计算机求解问题的常用方法和思路。计算机及相关专业（计算机类、电子类、自动化类、通信类等）的读者通过本书，不仅可以学习规范的过程式程序设计基本方法，还可以为进一步学习和深入理解计算机系统的工作原理与计算机求解问题的思想方法打下坚实的基础。需要提醒的是，C 语言适合熟练的程序员用来开发高效的系统软件、支撑软件或应用软件，具有较强的灵活性，而对于初学者可能存在一些羁绊或陷阱。如果不关注计算机系统相关能力的训练，仅仅希望了解计算机求解问题的思想方法，读者可选择基于 Pascal 或 Python 等语言的相关教程。在学习本书之后，读者可以根据自身需要，基于 C++ 或 Java 等语言进一步学习对象式程序设计方法，基于 Scheme 或 Prolog 等语言学习函数式或逻辑式程序设计方法，基于 Fortran 语言或 MATLAB 软件学习科学计算与仿真程序的设计方法，等等。另外，本书只根据程序设计的需要介绍有关 C 语言元素及其使用方法，以及会使初学者迷惑的编程细节，而没有完整介绍 C 语言的所有规则或机制，以免把读者引入重点学习 C 语言而不是程序设计基本方法的歧途，并尽量减少与编译原理等后续课程内容的重复。初学者应以掌握程序设计基本方法为目标，尽量避免被 C 语言标准及其实现细节所纠缠，有些问题在后续课程中讨论更为合适。

程序设计是一门实践性很强的课程。通过训练学生的编程能力及良好的编程习惯，提高其解决实际问题的水平和塑造其做事的风格是该课程的重要目标。为此，本书从一开始就强调编程规范，并结合具体内容逐步给出风格良好的程序所应有的样式及其注意事项，还专门有针对性地精心设计了丰富的训练题，以便于读者进行训练。所有例子程序都可以在易于部署的集成开发环境下运行。建议初学者参照例子程序认真完成训练题，并进行上机操作，如此方能获得比较好的学习效果。

本书基于多年的教学实践撰写而成，面向计算机相关专业的大学新生，也适合其他对编程感兴趣的初学者。非计算机相关专业的读者可忽略本书目录中加“*”标记的内容和训练题。

囿于能力、时间及知识面的限制，书中可能还存在错误与疏漏之处，真诚地希望读者指正（联系邮箱：lqz@nju.edu.cn）。

本书从初稿到定稿历时数年之久，期间得到很多人的帮助。首先要特别感谢南京大学陈家骏教授的悉心指导、鼓励和鞭策。本书内容的选取、安排，以及论述的正确性、表达的合理性等方面，都曾得到陈老师的指点和帮助。感谢胡昊老师、黄书剑老师在百忙之中审阅本书，并提出了宝贵的建议。感谢机械工业出版社华章公司的朱劼和佘洁等编辑对本书编写工作的大力支持！关于程序设计基础课程的内容及教学方式，我们曾与许多老师和南京大学计算机科学与技术系及匡亚明学院等院系的同学进行过有益的讨论，恕不能一一列出他们的姓名，有关概念或技术细节还参考过 www.csdn.net 和 stackoverflow.com 等网站的一些网页，在此一并致谢！

最后，感谢亲人们给予的理解和援手！

编者

教学建议

教学章节	教学要求	课时
第 0 章 初识 C 程序	了解计算机硬件、软件、程序和编程语言等概念 了解 C 程序基本结构 掌握 C 程序上机步骤	2
	了解 C 语言词法规则、宏定义及符号常量的好处 了解简单变量的基本属性，掌握其定义、初始化、赋值和常用算术操作方法 掌握利用标准库函数进行输入输出的方法 了解好程序的特征与编程规范	2
第 1 章 程序的流程及其控制方法	了解程序的三种基本流程 掌握用 C 语句控制分支流程的方法	2
	掌握用 C 语句控制循环流程及其嵌套的方法	2
	掌握流程控制的综合运用及自顶向下、逐步求精的程序设计方法 了解分类、穷举、迭代等计算机求解问题的思路与方法	2
第 2 章 程序的模块设计方法	了解过程式程序设计中的程序分解与复合、子程序、模块等概念 掌握 C 函数的定义与调用方法	2
	掌握函数调用的过程 掌握通过嵌套调用及 C 语言递归函数实现分治求解策略	2
	了解利用头文件进行多模块程序开发的方法 了解标识符的作用域等多种属性，掌握全局变量与局部变量 了解利用条件编译等方法进行程序的优化 了解程序的调试方法	4
第 3 章 程序中操作的描述	掌握程序中的基本操作 了解表达式的运算规则及操作符的优先级与结合性	3
第 4 章 程序中数据的描述	了解计算机中的信息表示方法 掌握基本数据类型的特征及其选用 了解基本类型的转换 了解描述复杂数据的派生类型	4
第 5 章 数　组	掌握一维数组、二维数组的描述及其操作方法 掌握数组的实际运用及排序、检索算法的代码实现方法	4
第 6 章 指　针	掌握指针的描述与操作方法 掌握指针的典型运用方法，以及指针型参数的函数定义和调用、动态变量的创建和撤销等方法，了解 void 关键字 了解函数的副作用与 const 关键字 了解内存泄漏、悬浮指针、函数指针等知识	4
第 7 章 字　符　串	掌握通过字符数组和字符型指针描述、操作字符串的方法 了解常用的字符串处理库函数	4

（续）

教学章节	教学要求	课时
第 8 章 结　构	掌握结构的描述与操作方法 掌握结构类型数组及其操作和运用	2
	掌握用指针操纵结构类型数据的方法 了解结构类型的应用及栈的构造	2
	掌握链表的建立、删除、输出，以及节点的插入与删除等方法 了解联合类型的描述与操作	3
第 9 章 文　件	了解文件的描述与操作方法 了解文件的打开、读 / 写、关闭方法	2
第 10 章 程序与程序设计的本质	了解程序与程序设计的本质 了解程序设计的范型 了解程序设计语言 了解程序设计过程	2
总课时	第 0~10 章建议课时	48
	建议按 1:1 配置上机训练及辅导课时	48

目　录

第三篇 高级篇

随着科技的进步和社会的发展，**计算机**（computer）已经成为人类的必备工具之一。计算机由硬件和软件两部分构成。

硬件（hardware）指的是组成计算机的元器件和设备，一般按中央处理器（Central Process Unit，CPU）、内存（memory）及外围设备三部分来组织。外围设备一般有输入设备（例如键盘、鼠标等）、输出设备（例如显示器、打印机等）和外存（external storage，例如硬盘、U盘、光盘等），如图1所示。其中，输入设备用来输入各种信息，由中央处理器进行运算，并控制各个部件；输出设备用来输出结果信息；内存和外存用来存储信息。

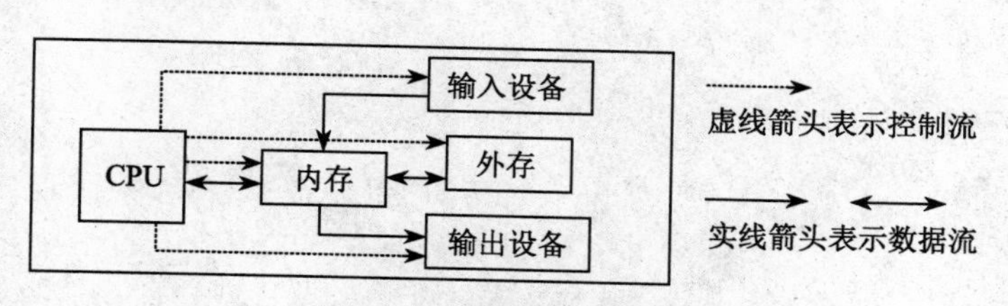

图1　计算机的硬件组成

软件（software）指的是计算机系统中的程序及相关文档，一般可以分为系统软件、支撑软件和应用软件。系统软件是指直接让硬件发挥作用的软件，如操作系统和设备驱动程序等。操作系统是典型的系统软件，常见的操作系统有Windows、UNIX、Linux、Mac OS等，它们各自又有很多不同的版本。支撑软件是指支持软件开发与测试等功能的软件，如开发环境、软件测试工具等。应用软件是指特定领域的专用软件，如自动控制软件、财务软件等。

程序（program）指的是一组连续的相互关联的计算机指令[1]，更通俗地讲，是指示计算机处理某项计算[2]任务的任务书，计算机根据该任务书执行一系列操作，并产生有效的结果。

现在的计算机还不能很好地理解或翻译人类的自然语言，所以一般不能用自然语言直接进行**程序设计**（programming）。研究人员已经发明了多种**程序设计语言**（programming language），它们比自然语言更容易转换为计算机能直接理解的机器语言，且比机器语言更容易被人类理解和记忆。程序员用程序设计语言设计、编写的程序，称为**源程序**，一般存放在外存的源文件（source file）中。通过相应的翻译、优化工具，源程序可以形成机器语言程序。机器语言程序通常又称**目标程序**，只有0、1两种符号，一般存放在外存的目标文件（object file）中。相互关联的目标文件可以被链接起来，形成一个**可执行文件**，存放于外存中。可执行文件被装入内存执行后，即可完成相应的任务。

本书将结合C语言讲解程序设计的基本方法，并提供用C语言编程的范例，以便读者理解和验证相关方法。下面先简单介绍C语言及其基本元素。

---

[1] CPU能执行的指令包括：实现加减乘除等算术运算的指令；比较两个操作数大小的指令；实现CPU中的寄存器、内存及外设之间数据传输的指令；以及流程控制指令（用于确定下一条指令的内存地址，包括顺序、转移、循环及子程序调用 / 返回）。

[2] 这里的计算并非单指数值计算，而是指根据已知数据（data）经过一定的步骤（算法）获得结果的过程。

CHAPTER 0

第 0 章 初识 C 程序

0.1 C 语言简介

1972~1973 年，贝尔实验室的 Dennis M. Ritchie（1983 年的图灵奖获得者之一）在研制 UNIX 操作系统过程中，以 BCPL（Basic Combined Programming Language，源于 ALGOL60）和 B 语言（基于 BCPL 改进的语言）为基础，设计（design）并实现（implementation）出一种编程语言——C 语言。后人基于 C 语言又开发了 C++、C#、Java、PHP 等多种编程语言，形成庞大的 C 语言家族。在日益繁杂的程序设计语言王国中，C 语言因其简洁、高效、灵活、通用的特性而始终占据一席之地。最初 C 语言以 Brian W. Kernighan 和 Dennis M. Ritchie 合著的《The C Programming Language》一书为标准（specification），即 K&R C。随着 C 语言的使用和发展，形成了多种 C 语言的实现版本，各种版本在功能和函数库的设置上存在差别。1983 年，美国国家标准学会（American National Standards Institute，ANSI）开始制定统一的 C 语言标准，以规范 C 语言功能及标准函数库等内容。1989 年年底正式批准了名为 ANSI X3.159—1989 的标准（C89）。1990 年，国际标准化组织（International Organization for Standardization，ISO）采纳了 C89 并以 ISO/IEC 9899:1990 颁布（C90）。2000 年年初，ISO 又更新了这一标准，并颁布了 ISO/IEC 9899:1999（C99）。2011 年，ISO 正式公布 C 语言国际标准草案 ISO/IEC 9899:2011（C11）。可以想见，该标准可能还会不断被更新。

用 C 语言开发程序需要经过编辑（edit）、编译（compile）、链接（link）和执行（execute）4 个步骤才能完成既定的任务，每个步骤都需要特定软件（例如编辑器、编译器等）的支撑。将这些支撑软件综合在一起的集成开发环境（integrated development environment，IDE）可以给程序员提供方便。程序员必须合理设计并按照标准的规定来编辑自己的程序，不合规定或存在错误的程序不能正常编译、链接或执行，IDE 通常含有帮助程序员设计和调试（debug）程序的软件。在 IDE 中，往往使用一条命令（菜单）就能完成所有的步骤。Dev-C++、Code Lite、Eclipse、Visual Studio 和 Turbo C++ 等是不同公司、团队开发的常用的 C 程序 IDE，IDE 与硬件和系统软件共同构成 C 程序的执行环境。每种 IDE 有多种版本，它们所含的编译器及其对 C 语言标准的实现程度不尽相同，C 程序开发的几个步骤在不同的 IDE 中的安排也不尽相同。例如，Visual Studio 中的 Build 菜单通常包含编译和链接步骤，执行步骤一般安排在 Debug 菜单中，而在 Dev-C++ 中，编译、链接和执行步骤则往往安排在 Execute 菜单之下。Dev-C++ 内置 GCC 和 G++ 编译器，分别用于 C 语言和 C++ 语言程序的编译。本书以 C99 标准为主要参考标准，读者可在 Dev-C++ 等 IDE 中编辑和运行本书中的例子程序。

0.2 C程序基本结构与main函数

一个C程序可以由若干个变量与函数组成。变量是操作的对象与结果；函数是计算的过程，包含若干条语句。一个C程序必须定义一个名字为main的函数。main后面必须有一对圆括号，接下来必须是一对花括号，花括号里是函数体。一个简单的C程序只定义一个main函数即可，一个复杂的C程序最好定义多个函数，但其中main函数必须有且只有一个。最简单的main函数定义样式如下：

```
int main(void)
{
    return 0;
}
```

该函数没有任何实质性的计算，它构成一个可执行的空程序，可以保存在源文件（比如main.c）中。其中，int是integer（整数）的缩写，表示约定的main函数返回值的类型（type），说明main函数执行完毕返回给执行环境的信号是一个整数，与return后面的0相一致[⊖]。圆括号中的void（空）表示该main函数不带参数，void可以省略。花括号里的return（返回）语句结束程序的执行，并返回整数0给执行环境。执行C程序时，总是从main函数体中的第一条语句开始执行，当执行到main函数体中的return语句时，整个程序结束。上面的main函数从return语句开始执行，因为只有这一条语句。

下面是在显示器上输出“Hello World!”的简单程序，其中的main函数定义样式同上，只是省略了void，并增加了一条执行输出功能的语句，输出功能是通过调用库函数实现的：

```
#include <stdio.h>
int main()
{
    printf("Hello World!");
    return 0;
}
```

该程序中main函数上方的“#include <stdio.h>”用来辅助库函数printf实现输出功能。

例0.1 计算 n 个圆的周长之和，各圆直径大小为 $1 \sim n$ 之间互不相等的正整数，计量单位为米。（该例子程序涵盖了C程序的所有主要语言元素，本章将基于该例子程序分节逐步介绍每种元素，读者不必急于理解程序中的每一个细节。）

```
#include <stdio.h>
#define PI 3.14
int main( )
{
    int n, d = 2;                        // 直径d初值为2
    double sum = PI;                     // 圆的周长之和sum初值为PI
    char mu = 'm';                       // 计量单位mu为'm'(表示“米”)
    printf("Input n(>0): ");             // 显示输入提示
    scanf("%d", &n);                     // 要求用户输入n的值
    while(d <= n)
    {
```

⊖ 一般约定正常程序段的末尾写“return 0;”，异常处理程序段（实际应用中往往要编写专门的异常处理程序段）的末尾写“return -1;”。执行环境根据接收到的-1或0决定要不要采取故障恢复等措施。

```
        sum = sum + PI * d;
        d = d + 1;
    }                                                     // 计算n个圆的周长之和
    printf("The sum is: %f", sum);                        // 显示sum的值
    putchar(mu);                                          // 显示计量单位
    return 0;
}
```

该程序执行时，显示器上会显示提示信息，等待用户输入有关数据，用户根据提示信息输入数据后，程序会继续执行计算任务，并输出计算结果。

【训练题0.1】 1）理解edit、compile、link、execute、debug、specification和implementation等词汇在本书中的含义；2）参考附录A，在IDE中编辑并运行输出“Hello World!”的程序，将程序中的main写成mian或man，检查程序编译和执行结果，并思考原因；3）参考附录A，在IDE中编辑并调试、运行例0.1中的程序，熟悉C程序的上机步骤。

0.3 C语言的字符集

任何语言都是由一组基本符号，按照一定的规则排列组合而成的，这组基本符号可以称为字符集（symbol set）。C语言的字符集包括以下三类。

（1）大小写英文字母

```
a b c d e f g h i j k l m n o p q r s t u v w x y z
A B C D E F G H I J K L M N O P Q R S T U V W X Y Z
```

（2）阿拉伯数字

```
1 2 3 4 5 6 7 8 9 0
```

（3）特殊符号

```
~ ! # % ^ & * _ - + = | \ : ; " ' , . ? / ( ) { } [ ] < > 空格符 水平制表符 回车换行符
```

C程序中，除双引号里面的内容外，不能出现字符集之外的字符，即非法字符。这些非法字符中，有的不能通过键盘输入（例如乘法“×”、平方根“√”、圆周率“π”），有的能直接输入（例如 ` @ $），还有的是中文字库里的汉字与符号（例如“”，‘’；）。例0.1程序中没有出现字符集之外的字符。字符集中的字符按照一定的规则构成单词、操作符和标点符号等语言元素。单词与单词之间用空格符分隔，操作符两端加空格符一般可以提高易读性，标点符号与左侧相邻的单词之间一般不必加空格符。

【训练题0.2】 在例0.1程序中加入字符集之外的字符，如汉字、@等，或将程序中的双引号改成汉字库里的双引号，检查程序编译结果。

0.4 C语言的单词

单词（token）一般包括关键字、标识符和字面常量。除此之外的词汇，机器无法识别。

0.4.1 关键字

关键字（keyword）是指C语言的保留词汇（reserved word），如表0-1所示。

表 0-1 C语言的关键字

用于控制流程	break，continue，default，do，else，for，goto，if，return，switch，while
用于switch语句中的标号	case
用于内联函数	inline
数据类型	_Bool，_Complex，char，double，enum，float，int，long，short，signed，struct，union，unsigned，void
标识符属性	auto，const，extern，register，static
用于定义类型别名	typedef
操作符	sizeof
不常用关键字	_Imaginary，restrict，volatile

C语言中的关键字大多由小写字母组成，在程序中具有特殊的功能或含义，比如用来控制流程、作为数据类型等，程序员不能将它们作为其他用途。例如，例0.1程序中的int、void、return、double、char和while都是关键字。

下面列出几个常用的基本类型关键字。

1）int：用来描述整数（整型）。

2）double：用来描述实数（浮点型）。

3）char：用来描述字符（字符型）。

4）void：用来描述没有数据（空类型）。

除了表0-1列出的关键字外，有的C语言开发环境还实现了一些额外的关键字，使用时可以参考相应的手册。

0.4.2 标识符

标识符（identifier）由字符集中的大小写英文字母、阿拉伯数字和下划线组成，且首字符不能是数字。例如，i、price_car、MyFun、Node_3、Loop4、PI、pi（注意，PI和pi是不同的标识符⊖）等是符合规定的标识符，而像5x、stu.score、number 1、y-average这类以数字开头或含有点号、空格符、减号等字符的词汇不能作为标识符。

程序中的标识符必须有定义（definition），即必须赋予某标识符一定的含义，未定义的（undefined）标识符不能使用，比如，未定义的“PI”并不能被理解为圆周率。

有些标识符是IDE预先定义过的，用作编译预处理命令（preprocessor directive）或库函数名等。源程序中的编译预处理命令不是要执行任务的指令，不参加编译，由编译预处理器（preprocessor）在编译前进行一些替换性质的处理。编译预处理命令都以#开头，以区别于关键字。例如，例0.1程序中使用了#include文件包含命令（参见2.4.1节），用来包含标准输入/输出库函数（参见0.10节和0.11节）的信息。常用编译预处理命令还有宏定义命令（#define，参见0.5节和2.6.1节）和条件编译命令（#ifdef，参见2.6.3节）。

⊖ 有些编程语言（例如Pascal）与C语言不同，对英文字母的大小写不敏感。

更多的标识符由程序员自行定义，变量名与函数名是最常见的自定义标识符。例如，例0.1程序中的n、d、sum和mu都是变量名，分别用类型关键字int、double和char进行定义。自行定义标识符时，必须做到以下几点：

1）要符合“由字符集中的大小写英文字母、阿拉伯数字和下划线组成，且首字符不能是数字”这一规定。

2）不能与任一关键字同名。

3）在相同的有效范围内，一般情况下不能有重复定义（redefinition）的标识符。

此外，还需要注意标识符的命名规范，这是良好的编程习惯的一种体现（参见0.12节）。

【训练题0.3】分别使用单词n(a)、n(b)、num1、num3-1、10n和sum-perimeter、long、sum.perimeter、sumPerimeter、return替换例0.1程序中的n和sum，检查哪些是符合规定的C语言自定义标识符。

0.4.3 字面常量

常量用于表示在程序执行过程中不会改变或不允许被改变的数据，如一年的天数、圆周率等。字面常量（literal constant）是程序中直接书写的常量。常见的字面常量形式包括：

1）整数（如例0.1程序中的0、2、1）。

2）小数（如3.14）。

3）字符常量（如'm'）。

4）字符串常量（如"Input n: "）。

其中，字符常量必须以单引号作为起点和终点，之间通常只有一个字符；字符串常量必须以双引号作为起点和终点，之间可以有一个或多个字符。

【训练题0.4】用two替换例0.1程序中的2，或者将数字0写成字母o，验证字面常量与变量的区别。

0.5 C语言的符号常量

对于程序中多次使用的字面常量，可以用宏定义把它定义成符号常量（manifest constant），例如，例0.1程序中将3.14事先定义成PI。宏定义的格式[⊖]为：

```
#define <宏名> <文本>
```

这里的宏名（macro）可以是符号常量名，是标识符的一种，遵循标识符的有关规定，一般用大写字母表示，文本可以是字面常量，不仅限于数字，行尾不加分号。宏定义不参加编译，编译预处理器会在编译前把源程序中的宏名全部替换成相应的文本。需要注意的是，对于宏名，仅在编译前进行简单的文本置换，不作类型检查和转换，也不分配内存。另外，对于程序中的注释（参见0.7节）、双引号内的字符和其他单词的一部分，不作置换。

符号常量可以保证程序在多次使用常量时的一致性，而且通过对符号常量的恰当命名，可以增加程序的易读性，避免程序中出现令人费解的数值。此外，如果该常量的值需要修

⊖ 本书描述格式时，尖括号中的内容表示是必须有的内容。

改，例如，将例 0.1 程序中的 3.14 改成 3.14159，则只要将宏定义中的字面常量进行一次修改即可，不必在程序中多次修改，增强了程序的易维护性。这也是风格良好的程序的一个特征。

【训练题 0.5】结合例 0.1 程序，验证符号常量的定义方法，并解释符号常量的优点。

【训练题 0.6】将例 0.1 程序中的“#define PI 3.14”改成“#define PI 3.14;”，验证宏定义的实质是字符串替换。

0.6　C 语言的操作符和表达式

字符集中的部分字符可以组成操作符（operator，又叫运算符），C 标准规定了一批基本操作符的功能和操作规则（参见第 3 章）。例如，例 0.1 程序中用到的操作符有：

1）赋值操作符（=）。

2）小于等于比较操作符（<=）。

3）加法操作符（+）。

4）乘法操作符（*）。

5）圆括号，函数调用操作符（()）。

常用的操作符还有：

1）减法操作符（-）。

2）除法操作符（/）。

3）求余数操作符（%）。

字面常量、定义过的符号常量、变量与函数可以作为操作符的基本操作对象，称为操作数（operand）。例如，例 0.1 程序中的变量 d 和字面常量 1 是加法操作符的操作数，变量 sum 和符号常量 PI 是赋值操作符的操作数，函数 putchar 和变量 mu 是函数调用操作符的操作数。

用操作符将操作数连接起来的式子叫表达式（expression），如例 0.1 程序中的 d+1。表达式也可以作为操作数，如 d=d+1 中的表达式 d+1 作为操作数参与了赋值操作。一个操作数，如一个变量 d、一个字面常量 1，可以看作最简单的表达式。

【训练题 0.7】用汉字库里的“×”替换例 0.1 程序中的“*”，验证 C 语言里操作符的表示方法。

【训练题 0.8】调试下列程序片段，了解 C 语言中的除法和求余数操作符的功能。

```
int m = 10, n = 3, q, r;
r = m % n;
q = m / n;              //两个整数相除，结果仍为整数，不进行四舍五入（整除问题）
printf("The quotient is %d \n", q);
printf("The remainder is %d \n", r);
```

0.7　C 语言的标点符号与注释

标点符号（punctuation）在程序中起到某些语法、语义上的作用，特别是分隔作用，如例 0.1 程序中的井号（#，表示预处理命令）、分号（可以表示一条语句的结束）、逗号（可以分隔多个参数或变量）、空格符（可以作为词汇之间的间隔）等。常用的标点符号还有冒号、续行符、注释符等。冒号（:）可以分隔语句的标号和语句，参见 1.2.3 节的 switch 语句和 goto 语句。续行符（\，行尾的反斜杠）可以表示一个单词未完待续（参见 1.2.2 节的例 1.2）。注释符（/* 和 */）成对出现，将其间的若干行内容变成注释（comment）。C99 标准开始支持单行注释符（//，双斜杠），将紧跟其后的同一行内容变成注释。

注释不被编译和执行，用来提示或解释程序的含义，是风格良好程序的一个要素。在调试程序时，对暂时不执行的语句也可用注释符分离出来。续行符后面不能有注释。

【训练题 0.9】 在例 0.1 程序中验证标点符号与注释的特点。例如，去掉一个分号、半个引号、半个花括号、半个注释符等。

0.8　C 语言的语句

上述语言元素可以组成 C 语言的语句（statement）。单个语句以分号结尾。语句排列在函数体中，组成模块，最终形成程序。构成语句的形式有以下几种。

1）表达式末尾加一个分号可以构成语句，如例 0.1 程序中的“d = d + 1;”。

2）最简单的语句是一个分号，即空语句，不执行任何操作（参见 1.2.2 节）。

3）用一对花括号将多条语句括起来，可以形成一个复合语句，又叫语句块，书写时，最好采用按制表键（Tab）的方法对齐和缩进（indent）其中每条语句，如例 0.1 程序中的：

```
{
    sum = sum + PI * d;
    d = d + 1;
}
```

一个函数体也可以看作一个复合语句。复合语句中也可以只有一条语句。

4）C 语言中的一些关键字与表达式、标点符号或（子）语句可以构成语句，如例 0.1 程序中的“return 0;”和“while(d <= 10){...}”。

0.9　变量

程序的任务通常与数据处理有关。变量（variable）是数据在程序中最主要的表现形式，它代表程序执行期间可变的数据。每个变量在程序中通常有一个名字。

0.9.1　C 语言变量的定义

所谓变量的定义[⊖]（definition），指的是用数据类型关键字列出变量的类型，并给变量取一个名字，如例 0.1 程序中的“double sum”和“char mu”。相同类型的多个变量既可以分行单独定义，以便于注释，也可以合并在同一行定义，如例 0.1 程序中的“int n, d = 2”。变量名也是标识符的一种，遵循标识符的有关规定。给变量命名时，尽量用小写字母开头。

⊖ 本书将变量的定义性声明称为定义，将变量的非定义性声明称为声明。

C 语言变量的定义行也以分号结尾，C90 标准规定复合语句中的变量定义行必须位于首部，从 C99 标准开始，允许在复合语句的执行语句之后定义变量，例如，例 0.1 程序中的 main 函数可以改写为：

```
int main( )
{
    int n, d = 2;                           // 变量 n 和 d 的定义行
    double sum = PI;                        // 变量 sum 的定义行
    printf("Input n(>0): ");
    ...
    printf("The sum is: %f", sum);
    char mu = 'm';                          // 变量 mu 的定义行从前面挪至此位置
    putchar(mu);
    return 0;
}
```

对于程序中定义的变量，执行环境一般要为其在内存分配一定大小的空间，以准备存储变量的值。例 0.1 程序中变量的内存分配如图 0-1 所示。存储空间里起初是一些 0/1 组成的原始信号，可以通过初始化、赋值或输入来获得变量的值。内存空间由地址来标识，一般由执行环境自动管理。可见，程序中的变量具有源程序中可见的类型和名字属性，还具有源程序中不一定可见的值属性，以及源程序中一般不可见的内存地址属性。

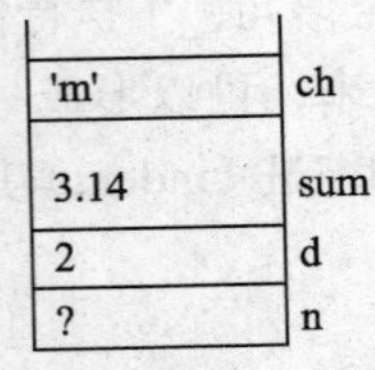

图 0-1 例 0.1 程序中变量的内存分配

例 0.1 程序中的字符型变量 mu 的值在程序执行过程中没有变化，所以可以省略该变量，改为直接输出 m 来表示计量单位，即上面的 main 函数可以改写为：

```
int main( )
{
    ...
    printf("The sum is: %f m ", sum);
    return 0;
}
```

【训练题 0.10】去掉例 0.1 程序中 int 后面的 n 和逗号，并观察程序编译结果。

0.9.2 C 语言变量的赋值与初始化

通过给变量赋值（assignment），可以使变量获得有意义的值，还可以使变量的值在程序执行过程中发生改变。C 语言中用一个等于号表示赋值，这里的等于号可以理解为“←”，即表示将右边的值存入左边变量的内存中，并会修改左边变量的内存里原来的值。注意，等于号不是用来判断两个值是否相等（判断两个值是否相等要用两个等于号“==”）。

变量可以在定义的时候用赋值的形式指定一个初值，即初始化（initialize，在分配内存

期间存入初值)，如例0.1程序中对变量d的初始化“int n, d = 2;”，也可以后期赋值(在程序执行期间存入数据，修改之前的值)，如例0.1程序中对变量d的赋值“d = d + 1;”。

定义的变量如果未初始化(uninitialized)，原始信号没有被替换，则可能会给后面的相关计算带来意想不到的结果。如果变量的操作及其定义在程序中相隔比较远，那么变量的初始化很容易被忘记，所以，建议养成尽可能在定义变量的同时进行变量初始化的习惯。

当程序执行到变量相关的操作时，如例0.1程序中的“sum = sum + PI * d”，变量sum和d的值会从内存中抽取出来，在CPU中进行乘法和加法计算，然后计算结果被存入sum所在的内存，于是，变量sum所在内存空间里的值变为新的值。

【**训练题0.11**】下列C程序的功能是：每当用户输入一个整数，就输出已输入的所有整数的乘积，共输入三次。修改程序，以便执行程序后可以获得正确的结果。

```
#include <stdio.h>
int main( )
{
  int p, n;
  printf("Please input an integer: ");
  scanf("%d", &n);
  p = p * n;                          //该程序易于用循环语句改写，故不要修改此行代码
  printf("The product is %d. ", p);
  printf("Please input an integer: ");
  scanf("%d", &n);
  p = p * n;
  printf("The product is %d. ", p);
  printf("Please input an integer: ");
  scanf("%d", &n);
  p = p * n;
  printf("The product is %d. ", p);
  return 0;
}
```

0.10 数据的输入

数据的输入(input)一般是指在程序执行过程中，将数据从键盘输入内存。

C语言标准函数库中带有开发好的输入函数，程序员可以通过调用这些库函数实现输入功能，让变量获得需要的值。标准输入库函数的说明信息位于头文件(参见2.4.2节)stdio.h中，调用前程序头部要有“#include <stdio.h>”，以包含其说明信息(有的开发环境可以省略)。

scanf是常用的标准输入库函数[⊖]，调用scanf函数实现一个变量值的输入时，要在后面的圆括号里提供两个参数，参数之间用逗号分隔，如例0.1程序中的“scanf("%d", &n);”。第一个参数是含格式符的字符串常量，格式符%d表示按十进制整数格式输入一个数，对应int型的变量。常用输入格式符还有%lf(表示按十进制小数格式输入一个数，对应double型

⊖ 有些支持C11标准的新版开发环境提供了更为安全的库函数scanf_s代替库函数scanf。

的变量）和 %c（表示输入一个字符，对应 char 型的变量）。第二个参数是输入数据的存放地址，一般以取地址符 & 开头，如 &n 表示变量 n 所对应的内存地址，如果是指针变量名（参见第 6 章）或数组名（参见第 5 章），则不需要加取地址符 &。

如果调用 scanf 函数实现 *m* 个数据的输入，则要提供 *m*+1 个参数，并在第一个参数的字符串常量中提供 *m* 个格式符，以便与后面 *m* 个地址参数一一对应，如“scanf("%d%d", &n1, &n2);”。运行程序时，一般可以用空格键（Space）、制表键（Tab）或回车键（Enter 或 Return）分隔多个数据（非字符）的输入，用回车键作为所有数据输入完毕的标志。如果输入的数据不符合对应的格式符要求，如对应 %d 输入小数或字符，则输入无效。

getchar 也是常用的标准输入库函数，可以实现从键盘输入一个字符，如 mu=getchar()，其中 mu 是一个字符型变量。

注意：使用 scanf 和 getchar 函数实现多个字符输入时，不要分隔符，当用户按下回车键时，输入缓冲区（参见 9.1 节）中的字符会根据程序执行的顺序逐个传送给相关的字符变量。

【训练题 0.12】结合例 0.1 的程序理解变量的类型、名字、值和内存地址等属性，掌握变量的定义方法。

0.11　数据的输出

数据的输出（output）一般是指将程序执行的结果显示到显示器上。

C 语言中的标准函数库带有开发好的输出函数，如 printf、putchar，程序员可以通过调用这些标准输出库函数实现输出功能。标准输出库函数的说明信息也位于头文件 stdio.h 中，调用前程序头部要有“#include <stdio.h>”，以包含其说明信息。

printf 是最常用的标准输出库函数，调用 printf 函数时，要在圆括号里至少提供 1 个参数。第一个参数必须是字符串常量，其中可以含格式符、转义符和要原样输出的普通字符。

格式符不直接输出，它们会被后面参数的值替换输出。字符串常量中有几个格式符，接下来就有几个参数，这些参数可以是变量名，也可以是字面常量或其他形式的操作数，它们从左到右依次对应一个格式符。输出格式符与输入格式符相似，例如，%d 表示按十进制整数格式输出一个操作数。常用的格式符还有 %f（表示十进制小数格式，默认保留 6 位小数，用 %.2f 可以保留两位小数，用 %.0f 可以只保留整数部分，舍弃的小数位按“四舍五入”法近似处理）和 %c（表示字符格式）。

转义符也不直接输出，它们有特殊的作用。例如，\n 表示回车换行，将显示器上的光标移至下一行的最左端[⊖]，可以将后面的显示内容与前面的输出内容分隔开来，相当于键盘上回车键的作用，最后一行的“\n”往往是为了将开发环境的提示“Press any key to continue”或其他内容与当前程序输出结果分开。又例如，\" 表示输出双引号自身（双引号作为字符串常量起点与终点的标志，一般是不输出的）。

⊖ 在有些操作系统上，该功能是通过转义符 \r 或通过两个转义符 \r\n 来完成的。

直接输出的普通字符一般是图案符号，或输入/输出内容的提示，以便让用户与计算机的交互更友好。

【训练题 0.13】使用 \n 与续行符修改下面的程序，实现用 * 号输出一个钻石形图案。

```
#include <stdio.h>
int main( )
{
    printf("
          ***
        *******
         *****
          ***
           *\n");
    return 0;
}// 验证：程序中看起来的换行并不对应显示器上输出内容的换行
```

【训练题 0.14】设计程序，显示一个字符画，要求组成每个字符画的字符不超过 10 个，并输出字符画含义的说明。(例如，qHp 的含义是一个小飞机，“\\\\\ ////”的含义是一丛小草。注意：输出反斜杠“\”需要用转义符 \\。)

【训练题 0.15】编程，输入两个整数，输出它们的平方和。

【训练题 0.16】运行下面的程序，观察结果，然后修改程序，使输出的数据仅保留 1 位小数。

```
#include <stdio.h>
int main( )
{
    double m, n;
    scanf("%lf%lf", &m, &n);
    printf("%f \n", m + n);
    printf("%f + %f = %f \n", m, n, m + n);
    return 0;
}
```

0.12　良好的编程习惯

一个好的程序一般需具备正确（correct）、可靠（reliable）、高效（efficient）、可重用（re-usable）及可移植（portable）等特征。这些特征需要正确、高效的算法（参见 10.1 节）、合理的数据结构（参见 10.1 节），以及相关实现技术来保证。随着程序规模的扩大，易读性（readability）成为衡量程序质量优劣的一个重要指标，该指标要求程序员最好具备良好的编程习惯，具体涉及程序中代码的书写、自定义标识符命名等方面的规范。

C 程序的行文格式要求比较自由，不必在规定的行或列书写规定的内容。但良好的书写格式不仅可以使程序美观，还有利于提高程序的易读性，便于程序的调试与维护。

自定义标识符的命名往往是一个比较难以处理的议题，程序员倾向于不受约束。然而，当代码需要被团队其他成员阅读、检查时，拥有通用的有意义的命名约定是很有价值的，也便于程序员以后再阅读自己的代码。一直以来，最流行的标识符命名约定是所谓的匈牙利表示法（Hungarian Notation），最初由 Charles Simonyi 提出，并且在 Microsoft 内部使用了许多年。这个约定规定了以标准的 3 或 4 个字母前缀来表示变量的数据类型等，比如表示学生年龄的 int 型变量应命名为 intStuAge。初学者在开始学习编程时可以参考类似的约定。此外，还应注意同类标识符命名约定的一致性，对不同类别的标识符最好采用不同的约定。

为了帮助初学者养成良好的编程习惯，本书建议遵循以下编程规范：

1）一行只写一条语句。

2）注意语句的对齐和缩进，并保持前后一致。

3）在操作符与操作数之间恰当地添加空格符。

4）在程序段落之间恰当地添加空行。

5）同一块程序中自定义标识符不重名（尽管不一定会造成重复定义错误），以免引起混乱。

6）不在同一块程序中定义拼写相同、大小写不同的标识符，否则容易引起混淆（尽管不会造成重复定义错误），例如，

```
int X;
double x;
```

7）自定义标识符尽量做到短小精悍（min-length && max-information），一般来说，长名字能更好地表达含义，但名字并非越长越好[⊖]，单字符的名字不宜多用，但用作循环变量名往往简洁有效（例如常见的 i、j、k 等）。

8）自定义标识符使用直观的可望文知意的单词，用词尽量准确，切忌使用汉语拼音的简拼来命名。

9）用一对反义词命名具有相反含义的变量或函数等，例如，

```
int minValue, maxValue;
int SetValue(...), GetValue(...);
```

10）除 main 函数名、库函数名及表示类型的关键字外，其他函数名和类型名由大写字母开头的单词组合而成，例如，

```
void Init(void);
void SetValue(int value);
```

11）变量名和参数名的首单词首字母小写，后续单词以大写字母或下划线开头，例如，

```
int current_value;
double totalPrice;
```

12）使用符号常量，符号常量名全用大写字母，用下划线分割单词，如“#define MAX_LENGTH 100”。

13）main 之前写“int”，而不是写“void”或空着，main 函数最后一行写“return 0;”，即程序正常执行完时能给执行环境返回 0，以便于执行环境记录日志。

⊖ 标识符的有效长度是由具体编译器决定的，根据 C99 标准，标识符最好不超过 63 个字符，一些可能被加载程序等用到的标识符（例如函数名）最好不超过 31 个字符；根据 C90 标准，前者最好不超过 31 个字符，后者最好不超过 6 个字符。

14）为程序书写注释，注释的位置应与被描述的代码相邻，可以放在代码的上方或右方，当代码比较长，特别是有多重嵌套时，还应在段落的结束处添加注释。

15）程序的输入 / 输出语句前应有恰当的提示，以便用户与计算机友好地交互（代码在线提交评判平台有约束的除外）。

此外，后面章节还会陆续给出与良好编程习惯相关的注意事项，请读者自行总结。

良好的编程习惯需要从开始学习编程起就注意培养与保持，编程习惯的养成也有助于塑造程序员的做事风格。初学者应予以足够的重视。

【训练题 0.17】对比下面两段程序，分析它们的优劣。

程序 1：

```
#include <stdio.h>
main( )
{double c,mj,C;
scanf("%lf",&c);
mj=3.14*c*c;
C=6.28 * c;
printf("%.2f,%.2f",mj,C);}
```

程序 2：

```
#include <stdio.h>
#define PI 3.14159

int main( )
{
    double r, s, l;

    printf("Please input the radius of a circle(cm):\n");
    scanf("%lf", &r);             //输入圆的半径

    s = PI * r * r;               //计算面积
    l = 2 * PI * r;               //计算周长

    printf("The area is %.2f cm2 and the perimeter is %.2f cm.\n", s, l);
        //The area and perimeter are rounded to the nearest hundredth.

    return 0;
}
```

【训练题 0.18】设计一个程序，输入方程的系数，计算一元二次方程 $ax^2+bx+c=0$ 的根的判别式，并输出结果，结果保留两位小数。

0.13　本章小结

本章介绍了 C 程序的概貌。基于一个比较完整的 C 语言例子程序，介绍了 C 语言的基本元素，具体包括以下内容：① C 语言的字符集；②由字符集中的字符构成的单词（包括关键字、标识符和字面常量，可以作为操作数）、符号常量、操作符（可将操作数连接成表

达式)、标点符号及注释；③表达式与相应的关键字组成的语句（多条语句组成语句块、函数，进而形成模块和程序）；④变量的定义、赋值与初始化，变量值的输入，以及数据的输出方法。

通过本章的学习，读者在了解计算机硬件、软件、程序和编程语言等概念的基础上，可以理解通过开发简单的C程序来让计算机完成简单的计算任务。通过本章训练题的实践，读者可以熟悉C程序的上机步骤，能够用C语言编写10行以内的小程序，实现让计算机显示字符或字符组成的图案，或者进行简单的算术运算等功能。

本章还特别归纳了一套编程规范，以帮助初学者开始关注程序的风格。不好的编程习惯一旦形成，就很难纠正。此外，初学者在编写程序的过程中，还应注意养成严谨、仔细的作风，力求避免拼写错误、遗漏字符等低级错误，以节约时间，提高学习效率。

进阶篇

为了让计算机帮助人们完成各种各样的计算任务，程序员要设计出指示计算机完成任务的程序。具体来说，对于简单的任务，程序员需要考虑程序中指令的执行次序，即如何控制小规模程序的流程；对于复杂的任务，程序员需要组织程序各个部分之间的关系，即如何对较大规模的程序进行模块设计。此外，还需要描述程序中各种各样的数据及其操作。下面将分别介绍这些方法。

CHAPTER 1

第 1 章

程序的流程及其控制方法

程序的流程是指程序中指令或语句的执行次序。通常情况下，按照语句的排列次序顺序执行；利用特定的控制语句，可以改变执行次序，改变后的执行次序有分支和循环两种基本形式。顺序、分支和循环是程序的三种基本流程。一个程序的总流程由基本流程衔接而成。

1.1 顺序流程

顺序流程（sequential flow）比较简单，它不含控制语句，一般按语句的排列次序从上到下逐条执行，每条语句执行一次。顺序流程的直观表示如图 1-1 a 所示，其中实线矩形框内是完成一个任务的语句，带箭头的实线表示流程走向，虚线矩形框内是一个基本流程。

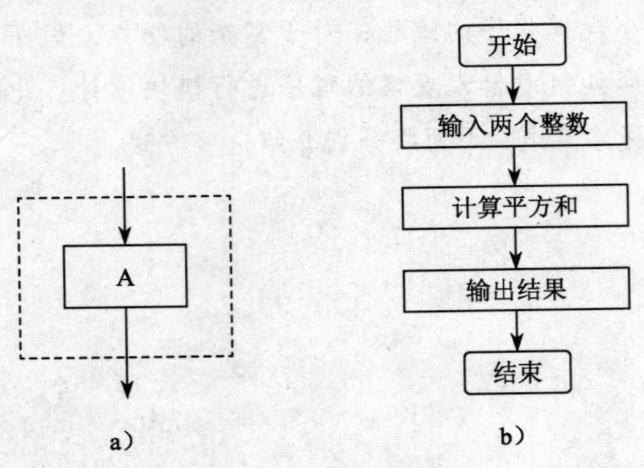

图 1-1　顺序流程

本书训练题 0.15 的程序只涉及顺序流程，其总流程如图 1-1 b 所示。

在顺序流程中，代码的书写次序就是其执行次序。例如，下面两个 C 程序片段，语句相同，书写次序稍有不同，执行结果会输出不同的值。因此，程序员应注意代码的书写次序。

片段 1：

```
int i = 1, sum = 0;
i = i + 1;
sum = sum + i;
printf("sum = %d \n", sum);            // 输出 sum = 2
```

片段 2：

```
int i = 1, sum = 0;
sum = sum + i;
```

```
    i = i+1;
    printf("sum = %d \n", sum);   //输出 sum = 1
```

1.2　分支流程

计算机往往要根据不同的条件完成不同的任务。分支流程（conditional flow）用于这种分类或选择性计算场合，它可以由分支语句控制。

1.2.1　分支流程的基本形式及其控制语句

典型的分支流程包含一个条件判断和两个分支任务，其直观表示如图 1-2 a 所示，其中菱形框内是条件判断。该流程先判断条件 P，当条件 P 成立（true）时只执行任务 A1，然后结束该流程；当条件 P 不成立（false）时只执行任务 A2，然后结束该流程。

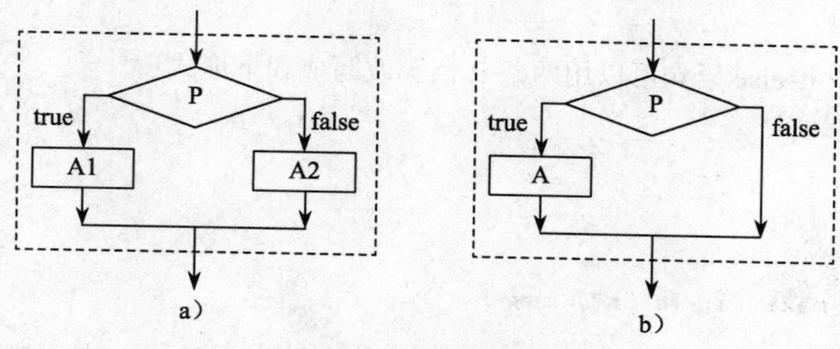

图 1-2　分支流程

分支流程的另外一种形式如图 1-2 b 所示。该流程先判断条件 P，当条件 P 成立时执行任务 A，然后结束该流程；当条件 P 不成立时，直接结束该流程。

不管哪种形式的分支流程，其条件 P 只判断一次，其中的任务最多也只执行一次。

C 语言分别用 if-else 语句和 if 语句[⊖]实现这两种分支流程的控制，其格式分别为：

```
if(<条件 P>)
    <if 子句>
else
    <else 子句>
```

和

```
if(<条件 P>)
    <if 子句>
```

条件 P 一般是带有关系操作（比较大小关系的操作，如 n>10）或逻辑操作（复杂的关系操作，如 n>10 && n<100）的表达式，if 子句对应任务 A1 或 A，else 子句对应任务 A2，表达式的值为 true 时认为条件成立，则执行 if 子句，否则执行 else 子句或什么也不执行。

例 1.1　求输入的三个整数中的最大值，并输出结果。

【分析】该问题的求解需要分情况考虑，适合运用分支流程控制语句来实现。下面是用

⊖　C 语言中的 if-else 语句有时也被不严谨地称为 if 语句。

if-else 语句实现的程序：

```
#include <stdio.h>
int main( )
{
    int n1, n2, n3, max;
    printf("Please input three integers: \n");
    scanf("%d%d%d", &n1, &n2, &n3);
    if(n1 > n2)                          // 该行没有分号，">"是比较大小的关系操作符
        max = n1;
    else                                 // 该行没有分号
        max = n2;
    if(max > n3)                         // 该行没有分号
        printf("The max. is: %d \n", max);
    else                                 // 该行没有分号
        printf("The max. is: %d \n", n3);
return 0;
}
```

程序中的两条 if-else 语句可以用两条 if 语句改写成如下形式：

```
max = n1;
if(max < n2)
    max = n2;
if(max < n3)
    max = n3;
printf("The max. is: %d \n", max);
```

改写的程序中，先选择一个数作为假定最大值存储在变量 max 中，然后让其余数逐个与 max 进行比较、赋值，最终 max 中存储的是真正的最大值。这个方法容易推广到更多个数据的最值求解（参见例 1.12），是适合计算机求解问题的思路。

例 1.1 程序的流程如图 1-3 所示，图中的 T 表示 true，F 表示 false。

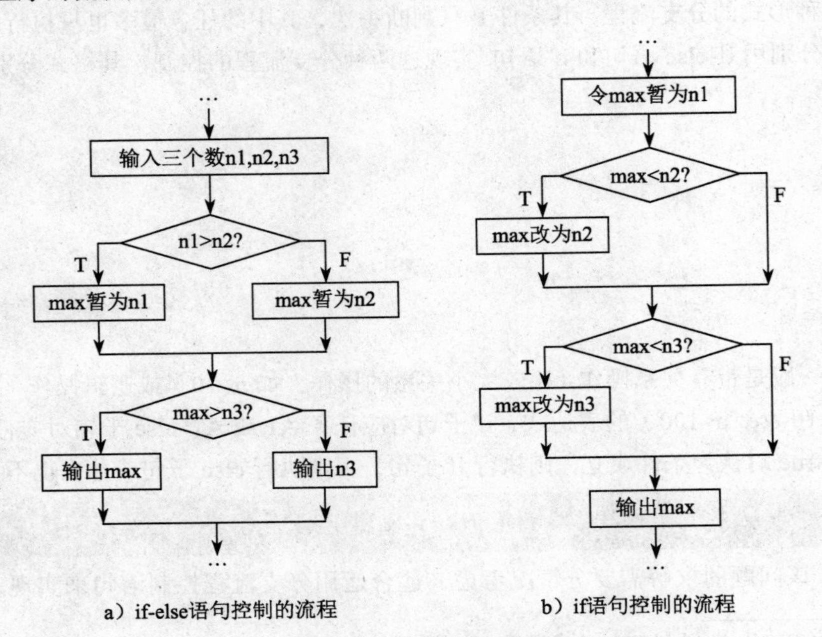

图 1-3 例 1.1 程序的流程

【训练题 1.1】调试例 1.1 中两种形式的分支程序。

注意：编辑 if 语句时，条件 P 必须写在 if 后面的圆括号内，执行分支任务的子句最好写在下一行并缩进，且保持前后一致，以便查看子句，提高程序的易读性。

如果分支任务含多条语句，则一定要用一对花括号将它们组合成复合语句。例如，

```
if(x >= 0)
    y = x * x;
    printf("%lf*%lf equal %lf \n", x, x, y);       //该句不属于if语句，它隔开了if与else
else                                                //该else没法配对，从而编译出错
    printf("Input error! \n");
```

上面程序片段中，尽管缩进书写使第一个 printf 看起来会在 x>=0 时被执行，但实际上缩进并不改变 C 程序的逻辑，if 语句应改成：

```
if(x >= 0)
{
    y = x * x;
    printf("%lf*%lf equal %lf \n", x, x, y);
}                                    //复合语句是一个整体，要么都被执行，要么都不被执行
else
    printf("Input error! \n");
```

【训练题 1.2】修改例 1.1 中的程序，验证 C 语言的复合语句中花括号的作用。

1.2.2　分支流程的嵌套

分支流程可以嵌套，即某一个分支中又含有分支流程。嵌套的 if-else 语句可以实现两个以上的多分支流程控制。例如，

```
if(score >= 60)
    if(score < 80)
        printf("Pass \n");
    else
        printf("Not bad \n");
else
    printf("Fail \n");
```

又例如，

```
if(score >= 60)
    printf("Pass \n");
else
    if(score < 40)
        printf("Too bad \n");
    else
        printf("Fail \n");
```

C 程序中，当 if 语句与 if-else 语句嵌套时，理解时会产生分歧。C 语言规定，else 子句与上文最近的、没有与 else 子句配过对的 if 子句配对，而不是和较远的那个 if 子句配对。例如，例 1.1 程序中的分支流程如果改写成如下的嵌套结构，则不能正确输出三个整数中的最大值：

```
max = n1;
if(n1 > n2)
    if(n3 > n1)
        max = n3;
else                                    //这里的else实际对应的是n3 > n1不成立的情况
    if(n2 > n3)
        max = n2;
    else
        max = n3;
printf("The max. is: %d \n", max);
```

以上程序段可以用花括号改写为：

```
max = n1;
if(n1 > n2)
{   if(n3 > n1)
        max = n3;
}
else                                    //这里的else对应的是n1 > n2不成立的情况
    if(n2 > n3)
        max = n2;
    else
        max = n3;
```

或者用空语句改写为：

```
max = n1;
if(n1 > n2)
    if(n3 > n1)
        max = n3;
    else                                //这里的else对应的是n3 > n1不成立的情况
        ;                               //空语句
else                                    //这里的else对应的是n1 > n2不成立的情况
    if(n2 > n3)
        max = n2;
    else
        max = n3;
```

也就是说，当if语句与if-else语句嵌套时，如果在逻辑上需要将else子句与较远的if子句配对，则可以用一个花括号把较近的if子句写成复合语句，或者在较近的if子句后面用else和分号构造一个分支。其中空语句是只有一个分号的语句，即什么操作也不执行的语句。在调试程序时，对暂时未知的任务也可以用空语句代替。

【训练题1.3】修改例1.1程序，验证C程序中else与if的配对情况。

【训练题1.4】设计程序，根据输入的整数n，比较$1-n$的绝对值与$n-1$的大小，并输出比较结果。

在编辑嵌套的if-else语句时，更应采用结构清晰的缩进格式。不过，如果嵌套层次很深，缩进会使程序正文过分偏右，这样可能会给程序的编辑、查看带来不便。例如，

```
if(score >= 90)
    printf("A \n");
else
    if(score >= 80)
```

```
            printf("B \n");
        else
            if(score >= 70)
                printf("C \n");
            else
                if(score >= 60)
                  printf("D \n");
                else
                  printf("Fail \n");
```

建议改写如下：

```
if(score >= 90)
    printf("A \n");
else if(score >= 80)
    printf("B \n");
else if(score >= 70)
    printf("C \n");
else if(score >= 60)
    printf("D \n");
else
    printf("Fail \n");
```

嵌套的分支流程往往能避免不必要的条件判断，若写成下列多个if语句的形式，则效率不高：

```
if (score >= 90)
   printf("A\n");
if (score >= 80 && score < 90)
   printf("B\n");
if (score >= 70 && score < 80)
   printf("C\n");
if (score >= 60 && score < 70)
   printf("D\n");
if (score < 60)
   printf("Fail\n");
```

例 1.2 用求根公式求一元二次方程 $ax^2+bx+c=0$ 在各种不同情况下的根，并输出结果。

```
#include <stdio.h>
#include <math.h>
int main( )
{
   double a ,b, c, delta, p, q;
   printf("Please input three coefficients of \
the equation: \n");        //续行符后面不能有注释，前后无多余的空格符，本行前部没有空格符
   scanf("%lf%lf%lf", &a, &b, &c);
   if(a == 0)                 // 这里切勿写成if(a = 0)
       printf("It isn't a quadratic equation! \n");
   else if((delta = b*b - 4*a*c) == 0)
                              // 这里切勿写成else if((delta = b*b - 4*a*c) = 0)⊖
       printf("x1 = x2 = %.2f \n", -b / (2 * a));
```

⊖ C语言中没有幂运算，可以用x*x计算平方，用x*x*x计算立方，可以调用库函数pow(x, y)计算 x^y，该函数的说明信息在math.h中，x、y为实数。

```
    else if(delta > 0)
    {
        p = -b / (2 * a);
        q = sqrt(delta) / (2 * a);
        printf("x1 = %.2f,  x2 = %.2f \n", p + q, p - q);
    }
    else
    {
        p = -b / (2 * a);
        q = sqrt(-delta) / (2 * a); //-delta 可写成 fabs(delta), fabs 为求绝对值库函数
        printf("x1 = %.2f + %.2fi,  x2 = %.2f - %.2fi \n", p, q, p, q);
    }           //若去掉该对花括号，虽然编译不会出错，但当 delta>0 时也会执行后两句
    return 0;
}
```

例 1.2 程序中调用了标准数学库函数（参见附录 D）sqrt 来求平方根，该类函数的说明信息在 math.h 头文件中，所以使用前要在程序首部加“#include <math.h>”。在输出复数根时，采用了先分别输出实部和虚部再添加 +、-、i 字符的方法来表示复数。程序输出的实数保留了两位小数。程序执行结果如下：

```
Please input three coefficients of the equation:
1.2                                              （输入：1.2 回车键）
2.1                                              （输入：2.1 回车键）
3.4                                              （输入：3.4 回车键）
x1 = -0.88+1.44i,  x2 = -0.88-1.44i
```

例 1.2 程序中含有多分支流程，其流程如图 1-4 所示。

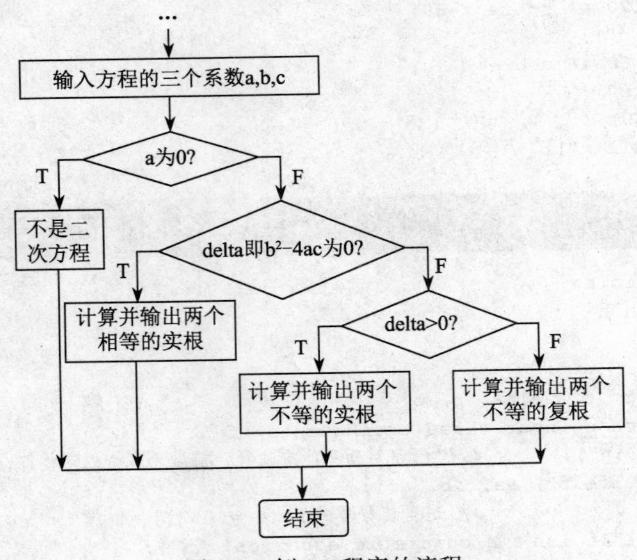

图 1-4 例 1.2 程序的流程

【训练题 1.5】调试例 1.2 中的程序。

【训练题 1.6】假设南京市普通出租车的收费标准是：3 公里以内（含 3 公里）收费 9 元，超过 3 公里的部分，每公里收费 2.4 元；另外每车次加收 1 元燃油附加费。设计程序，

计算输入的公里数 x 所对应的车费 y，并输出结果，结果保留一位小数。例如，x 为 3.45 公里，y 为 $9+(3.45-3)\times 2.4+1$ 即 11.08 元，输出为 11.1 元。

1.2.3　分支流程的其他形式及控制语句

（1）switch 语句

C 语言还提供了一种叫作开关语句的 switch 语句，能实现部分多分支流程的控制。对于能够使用 switch 语句控制的多分支流程，使用 switch 语句往往便于编译器进行优化，以便获得比 if 语句更高的效率。例如，

```
switch(grade)                                          //该行没有分号
{
    case 'A': printf("85-100 \n"); break;              //冒号前的内容是语句的标号，下同
    case 'B': printf("75-85 \n"); break;
    case 'C': printf("60-75 \n"); break;
    case 'F': printf("0-59 \n"); break;
    default: printf("error \n"); break;
}   //该行没有分号
```

若 grade 为 'A'，则执行“printf("85-100 \n"); break;”；若 grade 为 'B'，则执行“printf("75-85 \n"); break;”，以此类推；若 grade 为其他字符，则执行“printf("error \n");”。

运用 switch 语句的注意事项如下：

1）每个 case 后面的语句最多执行一次。

2）switch 后面圆括号中表达式的值必须保证为一个整数或一个字符，以便与 case 后面的整数或字符常量进行匹配。如果匹配成功，则从冒号后的语句开始执行，执行到右花括号结束该流程；如果没有匹配的值，则执行 default 后面的语句或不执行任何语句（default 分支可省略），然后结束该流程。

3）必须保证 case 后面的值各不相同，否则无法进行匹配。

4）switch 语句中的 case 与紧随其后的整数或字符常量一起作为语句的标号，没有流程控制作用。“break;”语句具有流程控制作用，它将流程转向 switch 语句的右花括号处，即 switch 语句结束处，也就是说，switch 语句只有在 break 语句的辅助下才能实现多分支流程的控制功能⊖。如果没有“break;”，则执行完本分支的任务后，会继续执行紧随其后的其他分支的任务，不管其他分支中的整数或字符常量是否与圆括号中的操作结果匹配。例如，

```
switch(grade)
{
    case 'A': printf("85-100 \n");
    case 'B': printf("75-85 \n");
    case 'C': printf("60-75 \n");
    case 'F': printf("0-59 \n");
    default: printf("error \n");
}//不能实现多分支流程的控制功能
```

若 grade 为 'C'，则执行“printf("60-75 \n");”后继续执行“printf("0-59 \n");”和“printf

⊖ 某些语言（如 Pascal）的多分支语句中，一个分支执行完将自动结束该流程。C 语言的 switch 语句在一个分支执行完后，需要用 break 语句才能结束该流程，这样更具灵活性，当若干个分支具有部分重复功能时，可以节省代码量。

("error \n");”。

5）如果每个分支后面都有 break 语句，则分支可以按任意顺序排列，不过最好按易读的顺序排列。

6）default 所在的行可以没有，不过有该行可以使程序具有容错性。default 分支后面的“ break;”可以省略，不过，风格良好的程序不应省略这个“ break;”，这样有利于添加其他分支，减少程序出错的可能性。

7）switch 语句可以嵌套，这时，内层 switch 语句里的“ break;”语句只能将程序的流程转向内层 switch 语句的结束处，不能控制外层 switch 语句的流程。例如，

```
switch(x)
{
  case 0: printf("xy = 0 \n"); break;                    // 外层分支
  case 1:
      switch(y)
      {
          case 0: printf("xy = 0 \n"); break;            // 内层分支
          case 1: printf("xy = 1 \n"); break;            // 内层分支
          default: printf("xy = %d \n",y); break;        // 内层分支
      }
                                                          // 外层分支，不可遗漏
      break;
  default: printf("error! \n"); break;                   // 外层分支
}
```

【训练题 1.7】完善上面几个程序片段，验证 switch 语句的注意事项。

【训练题 1.8】用 switch 语句实现：从键盘输入一个星期的某一天（用 0 表示星期天；用 1 表示星期一；……），输出其对应的英语单词。

（2）goto 语句

C 语言还保留了 goto 语句。goto 语句与 if 语句以及下文某个语句的标号配合使用，也能实现分支流程的控制。例如，

```
   ...
   max = n1;
   if(n2 < max)
      goto L1;
   max = n2;
L1:if(max < n3)                          // 定义了一个语句的标号 L1
      max = n3;
   ...
```

但这类流程完全可以不用 goto 语句，只要改写 goto 语句所在的 if 语句条件即可。例如，

```
max = n1;
if(max < n2)
   max = n2;
if(max < n3)
   max = n3;                             //与前面的程序片段等价
```

由于 goto 语句容易使程序流程混乱，所以，除非要将流程转到共同的错误处理代码段，否则，强烈建议不用 goto 语句实现分支流程的控制。

1.3 循环流程

计算机在完成一个任务时，常常需要对相同的操作重复执行多次，每次操作数的值可能有所不同。循环流程（iteration flow）用于这种重复性计算场合，由循环语句控制。

1.3.1 循环流程的基本形式及其控制语句

典型的循环流程包含一个条件判断和一个循环任务，如图 1-5 a 所示。该流程先判断条件 P，当（while）条件 P 成立（true）时执行任务 A（通常又叫循环体），并再次判断条件 P，如此循环往复；随着语句的执行，条件会从成立变为不成立，当条件 P 不成立（false）时，该流程结束。

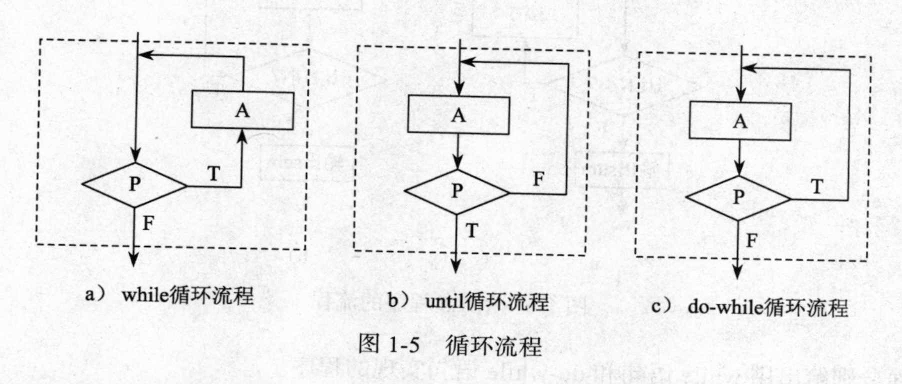

图 1-5　循环流程

循环流程的另一种形式如图 1-5 b 所示。该流程先执行任务 A，然后判断条件 P，在条件 P 不成立时继续执行任务 A，并再次判断条件 P，如此循环往复；直到（until）条件 P 成立时，结束该流程。

不管哪种形式的循环流程，条件 P 至少判断一次，并在执行任务 A 之后继续判断条件 P。对于循环流程，要特别注意条件 P 的设计，避免循环不能正确执行。

C 语言中的 while 语句可以实现第一种（while）循环流程的控制，其格式为：

```
while(<条件 P>)
        <任务 A>
```

任务 A 是 while 语句的子句，通常是一个复合语句，可以写在右圆括号的后面，最好写在下一行，并缩进。任务 A 可能执行有限次（条件 P 一开始成立、后来不成立），也可能一次都不执行（条件 P 一开始就不成立），甚至可能执行无限次，即死循环（条件 P 一直成立）。

C 语言中用 do-while 语句实现第二种（until）循环流程的控制，不过稍有不同，do-while 语句是在条件 P 不成立时结束流程，如图 1-5 c 所示。do-while 语句的格式为：

```
do
{
   <任务 A >
}while(<条件 P>);
```

任务 A 是 do-while 语句的子句，写在一对花括号之间，并缩进。任务 A 可能执行一次（条件 P 一开始就不成立）或有限次（条件 P 一开始成立、后来不成立），也可能执行无限次，即死循环（条件 P 一直成立）。可见，当条件 P 一开始就成立时，do-while 语句和 while 语句在功能上等价，否则不等价。

例 1.3　求 N（例如 100）以内自然数的和，并输出结果。

【分析】该问题可以用等差数列的求和公式，也可以用累加的方法求解，后者是计算机求解数列之和问题的常用方法，适合运用循环流程控制语句实现，其流程如图 1-6 所示。

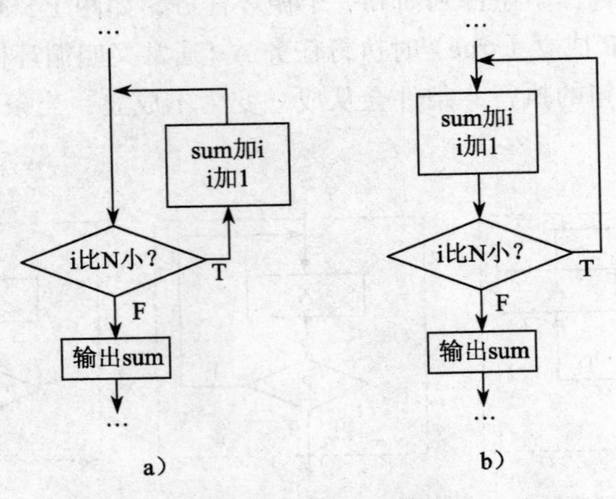

图 1-6　例 1.3 程序的流程

下面分别给出用 while 语句和 do-while 语句实现的程序。

程序 a：

```
#include <stdio.h>
#define N 100
int main( )
{
    int i = 1, sum = 0;
    while(i <= N)                       // 该行没有分号
    {
        sum = sum + i;                  // 改为“sum += i;”可提高效率
        i = i + 1;                      // 改为“++i;”可提高效率
    }
    printf("Sum. of integers 1-%d: %d \n", N, sum);
    return 0;
}
```

程序 b：

```
#include <stdio.h>
#define N 100
int main( )
{
    int i = 1, sum = 0;
    do
    {
        sum += i;
        ++i;
    } while(i <= N);                    // 该行尾有分号
```

```
    printf("Sum. of integers 1-%d: %d \n", N, sum);
    return 0;
}
```

例 1.3 程序中的 i 通常称为循环变量，该变量是循环条件判断的依据，改变其值是循环流程控制的关键，进入循环流程前要先对循环变量进行初始化。程序中的求和操作与对循环变量的操作要执行多次，为了提高效率，通常用 ++i 代替 i=i+1（--i 可以代替 i=i-1），用 sum+=i 代替 sum=sum+i。

编辑 C 语言的 while 语句和 do-while 语句时，需注意以下两点。

1）如果循环体含有多条语句，则一定要用花括号将循环体的多条语句组合成复合语句，否则，对于 while 语句，只有循环体的第一条语句能被循环执行，从而造成执行结果错误，甚至出现死循环，对于 do-while 语句，则会造成语法错误。

例如，例 1.3 程序 a 中的 while 语句如果写成如下形式：

```
while(i <= N)
    sum += i;                    // 死循环
    ++i;                         // 该行不属于循环体
```

则当条件成立时只有“sum+=i;”被循环执行，“++i;”不被执行，从而造成死循环。

2）do-while 语句的右圆括号后有分号，少写这个分号会造成语法错误。而 while 语句的右圆括号后没有分号，如果误写一个分号，则分号会被当成一个空语句并充作循环体，使真正的循环体不再属于 while 语句，从而造成执行结果错误，甚至出现死循环。

例如，例 1.3 程序 a 中的 while 语句如果写成如下形式：

```
while(i <= N);                   // 死循环
{
    sum += i;                    // 该行不属于循环体
    ++i;                         // 该行不属于循环体
}
```

则当条件成立时只有空语句“;”被循环执行，“sum+=i;”和“++i;”都不被执行，i 始终为初值 1，从而造成死循环。

【训练题 1.9】 调试例 1.3 中的程序：

1）验证 while 语句与 do-while 语句的注意事项。

2）将 i 的初值设为 101，验证 while 与 do-while 语句的区别。

3）体会循环变量初始化对循环流程的影响。

4）将 while 语句改为：

```
while(i <= N)
{
    ++i;
    sum += i;
} // 验证循环体内语句书写顺序对结果的影响
```

【训练题 1.10】 设计程序，计算从键盘输入的一系列正整数的和，输入 -1 结束。

【训练题 1.11*】 对比下面两段程序，分析它们的优劣。

程序 1:

```
#include <stdio.h>
#define PI 3.14159

int main( )
{
    double r, s, l;
    printf("Please input the radius of a circle(cm):\n");
    scanf("%lf", &r);

    s = PI * r * r;
    l = 2 * PI * r;

    printf("The area is %.2f cm2 and the perimeter is %.2f cm.\n", s, l);
        // 输出的面积和周长均保留两位小数
    return 0;
}
```

程序 2:

```
#include <stdio.h>
#define PI 3.14159

int main( )
{
    double r, s, l;
    printf("Please input the radius of a circle(cm):\n");
    scanf("%lf", &r);

    while(r <= 0)
    {
        printf("The radius should be > 0. Please input the radius (cm):\n");
        scanf("%lf", &r);
    }
    s = PI * r * r;
    l = 2 * PI * r;

    printf("The area is %.2f cm2 and the perimeter is %.2f cm.\n", s, l);
        // 输出的面积和周长均保留两位小数
    return 0;
}
```

1.3.2 循环流程的其他形式及控制语句

（1）for 语句

C 语言提供了 for 语句，其也能实现循环流程的控制，格式为：

```
for([<循环变量赋初值>]; [<条件 P>]; [<表达式 E>]⊖)
    <任务 A'>
```

⊖ 本书在介绍程序中内容的格式时，中括号里的内容是可选内容。

for 语句一般将循环变量放入循环语句内赋初值（while 或 do-while 语句的循环变量通常在循环语句前赋初值）；表达式 E 一般是对循环变量的操作，往往称为步长，循环变量按步长增大或减小，促使循环结束；A' 和 E 合起来相当于 while 或 do-while 语句中的任务 A。

例 1.3 程序可以用 for 语句改写为：

```
#include <stdio.h>
#define N 100
int main( )
{
    int i, sum = 0;
    for( i = 1; i <= N; ++i)        // 该行尾没有分号
        sum += i;
    printf("Sum. of integers 1-%d: %d \n", N, sum);
    return 0;
}
```

for 语句控制的流程如图 1-7 所示，即先给循环变量赋初值，然后判断条件 P，成立则执行任务 A'，接着执行表达式 E，并再次判断条件 P，如此循环往复；当条件 P 不成立时，该流程结束。

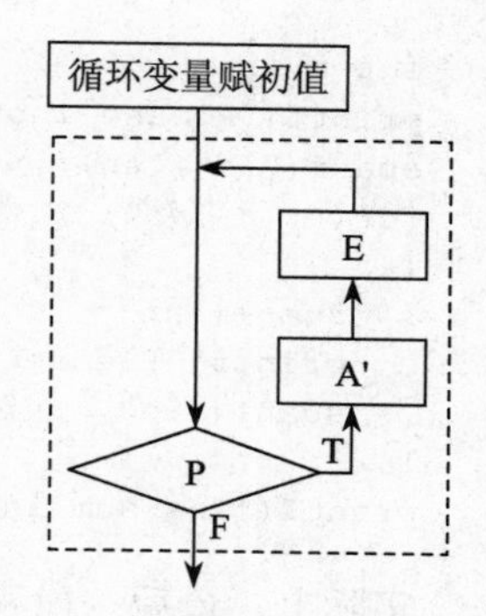

图 1-7　for 语句控制的流程

由图 1-7 可见，循环变量赋初值只做一次，条件 P 至少判断一次，并有可能判断多次，而任务 A' 和表达式 E 执行次数相同，可能是有限次（条件 P 一开始成立，后来不成立），也可能是无限次（条件 P 一直成立），即死循环。如果条件 P 第一次判断就不成立，则任务 A' 和表达式 E 一次也不执行。

编辑 for 语句时，需注意以下几点。

1）支持 C99 等新标准的编译器，允许在 for 语句圆括号里定义循环变量，并且该循环变量只在 for 语句里有效⊖。例如，

```
int sum = 0;
for(int i = 1; i <= N; ++i)
    sum += i;
```

2）如果任务 A' 含有多条语句，则一定要用花括号将多条语句组合成复合语句，否则，只有第一条语句能被循环执行，从而造成执行结果错误。

3）单词 for 后面的右圆括号后没有分号，如果误写一个分号，则分号会被理解成一个空语句并充当循环体 A'，使真正的循环体不再属于 for 语句，从而造成执行结果错误。例如，

```
int sum = 0;
for(int i = 1; i <= N; ++i);        // 不能求和，只可用来延时
    sum += i;                       // 该行不属于循环体
```

则当条件成立时只有空语句“;”和“++i;”被循环执行，“sum += i;”不被循环执行，从而造成执行结果错误，输出 sum 的值为 N+1。

4）单词 for 后面的圆括号里不宜写过多的内容，以保证良好的程序风格，提高易读性。

⊖　少数开发环境（如 VC 6.0）在 for 语句圆括号里第一个分号前定义的变量在 for 语句外仍然有效。

5）单词for后面的圆括号里两个分号必须有，否则会出现语法错误。圆括号里分号前后的内容可以没有，写在其他地方，但这类写法使for语句本来的优势丢失了。例如，

```
int i = 1, sum = 0;
for( ; i <= N; ++i)
   sum += i;
```

及

```
int i = 1, sum = 0;
for( ; i <= N; )
{
   sum += i;
   ++i;
}
```

又例如，

```
int n, sum = 0;
printf("Please input an integer: ");
scanf("%d", &n);
for( ; n != 0; )                          // != 表示"不等于"
{
   sum += n;
   printf("Please input an integer (input 0 to exit) : ");
   scanf("%d", &n);
}
printf("The sum is %d \n", sum);
```

实际上，最后一段程序的功能适合用do-while语句实现，因为循环起点与次数不明确，且输入等语句至少需要执行一次。一般来说，对于计数型循环（counting loops），其有明确的循环起点和步长（由单条语句控制循环变量初始化和步长），循环次数是有界的（bounded），用for语句实现更为方便（参见例1.3）；而对于事件型循环（event loops），其循环次数没有界限（unbounded），用while或do-while语句实现更自然，例如上面的程序片段，只要“n != 0”这个事件未停止，循环就不会结束。

【训练题1.12】 验证for语句的各个特征。

【训练题1.13】 用for语句改写训练题0.11的代码，并调试。

【训练题1.14】 设计程序，计算从键盘输入的一系列正整数的和，要求先输入整数的个数。

【训练题1.15】 设计程序，应用循环流程控制语句计算一个正整数等差数列的和并输出，数列的项数、首项、公差（>0）由用户从键盘输入。

（2）goto语句

C语言里保留的goto语句与if语句以及上文某个语句的标号配合使用，也能实现循环流程的控制。例如，例1.3程序可以改写为：

```
#include <stdio.h>
#define N 100
int main( )
{
```

```
    int i = 1, sum = 0;
L2: sum += i;                          //定义了一个语句的标号 L2
    ++i;
    if(i <= N)
        goto L2;
    printf("Sum. of integers 1-%d: %d \n", N, sum);
    return 0;
}
```

由于 goto 语句容易使程序流程混乱，强烈建议不要用 goto 语句实现循环流程的控制。

1.3.3　循环流程的嵌套及其优化

循环流程也可以嵌套，即循环体中又含有循环流程。下面的例 1.4 程序执行后，只能完成一个数的阶乘计算和输出。

例 1.4　求输入的一个正整数的阶乘并输出结果。

代码如下：

```
#include <stdio.h>
int main( )
{
    int n, i = 2, f = 1;               //f 用于存放计算结果，如果不进行初始化，会得到错误的结果
    printf("Please input an integer: \n");
    scanf("%d", &n);
    while(i <= n)
    {
        f *= i;                        //相当于 f = f * i;
        ++i;
    }
    printf("factorial of %d is: %d \n", n, f);
    return 0;
}
```

如果希望在输出一个数的阶乘后程序不结束执行，而是继续等待输入下一个数，并计算和输出下一个数的阶乘，直到用户输入一个结束标志为止，比如：

```
Please input an integer (input 0 to exit):
10                                              （输入：10 回车键）
factorial of 10 is: 3628800
Please input another integer (input 0 to exit):
5                                               （输入：5 回车键）
factorial of 5 is: 120
Please input another integer (input 0 to exit):
0                                               （输入：0 回车键）
```

则需要再用一个循环流程，重复执行例 1.4 中的主要语句。修改的程序如例 1.5 所示。

例 1.5　编程实现：每输入一个正整数，输出其阶乘，输入“0”结束程序。

代码如下：

```
#include <stdio.h>
int main( )
```

```
{
    int n, i, f;
    printf("Please input an integer (input 0 to exit): \n");
    scanf("%d", &n);
    while(n != 0)
    {
        i = 2, f = 1;                    //计算每一个数的阶乘前都要赋初值
        while(i <= n)
        {
            f *= i;
            ++i;
        }
        printf("factorial of %d is: %d \n", n, f);
        printf("Please input another integer (input 0 to exit): \n");
        scanf("%d", &n);
    }
    return 0;
}
```

例 1.5 程序中含有嵌套的循环流程，其流程如图 1-8 所示。

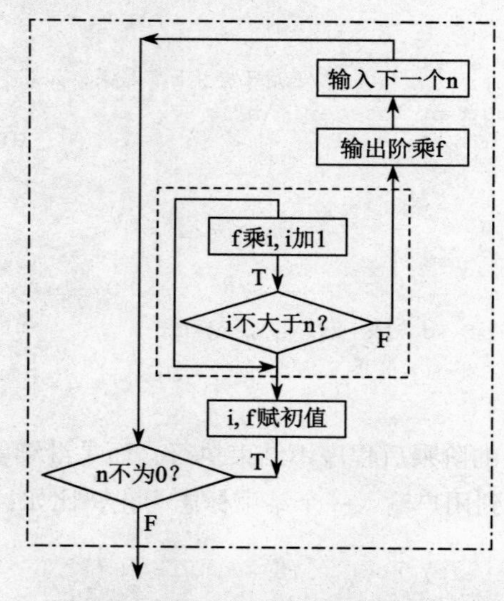

图 1-8 例 1.5 程序的嵌套循环流程

在编辑嵌套的循环语句时，更应采用复合语句和结构清晰的缩进格式。此外，还要特别注意变量的初始化位置。例如，例 1.5 程序中的变量 i 与 f 要在外层循环内部赋初值，如果在外层循环外部赋初值，把循环语句写成下面的形式：

```
...
scanf("%d", &n);
i = 2, f = 1;                    //仅对第一个数的阶乘计算赋了初值
while(n != 0)
{
    while(i <= n)
    {   f *= i;
        ++i;
```

```
    }
    ...
```

那么在计算和输出完第一次输入的数的阶乘后，i 的值不再为 2，f 的值不再为 1，以后的计算结果就不一定正确了。

C 语言提供的三种循环流程控制语句都可以用来实现嵌套循环流程的控制。例如，例 1.5 程序中用 while 语句实现的嵌套循环流程可以用 do-while 或 for 语句实现。用 for 语句实现的形式为：

```
for( ; n != 0; )
{
    for(i = 2, f = 1; i <= n; ++i)
    {
        f *= i;
    }                              // 循环体只有一条语句时，花括号也可以不加
...
```

实际上，内循环是计数型循环，用 for 语句实现更为方便；而外循环是事件型循环，用 while 语句或 do-while 语句实现显得更自然，形式如下：

```
while(n != 0)
{
    for(i = 2, f = 1; i <= n; ++i)
    {
        f *= i;
    }                              // 循环体只有一条语句时，花括号也可以不加
...
```

【训练题 1.16】调试例 1.5 中的程序，学习嵌套循环的实现方法。

【训练题 1.17】设计程序，输出正整数 d1~d2 之间（含 d1、d2）不能被整数 d3 整除的整数（用户每输入一组 d1、d2、d3 的值就输出一次结果，只要输入“0”就结束）。

例 1.6　编程输出一个九九乘法表。

代码如下：

```
#include <stdio.h>
int main( )
{
    printf("        Multiplication Table \n");
    for(int i = 1; i <= 9; ++i)
    {
        for(int j = 1; j <= 9; ++j)
            printf("%d \t", i * j);
        printf(" \n");                // 每行结束处应回车换行
    }
    return 0;
}
```

例 1.6 程序中，i 是外层循环的循环变量，i 从 1 递增到 9，对应 9 次循环，每次循环都执行循环体里的两条语句；其中，第一条语句又是一个循环，即内层循环，j 是内层循环的

循环变量，j 从 1 递增到 9，也对应 9 次循环，每次循环都执行乘积输出语句；整个程序执行完毕时，乘积输出语句执行了 81 次。程序执行结果如下：

```
                Multiplication Table
1       2       3       4       5       6       7       8       9
2       4       6       8       10      12      14      16      18
3       6       9       12      15      18      21      24      27
4       8       12      16      20      24      28      32      36
5       10      15      20      25      30      35      40      45
6       12      18      24      30      36      42      48      54
7       14      21      28      35      42      49      56      63
8       16      24      32      40      48      56      64      72
9       18      27      36      45      54      63      72      81
```

例 1.6 程序中的输出部分使用了转义符 \t（水平制表符），它相当于输入制表键，一般情况下是将输出屏幕的光标向右空 8 位，如果左边有单词输出，则向右空出的位数与左边单词所占位数之和是 8 的倍数，水平制表符可以用来控制输出的对齐格式。在格式符中加数字也可以控制输出的对齐格式，如"printf("%8d", i * j);"。

如果希望得到三角形的乘法表，即不输出冗余的乘积，每行先输出空白再输出乘积，则内循环可以分成两个循环流程（注意，内部两个循环之间不是嵌套关系，而是并列关系）：

```
for(int i = 1; i <= 9; ++i)
{
    for(int j = 1; j < i; ++j)
        printf(" \t");                      //先输出空白
    for(int j = i; j <= 9; ++j)
        printf("%d \t", i * j);             //再输出乘积
    printf(" \n");                          //每行结束处应回车换行
}
```

程序执行结果如下：

```
                Multiplication Table
1       2       3       4       5       6       7       8       9
        4       6       8       10      12      14      16      18
                9       12      15      18      21      24      27
                        16      20      24      28      32      36
                                25      30      35      40      45
                                        36      42      48      54
                                                49      56      63
                                                        64      72
                                                                81
```

【训练题 1.18】调试例 1.6 中的乘法表程序。1）对比两个乘法表程序，思考并列的循环与嵌套的循环流程之间的区别；2）观察"for(int j = i; j <= 9; ++j)"改为"for(int j =1; j <= i; ++j)"后的输出结果。

循环流程里还可以嵌套分支流程：

```
for(i = 0; i < N; ++i)
{
    if(...)
        A1;
```

```
    else
        A2;
}   //if-else 是一条语句，这对花括号不加也可以，但加上更清晰
```

例如，三角形乘法表程序的内部两个循环流程可以改为循环嵌套分支流程的形式：

```
for(int i = 1; i <= 9; ++i)
{
   for(int j = 1; j <= 9; ++j)
   {
      if(j < i)
         printf(" \t");
      else
         printf("%d\t", i * j);
   }
   printf(" \n");                          //每行结束处应回车换行
}
```

【训练题 1.19】编程实现用“#”画斜线段 $y=x+1$，x、y 均定义为 int 型。（提示：可用嵌套的循环流程实现简单的平面图形的显示[⊖]，外循环用于控制行数，内循环用分支流程控制空格符与“#”的输出，每行结束处应回车换行。）

【训练题 1.20】分析下面两个程序片段是否等价。

程序 1：

```
for(int i=1; i<5; ++i)
     for(int j=1; j<5; ++j)
         for (int k=1; k<5; ++k)
             if (i == k && i == j && j == k)
                    printf("%d, %d, %d \n", i, j, k);
```

程序 2：

```
int i=1, j=1, k=1;
while(i<5)
{
     while(j<5)
     {
         while(k<5)
         {
             if (i == k && i == j && j == k)
                 printf("%d, %d, %d \n", i, j, k);
             ++k;
         }
         ++j;
     }
     ++i;
}
```

⊖ 显示器默认为 80 列 25 行的文本显示模式，不能直接显示图形。有的开发环境如 Turbo C 提供了将显示器初始化为图形方式及各种绘图功能的库函数，例如“initgraph(&gdriver, &gmode, "\\tc\\bgi"); line(0, 0, 100, 100); bar(110, 110, 200, 200);”等。有的开发环境如 Microsoft Visual Studio 则提供了 Win32 application 工程类型（而不是通常的 Win32 console application）及相应的库函数或 MFC，以支持绘图功能。初学者可以尝试利用互联网寻找第三方软件提供者开发的库函数，在常用 C 程序开发环境中实现复杂的绘图功能。

循环语句通常比较耗时，编译器往往会做一些优化，以提高程序的执行效率。例如，对于下面的 for 语句，编译器会将它优化成一条赋值语句“s = a + b;”（若希望同时实现延时，需借助于空语句）。

```
for(int i = 0; i < 10000; ++i)          //经编译器优化后，此循环将不存在
    s = a + b;
```

程序员也可以有意识地优化循环程序。比如，对于循环次数很大的内嵌分支流程，改为分支嵌套循环流程的形式可以提高效率。

```
for(i = 0; i < N; ++i)
    if(...)
        A1;
    else
        A2;
```

可以改为：

```
if(...)
    for(i = 0; i < N; ++i)
        A1;
else
    for(i = 0; i < N; ++i)
        A2;
```

后面这种形式不需要重复执行分支流程的条件判断，而且由于条件判断在外层，不会打断计算机系统的循环流水线作业，使编译器能对循环进行优化处理，从而可提高效率。

当然，如果改写后的计算不等价，或者循环次数不大，改写后效率提高不明显，则不必改写，以免使程序出错或书写不简洁。

此外，对于一些数值型循环计算，改成通项公式计算不一定能得到优化。因为通项公式中的运算有可能比原循环体中的运算复杂。更重要的是，操作数的存储位置会严重影响计算效率。假如循环计算涉及的操作数能同时进入缓存，而通项公式中的所有操作数不能同时进入缓存，则后者的计算效率反而低。也就是说，程序员应结合循环体内数据的操作与存储情况（参见 5.2.4 节）综合考虑循环流程的优化。

1.3.4　循环流程的折断和接续

常规的循环流程可以被干预，即循环体被分成两部分，执行完其中一部分操作后，可以根据一定的条件，在相应的语句控制下，提前结束整个循环（折断）或提前进入下一次循环（接续），从而提高循环流程的灵活性。

（1）循环流程的折断

C 语言中，break 语句可以控制循环流程的折断，执行到 break 语句就立即结束循环流程。折断的循环流程如图 1-9 所示，图中循环任务 A(或 A') 被分成 A1 和 A2(或 A2') 两部分（可以为空），循环内先执行 A1，然后在条件 P' 不成立时，继续执行 A2（或 A2'+E）和条件 P 的判断，当条件 P' 成立时不再执行 A2（或 A2'+E），并结束整个循环。

例如，下面这段程序实现“对输入的 10 个数依次求和，遇到负数或 0 就提前终止”。

```
int d, sum = 0;
for(int i = 1; i <= 10; ++i)
{
    scanf("%d", &d);
    if(d <= 0)
        break;                                 //“break;”将流程转到右花括号外
    sum += d;
}
printf("sum= %d \n", sum);                     //最多接收 10 个整数的输入
```

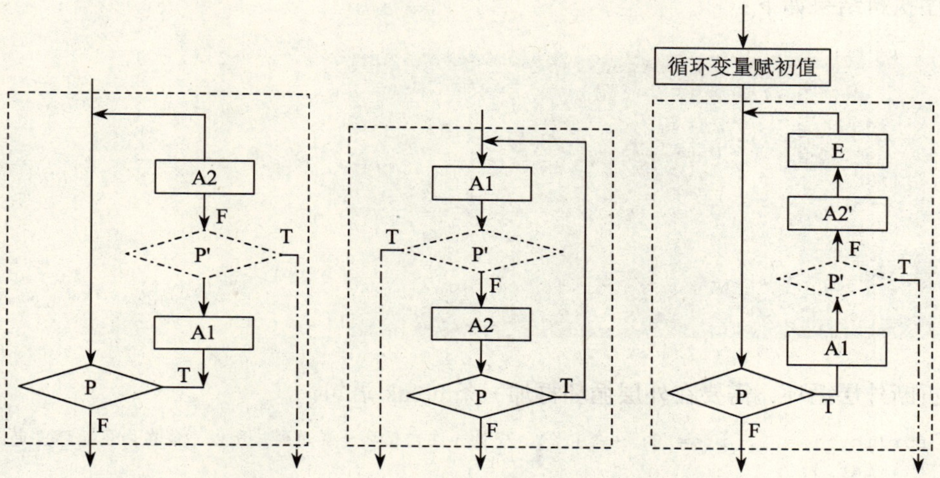

a）while语句的折断　　b）do-while语句的折断　　c）for语句的折断

图 1-9　循环流程的折断

C 程序中的循环流程（包括 goto 语句控制的循环流程）还可以被 goto 语句折断。例如，上面的程序片段可以改写为：

```
int d, sum = 0;
for(int i = 1; i <= 10; ++i)
{
    scanf("%d", &d);
    if(d <= 0)
        goto LOOP1;                            //将流程转到标号 LOOP1 处
    sum += d;
}
LOOP1:
printf("sum= %d \n", sum);
```

由于 goto 语句容易使程序流程混乱，所以尽量不要用 goto 语句实现单个循环流程的折断。

嵌套的循环流程出现折断时，break 语句只能控制所在循环层的流程，不能控制外层循环的流程，即内层循环里的 break 语句只能将程序的流程转向内层循环的结束处。例如，在输出乘法表时，如果希望一旦乘积超过 10 就停止输出，则如下循环流程并不合适，因为其外层循环没有被折断。

```
for(int i = 1; i <= 9; ++i)
{
    for(int j = 1; j <= 9; ++j)
    {
        if(i * j > 10)
            break;
        printf("%d \t", i * j);
    }
    printf(" \n");
}
```

程序执行结果如下：

```
              Multiplication Table
1     2     3     4     5     6     7     8     9
2     4     6     8     10
3     6     9
4     8
5     10
6
7
8
9
```

要折断外层循环，需要在外层循环再加一条 break 语句：

```
for(int i = 1; i <= 9; ++i)  //变量j在内循环外要用到，所以不能在内层循环里定义
{   int j;
    for(j = 1; j <= 9; ++j)
    {
        if(i * j > 10)
            break;
        printf("%d \t", i * j);
    }
    if(i * j > 10)
        break;
    printf(" \n");
}
```

或者用 goto 语句实现（这是使用 goto 语句的一个恰当的场景）：

```
for(int i = 1; i <= 9; ++i)
{
    for(int j = 1; j <= 9; ++j)
    {
        if(i * j > 10)
            goto END;
        printf("%d \t", i * j);
    }
    printf(" \n");
}
END:    ;                              //注意标号、冒号、分号（空语句）的书写要正确
```

程序执行结果如下：

```
                Multiplication Table
1       2     3      4      5      6      7      8    9
2       4     6      8      10
```

如果使用 goto 语句，注意不要跳过变量的初始化。例如，

```
   ...
   while(...)
   {
       while(...)
           if(...)
           goto LOOP2;             // 错误，因为跳过变量 y 的初始化
       ...
   }
   int y = 10;                     // 变量 y 的初始化有可能没有机会被执行
LOOP2: ...
```

还应注意不要转入如下循环的内部，以免跳过循环变量的初始化。

```
   ...
   if(...)
       goto LOOP3;                 // 错误
   ...
   for(int i = 0; ...)
   {
       int y=10;
LOOP3: ...
   }
   ...
```

【训练题 1.21】利用下列程序片段验证 break 在嵌套的循环流程中的折断作用。

```
int i, j;
for (i = 1; i <= 10; ++i)
    for (j = 1; j <= 10; ++j)
        if (i * j == 50)
            break;
printf("%d, %d \n", i, j);      // 输出 11, 5, 而不是 5, 10, 也不是 10, 5
```

可以在上述程序片段中加一条调试性输出语句，以便跟踪观察程序的执行情况：

```
int i, j;
for (i = 1; i <= 10; ++i)
    for (j = 1; j <= 10; ++j)
    {   // 该花括号不可不加
        printf("%d, %d, %d \t", i, j, i*j);    // 调试性输出语句
        if (i * j == 50)
            break;
    }   // 该花括号不可不加
printf("%d, %d \n", i, j);
```

通过调试性的输出结果，程序员可以观察到：当 i 为 5、j 为 10、i*j 为 50 时，外循环并没有马上结束。这种调试程序的方法在其他程序开发过程中也可以使用，不过，要记得在开

发结束后去掉程序中的调试性输出语句。

（2）循环流程的接续

C 语言中，continue 语句可以控制循环流程的接续，执行到 continue 语句就立即结束本次循环任务。接续的循环流程如图 1-10 所示，图中循环任务 A（或 A'）被分成 A1 和 A2（或 A2'）两部分，循环内先执行 A1，然后在条件 P' 不成立时，继续执行 A2（或 A2'+E）和条件 P 的判断，当条件 P' 成立时跳过 A2（或 A2'）不执行，并继续循环（对于 while 语句和 do-while 语句，是继续判断条件 P；对于 for 语句，是继续执行表达式 E，再判断条件 P）。

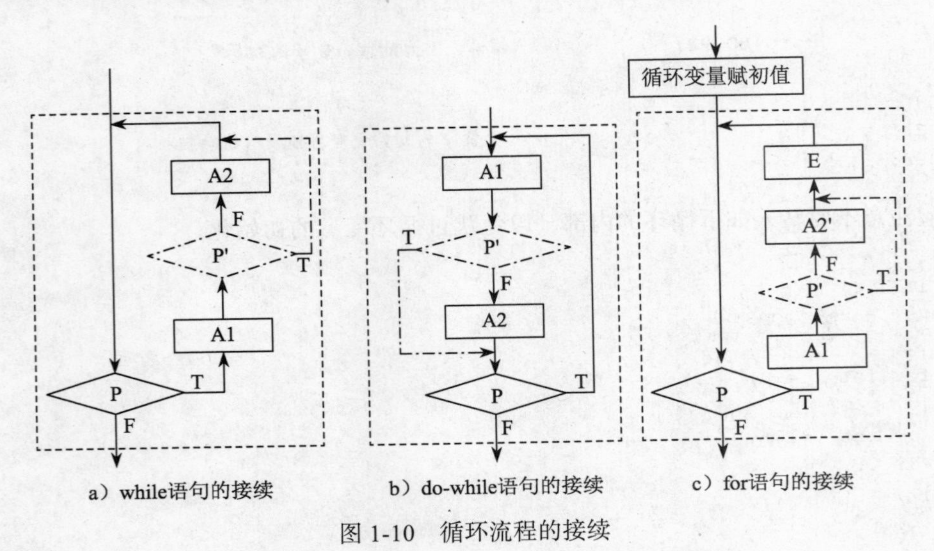

a）while语句的接续　　b）do-while语句的接续　　c）for语句的接续

图 1-10　循环流程的接续

从图 1-10 中可以看出，continue 接续 for 语句控制的循环流程与 continue 接续 while 语句、do-while 语句控制的循环流程不完全等价。例如，下面这段程序用 for 语句实现“对输入的 10 个数依次求和，负数或 0 不参与求和”的功能，总共只接收 10 个整数的输入。

```
int d, sum = 0;
for(int i = 1; i <= 10; ++i)
{
    scanf("%d", &d);
    if(d <= 0)
        continue;                        // “continue;”将流程转到右花括号内
    sum += d;
}   //共输入 10 个数
```

如果改为 while 语句实现：

```
int d, sum = 0, i = 1;
while(i <= 10)
{
    scanf("%d", &d);
    if(d <= 0)
        continue;                        // “continue;”将流程转到右花括号内
    sum += d;
    ++i;
}   //输入 10 个正整数
```

或 do-while 语句实现：

```
int d, sum = 0, i = 1;
do
{
    scanf("%d", &d);
    if (d <= 0)
        continue;              //“continue;”将流程转到右花括号内
    sum += d;
    ++i;
}
while (i <= 10);               // 输入 10 个正整数
```

则用户要输入 10 个正整数，如果输入了负数或 0，则输入整数的个数已超过 10。

与 break 类似，在嵌套的循环流程中 continue 只能控制所在循环层的流程，不能控制外层循环的流程。

【**训练题 1.22**】验证 continue 在循环流程中的接续作用。

C 程序中的循环流程（包括 goto 语句控制的循环流程）还可以被 goto 语句接续。例如，上面有关 continue 的程序片段可以改写为：

```
    int d, sum = 0, i = 1;
    while(i <= 10)
    {
        scanf("%d", &d);
        if(d <= 0)
            goto LOOP4;         // 将流程转到标号 LOOP4 处
        sum += d;
        ++i;
LOOP4: ;
    }
```

同样，由于 goto 语句易使程序流程混乱，所以尽量不要用 goto 语句实现循环流程的接续。

1.4　流程控制方法的综合运用

程序设计时常常需要组合顺序、分支和循环三种基本流程来对应任务的处理过程。对于一个具体的计算任务，往往要进行深入仔细的分析，才能发现其中的选择性或重复性计算特征，然后选择恰当的流程控制方法实现不同特征的计算。其中，循环流程控制方法非常重要且较难掌握，如果控制不当，例如没有正确设置循环的初始或终止条件，则会出现计算结果错误、循环体不执行或死循环等情况。

例 1.7　设计程序，将用 24 小时制表示的时间转换为 12 小时制表示的时间。

【**分析**】在时间格式转换过程中，需要根据输入来输出不同形式的结果，例如，输入 20 和 16（20 点 16 分），输出 8:16 pm；输入 12 和 0（12 点），输出 12:0 pm；输入 8 和 16（8 点 16 分），输出 8:16 am；输入 0 和 16（0 点 16 分），输出 12:16 am。对应分支流程如下。

```
#include <stdio.h>
int main( )
```

```
{
    int iHour, iMinute;
    char cNoon = 'a';
    printf("Please input a time in 24-hour format: \n");
    printf("hour: ");
    scanf("%d", &iHour);
    printf("minute: ");
    scanf("%d", &iMinute);
    if (iHour > 12)
        iHour = iHour - 12;
    else if (iHour == 0)
        iHour = 12;
    if (iHour >= 12)
        cNoon = 'p';
    printf("The time in 12-hour format is : %d:%d", iHour, iMinute);
    if (cNoon == 'p')
        printf(" pm \n");
    else
        printf(" am \n");
    return 0;
}
/* 本例只实现一次转换功能。读者可以基于循环流程控制方法，实现多次输入、时间格式转换功能的程序，
终止条件可以设为小时数 > 23 或分钟数 > 59 */
```

上述程序可以省略 cNoon 变量，分支流程改为：

```
if (iHour > 12)
{   iHour = iHour - 12;
    printf("The time in 12-hour format is : %d:%d pm \n", iHour, iMinute);
}
else if (iHour == 12)
    printf("The time in 12-hour format is : 12:%d pm \n", iMinute);
else if (iHour == 0)
    printf("The time in 12-hour format is : 12:%d am \n", iMinute);
else
    printf("The time in 12-hour format is : %d:%d am \n", iHour, iMinute);
```

【训练题 1.23】某电商根据客户购买某商品件数 *n* 给出不同的折扣率 dDiscnt 与快递费 iShpFee 优惠策略。分析下列程序片段的缺陷，给出改进方案并完善程序。

```
int n = 0, iShpFee = 10;
double dUnitPrice = 40.5, dDiscnt = 0;        //dUnitPrice 为单价
scanf("%d", &n);
if(n <= 0)
  printf("Error");
if(n > 0)
{
  if(n <= 9)
      ;
  if(n <= 29)
      dDiscnt = 0.1;
  if(n <= 49)
      dDiscnt = 0.2;
  if(n > 49)
  {
      dDiscnt = 0.2;
```

```
            iShpFee = 0;
        }
    }
    dAmount = dUnitPrice*n*(1-dDiscnt) + iShpFee;
    printf("Amount RMB: %.2f", dAmount);
```

【训练题1.24】设计程序，输出一个菜单，用户可输入相应的数字进行菜单选择，以显示不同的字符画（可基于训练题0.14设计的字符画）。

例1.8 设计程序，求所有的十进制三位水仙花数（这种数等于其各位数字的立方和，例如，$153 = 1^3 + 3^3 + 5^3$）。

【分析】对于一个十进制三位数，其百位数字可以是1, 2, …, 9，其余两位数字可以是0, 1, 2, …, 9，假设分别用i、j、k表示各位数字，则这个三位数为i*100 + j*10 + k。于是可以通过依次改变i、j、k，列举出所有的三位数来逐一加以判断。这种依次列举（又叫枚举）试探的过程即穷举法，是计算机求解问题的常用算法思路，可以用循环和分支流程实现。

程序如下：

```
#include <stdio.h>
int main( )
{
    for (int i = 1; i <= 9; ++i)
    {
        for (int j = 0; j <= 9; ++j)
        {
            for (int k = 0; k <= 9; ++k)
                if (i*100 + j*10 + k == i*i*i + j*j*j + k*k*k)
                  printf("%d \n", i*100 + j*10 + k);
        }
    }
    return 0;
}
```

例1.8程序中的i*100、j*10、i*i*i和j*j*j等表达式会被重复计算，将循环流程改为如下形式可以减少重复计算，不过程序的易读性有所削弱（参见例3.3的另一种解法）。

```
    for (int i = 1; i <= 9; ++i)
    {
        int n1 = i * 100, sum1 = i * i * i;
        for (int j = 0; j <= 9; ++j)
        {
            int n2 = n1 + j * 10, sum2 = sum1 + j * j * j;
            for (int k = 0; k <= 9; ++k)
                if (n2 + k == sum2 + k * k * k)
                  printf("%d \n", n1 + k);
        }
    }
```

【训练题1.25】设计程序，验证数论中著名的“四方定理”（一个自然数至多用四个数的平方和就可以表示）。要求每输入一个自然数，就输出其对应的表达式之一，比如3 = 1*1 + 1*1 + 1*1 + 0*0，15 = 3*3 + 2*2 + 1*1 + 1*1，输入“0”结束程序。

例 1.9 有一对兔子，从出生后第三个月起每个月都生一对小兔子，小兔子长到第三个月后每个月又生一对小兔子，假设所有兔子都不死，设计程序求第 n 个月的兔子总对数。

【分析】根据题意，可以推算前几个月的兔子总对数为 1, 1, 2, 3, 5, 8, 13, …，可以看出这实际上是著名的斐波那契（Fibonacci）数列，其定义为：

$$fib(n)=\begin{cases}1 & (n=1)\\ 1 & (n=2)\\ fib(n-2)+fib(n-1) & (n>2)\end{cases}$$

即从斐波那契数列的第三项开始，每一项是前两项的和。所以，要想求第 n 项的值，必须先计算前面第 $n-1$ 项和第 $n-2$ 项的值。这种基于前面的计算结果逐步递推计算的过程，即迭代法，可以用循环流程实现。

程序如下：

```
#include <stdio.h>
int main( )
{
    int n;
    printf("Input n:");
    scanf("%d", &n);
    int fib_1 = 1, fib_2 = 1, temp;
    for (int i = 3; i <= n; ++i)
    {
        temp = fib_1 + fib_2;                   //计算第 i 项
        fib_2 = fib_1;                          //求下一个 i 的第 i-2 项，为下一次循环做准备
        fib_1 = temp;                           //求下一个 i 的第 i-1 项，为下一次循环做准备
    }
    printf("第 %d 个月有 %d 对兔子.\n", n, temp);
    return 0;
}
```

迭代法是计算机求解问题的常用算法思路。例 1.9 程序中用三个变量记录数列中相邻的三项，在循环体中通过赋值操作滑动修改每个变量的值，这是常用的迭代法程序实现技术。

程序中的 temp 变量可以省略：

```
for (int i = 3; i <= n; ++i)
{
    fib_1 = fib_1 + fib_2;                  //计算第 i 项，并作为下一个 i 的第 i-1 项
    fib_2 = fib_1 - fib_2;                  //第 i-1 项作为下一个 i 的第 i-2 项
}
printf("第 %d 个月有 %d 对兔子.\n", n, fib_1);
```

也就是说，把求和操作的结果，即第 i 项的值暂存在 fib_2 变量中，这样 fib_2 与 fib_1 之差就是第 $i-1$ 项的值。

【训练题 1.26】用牛顿迭代公式求 x 的立方根，保留两位小数。计算公式为：$x_{n+1}=\frac{1}{3}\left(2x_n+\frac{x}{x_n^2}\right)$，当 $|x_{n+1}-x_n|<\varepsilon$（$\varepsilon$ 为一个很小的数，比如 0.000001）时，x_{n+1} 即为 x 的立方根。（注意：1/3 的结果为 0，写成 1.0/3 可避免整除问题；使用 fabs 库函数求绝对值时需 include<math.h>。）

例 1.10*　五只猴子采了一堆桃子，它们约定次日早晨起来再分。半夜里，一只猴子偷偷起来把桃子平均分成五堆后，发现还多一个，于是吃了这个桃子，拿走了其中一堆；第二只猴子醒来，又把桃子平均分成五堆后，还是多了一个，它也吃了这个桃子，拿走了其中一堆；第三只、第四只、第五只猴子都依次如此做了。问原先这堆桃子至少有多少个？最后剩下多少个桃子？(已知 int 范围内有解。)

【分析】五猴分桃问题中，原先至少有多少个桃子（amount）和最后剩多少个桃子（peach）均未知，求解的关键在于通过回溯法来寻找 amount 的值，即假定一个初值（不妨设为 6），进行逐次（五次）计算和判断，如果每次计算条件都能够得到满足，则假定值为结果所求，否则换一个假定值（增至 11），重新进行逐次（五次）计算和判断，直至每次计算条件都得到满足。这是一种结合了分类和迭代的特殊的穷举法。

程序如下：

```
#include <stdio.h>
int main( )
{
    int monky=1, amount=6, peach=amount;          //peach 为分前桃子数
    while(monky <= 5)
        if(peach%5==1 && peach>5)                 // 可以继续分桃，迭代
        {
            peach = 4*(peach-1)/5;
            ++monky;
        }
        else                                      // 不能继续分桃，为重新迭代做准备
        {
            amount += 5 ;                         // 穷举下一个可能的值
            peach = amount;                       // 重置分前桃子数
            monky = 1;                            // 回溯
        }
    printf("amount: %d, peach: %d \n", amount, peach); // 迭代结束，输出结果
    return 0;
}
```

例 1.11　设计程序，统计输入行（以 # 结尾）中单词的个数。单词之间由空格符、水平制表符或回车换行符分隔。

【分析】通常，输入行中的单词之间只有一个分隔符，但不排除两个单词之间有多个分隔符的情况，所以不能用统计分隔符个数的办法来统计单词的个数，应该在每次由分隔符变为单词字符时进行计数。

程序如下：

```
#include <stdio.h>
int main( )
{
    char ch, flag = 'F';
    int nWord = 0;
    printf("Input line:");
    scanf("%c", &ch);
    while (ch != '#')
```

```
    {
        if(ch == ' ' || ch == '\t' || ch == '\n')
            flag = 'F';
        else                                    // 不是分隔符，即为单词字符
        {
            if(flag == 'F')                     // 之前不是单词字符
                ++nWord;
            flag = 'T';
        }
        scanf("%c", &ch);
    }
    printf("There are %d words. \n", nWord);
    return 0;
}
```

设置一个标志用来表征状态的变化是计算机求解问题的思路之一。例 1.11 程序中用变量 flag 记录字符之前的状态是否为单词字符。

【训练题 1.27】 在输入行（以 # 结尾）中查找关键字符 q，找到则输出其第一次出现的位置，找不到则输出 -1。

例 1.12*　设计程序，统计某路段的车流量。

【分析】 对于此类要求不甚明确的实际问题，要先进行需求调研和分析。比如，要实现车流量的统计，一般要在路边设置车辆探测器，并向计算机发送一系列不同类别的探测信号。不妨假设有三种信号，若探测到车辆，探测器发送信号 1 给计算机；探测器带有计时器，从开始探测进行计时，每秒钟发送信号 2 给计算机；探测结束时发送信号 0 给计算机。于是，对于诸如“1 2 1 1 2 2 2 1 2 1 2 0”这样的信号序列，可以用以下统计指标反映车流量：①探测的总时间（6 秒）；②探测到的车辆总数（5 辆）；③每两辆车之间最长的时间间隔（3 秒）。

根据需求分析结果，可以进一步分析程序设计的要点。输入信号设为 iSign。输出结果：探测的总时间设为 iSeconds，探测到的车辆总数设为 iNums，每两辆车之间最长的时间间隔设为 iLongest，由此还派生出每两辆车之间的时间间隔，设为 iInter。在探测器工作期间，程序要反复进行信号的输入与处理，所以要运用循环流程控制方法；根据输入信号，要按三种情况分别进行处理，所以在循环流程里要嵌套分支流程。

具体思路： 在数据定义与初始化之后，首先输入信号，然后循环处理信号，最后输出结果，这是一级流程。其中的循环处理信号环节，在判断不是探测结束信号之后，要根据信号的值分别处理车辆信号或计时信号，并输入下一个信号，这是二级流程。对于车辆信号，不仅要进行车辆计数，还要进行车辆之间最大间隔时间的求解；对于计时信号，要进行总探测时间的累加及车辆间隔时间的累加，这是三级流程。这是一种自顶向下、逐步求精的程序设计方法。程序如下：

```
#include <stdio.h>
int main( )
{
    int iSign, iNums = 0, iSeconds = 0, iInter = 0, iLongest = 0;
    printf("Input sign: \n");
    scanf("%d", &iSign);
```

```
    while(iSign != 0)
    {
        if(iSign == 1)
        {
            ++iNums;
            if(iInter > iLongest)
                iLongest = iInter;
            iInter = 0;                              //每辆车通过时，时间间隔计数器清零
        }
        else if(iSign == 2)
        {
            ++iSeconds;
            ++iInter;
        }
        scanf("%d", &iSign);
    }
    printf("seconds=%d, nums=%d, longest=%d.\n", iSeconds, iNums, iLongest);
    return 0;
}
```

程序执行结果如下（可以通过人工输入信号来模拟探测器发送信号）：

```
Input sign:
1 2 1 1 2 2 2 1 2 1 2 0
seconds=6, nums=5, longest=3.
```

例1.12程序中包含顺序、分支和循环三种基本流程。输出结果表明6秒内有5辆车通过，最长间隔3秒有车通过。对于统计指标数据结果，可根据经验制定相关规则加以解读，比如：探测的总时间大于5秒，数据结果才具有参考价值；当车辆总数大于1时，最长间隔小于2秒，说明车流量较大，最长间隔为0秒，说明该路段拥塞；若车辆总数为0，而最长间隔不为0，则说明有探测故障，等等。

值得注意的是，在进行车辆之间最大间隔时间的求解时，“假定最大值”longest应初始化成一个尽量小的数（如果是求解最小值，“假定最小值”应初始化成一个尽量大的数），之后根据进一步获得的信息通过赋值操作逐步加以修正。这是适合计算机求解最值的思路。

另外，在处理车辆信号时，对车辆间隔时间清零，可以顺便为下一个车辆间隔时间求解做好准备，这是程序设计常用的一种实现方法。

【训练题1.28】设计程序，实现用“*”号输出一个实心的菱形图案（◆），由用户输入菱形的行数（大于2的奇数）。

【训练题1.29】设计程序，年、月由用户输入，输出一个如下形式的闰年日历：

```
        2016年8月
日   一   二   三   四   五   六
     1    2    3    4    5    6
7    8    9    10   11   12   13
14   15   16   17   18   19   20
21   22   23   24   25   26   27
28   29   30   31
```

（提示：可按公式 iWeek=((c/4)−2*c+y+(y/4)+(26*(iMonth+1)/10)+iDay−1)%7 将年（iYear)/

月 (iMonth)/ 日 (iDay) 换算成星期 (iWeek)。公式中，c=iYear/100，c>15；y=iYear%100；当 iMonth 为 1 时，iYear 改为 iYear−1，iMonth 改为 13；当 iMonth 为 2 时，iYear 改为 iYear−1，iMonth 改为 14；当 iWeek<0 时，iWeek 改为 iWeek+7；iWeek 为 0 表示星期日。）

1.5 本章小结

本章详细介绍了程序中的基本流程及其控制方法。基于流程图与程序样例，本章介绍了顺序、分支和循环流程的基本形式、分支与循环流程的嵌套形式，以及循环流程被干预（折断和接续）的形式；基于具体的 C 语言例子程序，介绍了用 C 语句进行流程控制的具体方法与注意事项及其实际运用。

通过本章的学习，读者可以了解顺序、分支和循环流程的特点。顺序、分支、循环这三种基本流程的共同特点：只有一个入口；只有一个出口；流程内的每一部分都有机会被执行到；流程内不存在“死循环”。对应分支和循环流程，C 语言提供了相应的结构化（参见 10.5 节）流程控制语句，分别是 if、if-else、switch、while、do-while 和 for 语句。C 语言里的复合语句、表达式语句和空语句可以作为基本流程的子语句。此外，C 语言还提供了半结构化的 break、continue 和非结构化的 goto 语句，辅助流程的控制。辅助控制语句会提高流程控制的灵活性，但是会破坏程序的良好结构，降低程序的易读性和可靠性。结构良好的程序中每一个流程单元都应是单入口 / 单出口，辅助控制语句（特别是 goto 语句）会破坏这个规则，所以，不提倡使用 goto 语句。实际上，所有的程序都可以不用 goto 语句来实现，往回的转移（backward）可用循环流程控制语句实现，向前的转移（forward）可用分支流程控制语句实现。编写流程清晰的程序，也是良好编程习惯的体现。

通过配合本章训练题的实践，读者可以掌握用 C 语言实现程序分支和循环流程控制的方法。能够用 C 语言编写 20 行左右的小程序，实现让计算机显示具有一定规律的由字符组成的图案，或者进行简单的分段函数、列举任务或递推任务的处理。其中，循环流程的控制方法是难点。C 语言中，while、do-while 和 for 语句是三种常用的循环流程控制语句，从表达能力上讲，三种语句是等价的，并且都可以嵌套，它们之间可以互相替代。不过，对于某个具体的问题，用其中的某种语句来描述往往会显得比较自然和方便。对于计数控制型循环流程，通常使用 for 语句进行控制；对于事件控制型循环流程，一般使用 while 或 do-while 语句进行控制比较自然；对于循环体至少执行一次的流程，则使用 do-while 语句进行控制；由于 for 语句的结构性较好，能将逻辑相关的循环变量初始化、循环结束条件和循环步长等对循环的控制都可以在语句的头部呈现出来，直观性较强，很多循环流程都采用 for 语句进行控制。C 语言中的 while、do-while 和 for 语句控制的循环流程可以被 break 语句折断，或被 continue 语句接续，二者的区别在于：执行 break 后，不再进行条件判断，直接结束循环流程；执行 continue 后，只是不执行循环体内的后部分任务，接着进行循环条件的判断（对于 for 语句，会接着执行圆括号中的第三个表达式，然后继续判断循环条件）。

本章还特别介绍了一些适合计算机求解问题的思路与方法，比如穷举法、迭代法、设置状态标志、假定最值等，以及自顶向下、逐步求精的程序设计方法，以帮助初学者尽快设计、编写出较为规范的程序。

CHAPTER 2

第2章 程序的模块设计方法

在过程式程序设计（参见10.3节）中，程序的模块设计是指：首先，将一个较为复杂的任务分解成 M 个过程（procedure）；接着，根据各过程之间的相关程度和开发人员的分工等因素进行分组，将 M 个过程划分到 N（$N \leqslant M$）个模块（module）中；然后，分别实现每个模块中的一个或多个过程，一个模块通常对应一个源文件，可以单人负责、单独编译；最后，将多个模块链接成一个完整的可执行程序。

任务分解时，往往需要进行过程抽象。所谓过程抽象，是指从特定的任务实例中抽出一般化的功能特征。例如，从（3^2+4^2）×（34^2+56^2）这个任务实例中可抽出“求两个整数的平方和”与“求两个整数的乘积”这两个功能特征。每个功能特征可以对应一个过程。

2.1 子程序

子程序（subprogram）是取了名字的一段代码，包含一系列操作，可以完成一个相对独立的功能。子程序的开发即过程的实现，是模块设计的重要环节。程序设计语言提供的调用（call）机制可以将分布在多个模块中的多个子程序关联起来，并控制不同子程序之间流程的切换。

对于比较复杂的程序，例如p{A1 A2 A3 A2 A4}，由五段代码组成，其中有两段相同的代码A2，那么可以把A2抽出来，单独定义成一个名字为s的子程序s{A2'}写在别处，在剩下的代码中用名字s代替抽走的代码，这样，剩下的代码简化成另一个子程序p'{A1 s A3 s A4}，子程序p'（主调子程序）和s（被调子程序）通过调用机制关联成一个程序，等价于原来的程序p，如图2-1所示。

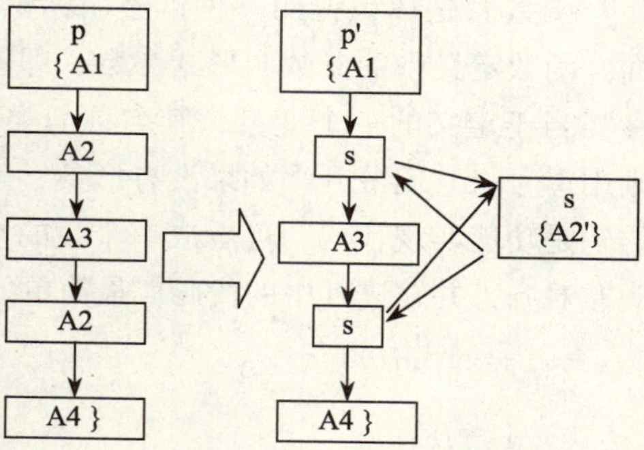

图2-1　子程序

也就是说，可以编写若干个相对简单的子程序来代替编写一个复杂的大程序。执行时，先执行主调子程序p'的A1，碰到被调子程序名s就调用别处的被调子程序s{A2'}予以执行，然后返回主调子程序p'执行A3，碰到被调子程序名s再一次调用被调子程序s{A2'}予以执行，最后返回主调子程序p'执行A4。如果原来的A2要用到A1或A3中的数据，即被调子程序要用到主调子程序中的数据，则可以用参数的形式将所用到的数据附着在被调子程序名s的后面传递给被调子程序。如果A3或A4要用到原来的A2的执行结果，即主调子程序要用到被调子程序的执行结果，则要在被调子程序中用返回值的形式将数据返回到主调子程序的被调子程序名 s 处。

子程序的开发可以相互独立，于是，多位程序员合作开发一个大程序成为可能；而且，开发一个子程序代码时可以直接调用另一个子程序，使用者只需知道所调用的子程序对应的功能，而不必关心它们具体封装的细节，从而提高开发效率。即使是一位程序员独自开发一个程序，子程序也可以发挥作用，它使程序的结构变得清晰、灵活，便于程序的扩展和修改；子程序往往还可以减少程序中的重复代码，避免代码间的不一致性。总之，子程序是程序模块设计的基础。

2.2 单模块程序与 C 语言函数基础

单模块程序指的是若干子程序[⊖]位于同一个源文件中。C 程序的子程序叫函数（function），该名称起源于数学领域。不过，数学领域的函数只描述变量间的依赖关系，是根据自变量求解应变量值的一系列计算步骤，其结果是应变量的值。而 C 语言函数的含义更为宽泛，它可以描述计算机可执行的一组操作，执行时，可以有自变量（参数）的参与，也可以没有参数的参与，执行后，可以有一个返回值，也可以仅完成某个功能而没有具体的返回值。

2.2.1 函数的定义

定义（definition）一个函数，即编写函数的代码，以便实现具体的功能，同时给这段代码取一个函数名，并给出函数的返回值的类型，以及各个参数的名称及其类型（即参数的定义）。一个程序中，同一个函数只能定义一次。参数个数与类型都相同的函数视为同一个函数，否则为不同的函数。C 语言标准规定，任何一个 C 程序中必须定义一个 main 函数，本书前面章节的例子程序都只定义了 main 函数，从本章开始之后的例子程序常常会定义多个函数。

函数名是标识符的一种，遵循标识符的有关规定。函数返回值的类型写在函数名的前面。函数定义中的参数叫形式参数，即不知道实际数据的形式上的参数，简称**形参**。一个形参相当于定义的一个变量，其名称与类型写在函数名后面的圆括号中，如果形参个数 ≥ 2，则用逗号将它们分开，如果没有形参，就写一个 void。这些内容构成函数头。花括号之间的语句是功能实现代码，可看成一个大的复合语句，即函数体。书写时，最好将花括号与函数头左对齐，并缩进其中的代码。最简单的函数定义形式如下：

```
void MyFun(void)                          // 函数头
{
    return;                               // 可以省略
}
```

在这个函数定义中，MyFun 是函数名，没有参数和具体的返回值，也没有具体代码。调试程序时，可以利用这个空函数为待定功能的实现保留位置，以便在已有代码调试完毕后再填充待定代码。

下面这个函数定义有参数，没有具体的返回值。C 语言中的 return 语句用来结束函数的

⊖ 这里仅指由程序员开发的子程序（函数），不包括库函数。

执行，main 函数中的 return 语句用来结束整个程序的执行。如果没有 return 语句，则函数体的右花括号作为函数执行结束的标志，也就是说，上面的函数 MyFun 与下面的函数 MyDisplay 中的“return;”可以省略。

```
void MyDisplay(int n)
{
    printf("%d \n", n);                          // 函数体
    return;                                      // 可以省略
}
```

return 语句还可以用来返回一个值。例如，下面是一个既有参数又有返回值的函数定义，该函数可以计算并返回三个整数中的最大值：

```
int MyMax(int n1, int n2, int n3)
{
    int max;
    if(n1 >= n2)
        max = n1;
    else
        max = n2;
    if(max < n3)
        max = n3;
    return max;
}
```

当一个函数中有多个 return 语句时，执行到哪一个 return 语句就在哪儿结束。例如，

```
int MyMin(int a, int b)
{
    if (a < b)
        return a;
    else
        return b;
}
```

尽管函数体中有两个 return 语句，但每次被调用时只有一个 return 语句被执行，与下面的函数等价：

```
int MyMin(int a, int b)
{
    int temp;
    if (a < b)
        temp = a;
    else
        temp = b;
    return temp;
}
```

值得注意的是，C 程序中的函数体里不能再定义函数。例如，下面的程序存在语法错误：

```
int MyMax(int n1, int n2, int n3)
{
    int max;
    if(n1 >= n2)
```

```
        max = n1;
    else
        max = n2;
    ...
    int MyFactorial(int max)       //错误
    {
        int f = 1;
        for(int i = 2; i <= max; ++i)
            f *= i;
        return f;
    }                              //应把函数 MyFactorial 的定义写在 MyMax 函数的外面
}
```

即使是 main 函数，其函数体中也不能包含有其他函数的定义。例如，下面的 C 程序也会出现语法错误：

```
#include <stdio.h>
int main( )
{
    int n1, n2, n3;
    printf("Please input three integers: \n");
    scanf("%d%d%d", &n1, &n2, &n3);
    int MyMax(int n1, int n2, int n3)          //错误
    {
        int max;
        if(n1 >= n2)
            max = n1;
        else
            max = n2;
        if(max < n3)
            max = n3;
        return max;
    }                              //应把函数 MyMax 的定义写在 main 函数的外面
    printf("The max. is: %d \n", max);
    return 0;
}
```

此外，goto 语句不能从一个函数体转到该函数的外部，也不能从一个函数的外部转入该函数体，它只能在定义一个函数体时，实现这个函数体内部流程的控制。

2.2.2 函数的调用

对于已经定义的函数，除 main 函数外，只有当程序中存在其调用操作时，该函数体中的语句才有机会被执行。main 函数是程序执行的入口，一般由执行环境调用。任何函数都可以作为被调函数被一个或多个函数调用。C 语言标准规定了一个函数库，包括一些常用函数的定义，这些标准库函数可以直接被调用。

函数体中带有调用操作的函数为主调函数。任何函数都可以作为主调函数，调用一个或多个被调函数。调用操作必须包括被调函数名和圆括号。圆括号里可以包含参数，这里的参数为实际参数，即有实际数据的参数，简称实参，可以是常量，也可以是表达式。如果实参的个数≥2，则用逗号将它们分开，如果实参为空，就什么也不写。实参与形参的个数相等，一一对应，类型相符。常见函数调用操作形式如下：

```
MyFun();                          //没有实际参数，单独成句
MyDisplay(7);                     //有一个实际参数，单独成句
int max = MyMax(i, j, k);         //有三个实际参数，作为赋值右操作数
printf("%d ", MyMax(i, j, k));   //MyMax 函数的调用操作表达式作为实际参数
```

C 语言中，没有返回值的函数，其调用操作只能单独成句，调用结果不能作为操作数或参数。有返回值的 C 函数，其调用操作表达式可以作为其他操作的操作数或实参，但不能作为赋值操作的左操作数，也不能参与 ++/-- 操作（参见 3.2.1 节）。

当程序执行到调用操作时，实参通过类似赋值的方式被传给对应的形参（实质上这是形参的初始化，若参数为空，则没有参数传递操作），流程转向被调函数；然后开始执行被调函数的代码，直到被调函数执行完毕；接着将返回值与流程都返回到主调函数中的调用点（若无返回值，则仅返回流程），再继续执行主调函数中余下的代码。

例 2.1　用函数实现例 1.4 中的求阶乘问题。

【分析】求阶乘问题可以分解为一个独立的功能，用函数实现时，函数的参数为一个整数，函数的返回值为该整数的阶乘。

程序如下：

```
#include <stdio.h>
int MyFactorial(int n)                          // MyFactorial 函数的定义
{
    int f = 1;
    for(int i = 2; i <= n; ++i)
        f *= i;
    return f;                                   //不可写成"MyFactorial() = f;"
}
int main( )
{
    int m;
    printf("Please input an integer(＞0): \n");
    scanf("%d", &m);
    if (m＜0)
        return -1;                              //结束整个程序
    int ff = MyFactorial(m);                    // MyFactorial 函数的调用
    printf("The factorial is: %d \n", ff);
    return 0;
}
```

例 2.1 程序中，main 是主调函数，MyFactorial 是被调函数。main 中定义的变量 m 作为实参出现在调用操作中，MyFactorial 中的 n 是形参。

该程序执行时，执行环境首先在内存的栈⊖区记录 main 的返回地址（以便在该程序执行完毕后，知晓从何处开始继续执行内存中的其余程序）。然后，继续为 m 分配空间，在 m 从键盘获得数据后，再为 main 中定义的变量 ff 分配空间，并开始执行 MyFactorial 的调用操作。此时，执行环境先为 n 分配空间，并将 m 的值传给 n，m 和 n 占据不同的空间（如图 2-2 所示），即使把变量名 m 改成 n，或者把形参名 n 改为 m，它们仍然占据不同的空间。接着，执行环境记下当前主调函数 main 中的代码执行到何处（即被调函数 MyFactorial 的返

⊖ 栈（stack）的重要特征是后进先出（Last In First Out，LIFO），即只能在其某一端增加或删除数据。

回地址，以便在 MyFactorial 执行完毕后知晓从何处开始继续执行 main 中的其余代码）。被调函数执行过程中，会分别为 MyFactorial 中定义的变量 f 和 i 分配空间。待 MyFactorial 执行完毕后，执行环境收回为调用 MyFactorial 所分配的空间（包括变量 i、f、MyFactorial 的返回地址及 n 所占空间），计算结果借助 CPU 的寄存器或内存的临时空间返回到 main 中，并赋给 main 中的 ff（ff 与 f 不是同一个变量，占据不同的空间，如图 2-2 所示，即使让它们同名，它们仍然是不同的变量）。最后，执行 main 中的余下代码，直到 return 语句，整个程序结束，执行环境收回变量 ff、m 及 main 的返回地址所占空间，return 语句中的整数返回给执行环境。

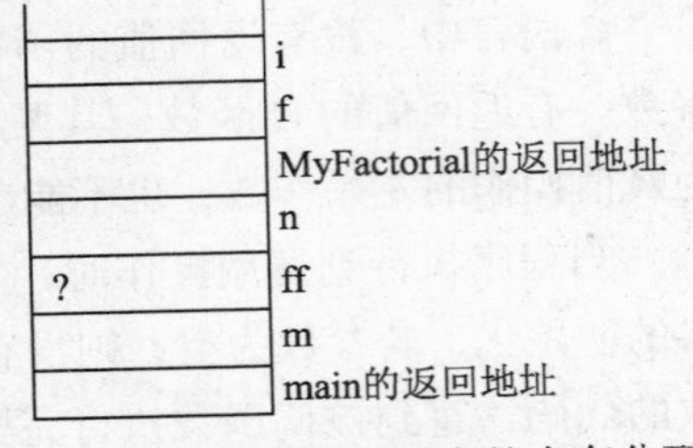

图 2-2 函数调用过程中的内存分配

此外，该程序还调用了标准输入 / 输出库函数，圆括号中的字符串常量、&m 和 ff 都是实参，与相应库函数的形参一一对应。

【训练题 2.1】 调试例 2.1 中的程序，掌握函数的定义与调用方法，验证：

1）函数名是标识符的一种（观察将函数名改为“My-Factorial”后的编译结果）。

2）return 语句的功能（改变 return 的位置及其后的表达式）。

3）有、无返回值的函数在调用形式上的区别（修改程序，在 MyFactorial 函数中输出结果）。

【训练题 2.2】 有同学将例 1.3 中的程序改写成以下代码，请指出其中的错误并说明原因。

```
#include <stdio.h>
int MySum(int n)
{
  scanf("%d", &n);
  return n;
}
int main( )
{
  MySum(n) = (1+n)*n/2;
  printf("Sum. of integers 1-%d: %d \n", n, MySum);
  return 0;
}
```

例 2.2　求输入三个整数中最大值的阶乘并输出。

【分析】 求最大值和求阶乘相对独立，分别用两个函数实现，求最大值函数有三个参数。

程序如下：

```
#include <stdio.h>
int MyMax(int n1, int n2, int n3)
{
   int max;
   if(n1 >= n2)
       max = n1;
   else
       max = n2;
   if(max < n3)
```

```
        max = n3;
    return max;
}
int MyFactorial(int n)
{
    int f = 1;
    for(int i = 2; i <= n; ++i)
        f *= i;
    return f;
}
int main( )
{
    int n1, n2, n3, max, f;
    printf("Please input three integers: \n");
    scanf("%d%d%d", &n1, &n2, &n3);
    max = MyMax(n1, n2, n3);                          //先求最大值
    f = MyFactorial(max);                             //再求阶乘
    printf("The factorial of max. is: %d \n", f);
    return 0;
}
```

例 2.2 程序中输入 / 输出库函数的调用操作表达式加分号后直接形成函数调用语句，两个自定义函数调用结果均作为右操作数参与赋值操作，可以改为如下形式：

```
printf("The factorial is: %d \n", MyFactorial(MyMax(n1, n2, n3)));    //两者均作实参
```

或者

```
f = MyFactorial(MyMax(n1, n2, n3));                   //MyMax 调用结果作实参
printf("The factorial of max. is: %d \n", f);
```

或者

```
max = MyMax(n1, n2, n3);
printf("The factorial of max. is: %d \n", MyFactorial(max));
                                                      //MyFactorial 调用结果作实参
```

在上述不同的函数调用形式中，main 函数都是先调用 MyMax 函数，在 MyMax 函数执行结束后再调用 MyFactorial 函数的。

【训练题 2.3】调试例 2.2 中的程序，掌握函数的不同调用形式。

【训练题 2.4】求从 n 个不同的数中取 r 个数的所有选择的个数。在 main 函数中实现数据的输入和输出，并调用函数实现 $C_n^r = n!(r!(n-r)!)$ 的求解。

2.2.3　函数的声明及其作用

C 程序中所有调用的函数都要事先定义或声明。如果被调函数的定义在主调函数的定义之后，或者位于其他源文件中，则需要在调用前对被调函数进行声明（declaration），否则无须声明。所谓函数的声明，即以语句形式给出函数的原型（function prototype）。函数原型包括函数名、函数返回值的类型及形参的类型和名字（即函数头，其中，形参的名字可以省略），这些是函数调用的接口（interface）信息。例如，例 2.2 的程序可以写成如下形式：

```
#include <stdio.h>

int MyFactorial(int n);          //函数的声明，也可以写成 int MyFactorial(int);
int MyMax(int n1, int n2, int n3); //函数的声明，也可以写成 int MyMax(int, int, int);

int main( )
{
    int n1, n2, n3, max, f;
    printf("Please input three integers: \n");
    scanf("%d%d%d", &n1, &n2, &n3);

    max = MyMax(n1, n2, n3);
    f = MyFactorial(max);

    printf("The factorial of max. is: %d \n", f);
    return 0;
}

int MyFactorial(int n)
{
    int f = 1;
    for(int i = 2; i <= n; ++i)
        f *= i;
    return f;
}

int MyMax(int n1, int n2, int n3)
{
    int max;
    if(n1 >= n2)
        max = n1;
    else
        max = n2;
    if(max < n3)
        max = n3;
    return max;
}
```

上面的程序将 main 函数的定义写在前面，被调函数的定义写在后面，并在 main 函数的定义前给出了被调函数的声明，这样布局可以使程序的层次显得更为清晰。函数声明提供的接口信息，可以让编译器在尚未“看到”函数的定义之前，检查函数的调用书写是否正确，并产生函数调用的正确目标程序，从而减轻程序员调试程序的工作量。

【训练题 2.5】调试上述程序，验证函数声明的作用及其特点（修改程序中函数的定义次序）。

【训练题 2.6】设计 C 程序，求解一个 m 位正整数 n 的第 k 位（自右向左）数字，其中，$k=m/2$。例如，49 是一个 2 位数，其第 1 位数字为 9，89532 是一个 5 位数，其第 2 位数字为 3。（要求分别用函数 int CountDigit(int n) 和 int KthDigit(int n, int k) 实现 n 的位数 m 和第 k 位数字的求解功能，并对函数的定义、调用及声明加以注释。）

【训练题 2.7*】将训练题 1.28、训练题 1.29 改为用多个函数实现。并对训练题 1.28 添加用按键增减月份、日历自动更新的功能。（说明：有些开发环境提供的库函数 getche 或 _getche 可用来捕获光标键；返回值为 72/80 时对应上 / 下光标键；调用库函数 cls 或 system("cls") 可以清屏；调用前一般需加 #include <conio.h> 或 #include <stdlib.h>。）

2.3 嵌套与递归调用

子程序有时候仍然比较复杂，需要进一步分解，于是出现嵌套调用现象，即被调子程序中出现子程序的调用操作，如图 2-3 所示，子程序 s 中出现子程序 ss 的调用操作。

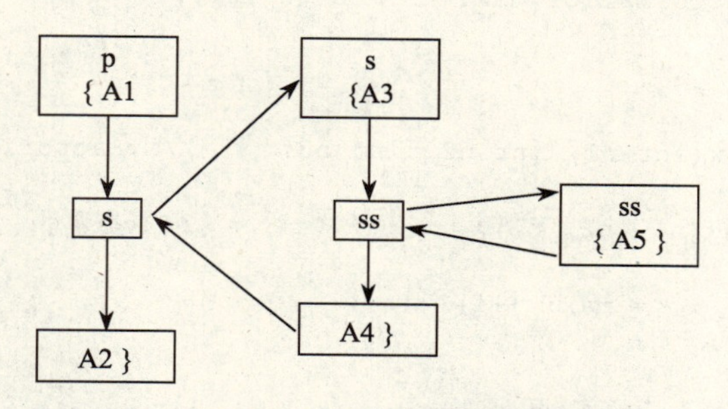

图 2-3　子程序的嵌套调用

如果子程序 p 中直接或间接包含自身的调用操作，则出现递归（recursion）调用现象，它是嵌套调用的一种特殊形式，如图 2-4 所示。在这种情况下，子程序中通常含有分支流程，分别用于处理递归调用操作和结束操作。其中，直接递归调用形式更为常见。

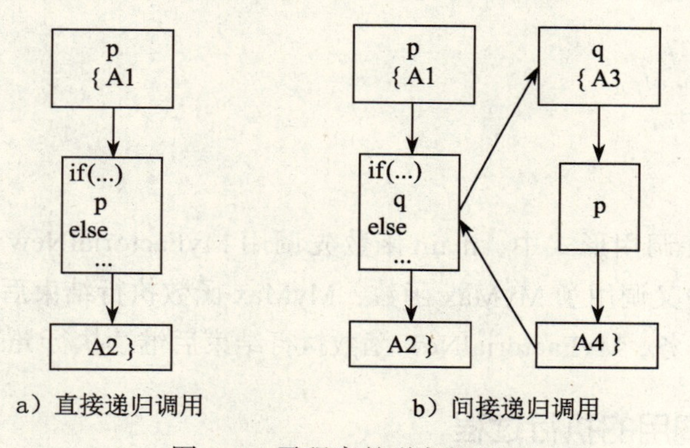

图 2-4　子程序的递归调用

对于 C 程序，子程序的嵌套调用即函数的嵌套调用，子程序的递归调用即函数的递归调用。本书称包含递归调用操作的函数为递归函数，并只讨论直接递归函数。

2.3.1 函数的一般嵌套调用形式

函数的一般嵌套调用形式是被调函数体中含有调用另一个函数的操作。例如，例 2.2 的程序可以改写成如下的嵌套形式：

```
#include <stdio.h>

int MyFactorialNew(int, int, int);
int MyMax(int, int, int);

int main( )
{
    int n1, n2, n3, f;
```

```
    printf("Please input three integers: \n");
    scanf("%d%d%d", &n1, &n2, &n3);

    f = MyFactorialNew(n1, n2, n3);                //MyFactorial 函数的调用

    printf("The factorial of max. is: %d \n", f);
    return 0;
}

int MyFactorialNew(int n1, int n2, int n3)     //MyFactorial NEW 函数的定义
{
    int max = MyMax(n1, n2, n3);                 // 嵌套调用
    int f = 1;
    for(int i = 2; i <= max; ++i)
        f *= i;
    return f;
}  // MyFactorialNew 函数与例 2.2 程序中 MyFactorial 函数的参数个数不同

int MyMax(int n1, int n2, int n3)                //MyMax 函数的定义
{
    int max;
    if(n1 >= n2)
        max = n1;
    else
        max = n2;
    if(max < n3)
        max = n3;
    return max;
}
```

在上述函数嵌套调用形式中，main 函数先调用 MyFactorialNew 函数，在 MyFactorial-New 函数执行过程中又调用了 MyMax 函数，MyMax 函数执行结束后继续执行 MyFactorial-New 函数中的其余任务，MyFactorialNew 函数执行结束后继续执行 main 函数中的其余任务。

2.3.2 函数嵌套调用的执行过程

下面以一个简单的例子结合内存分配情况，说明 C 语言函数嵌套调用的执行过程。

```
#include <stdio.h>
int Aver(int, int);
int Sum(int, int);
int main( )
{
    int a, b, c;
    scanf("%d%d", &a, &b);
    c = Aver(a, b);
    printf("%d", c);
    return 0;
}
int Aver(int x, int y)
{
    int z = Sum(x, y) / 2;          // 嵌套调用
    return z;
}
```

```
int Sum(int x, int y)
{
    int z = x + y;
    return z;
}
```

程序中的 main 函数调用 Aver 函数计算两个数的平均值，Aver 函数又调用 Sum 函数求和。在程序执行过程中，执行环境首先在内存栈区为 main 的返回地址与变量 a、b、c 分配空间，如图 2-5 a 所示。

当执行 Aver 的调用操作时，执行环境会接着为 Aver 的形参 y、x 和返回地址分配空间，并将实参的值赋给形参，然后为其中的变量 z 分配空间，如图 2-5 b 所示。当执行 Sum 的调用操作时，执行环境继续为 Sum 的形参 y、x 和返回地址分配空间，并将实参的值赋给形参，然后为 Sum 中的变量 z 分配空间，如图 2-5 c 所示。

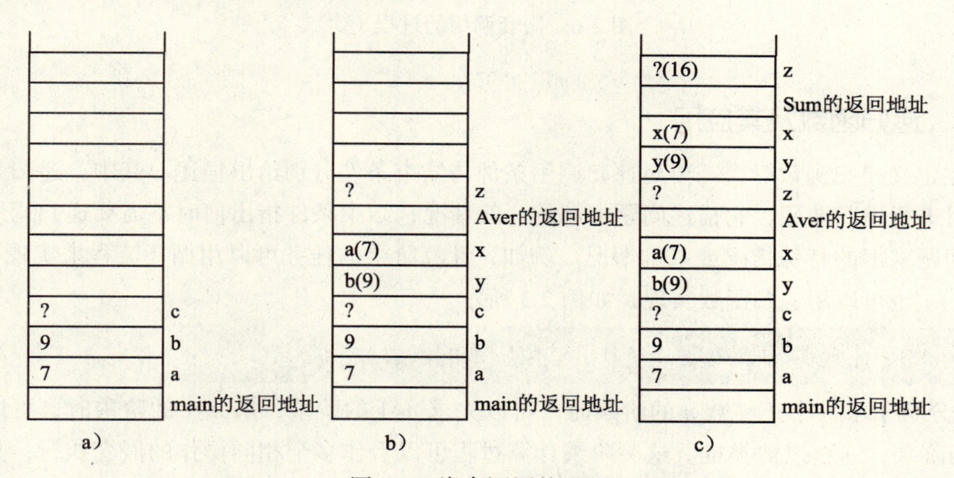

图 2-5 嵌套调用的过程

Sum 中的变量 z 获得计算结果（为 16）后，作为返回值暂存在 CPU 的寄存器或内存的临时空间里。Sum 执行完毕后，执行环境根据 Sum 的返回地址将流程返回至 Aver 中的调用点，然后收回 Sum 中的变量 z、Sum 的返回地址及其形参 x、y 所占空间，如图 2-6 a 所示。

接下来，CPU 的寄存器或内存的临时空间里的数据参与 Aver 中的运算，其中的变量 z 获得计算结果（为 8）后，作为返回值暂存起来。Aver 执行完毕后，执行环境根据其返回地址将流程返回至 main 中的调用点，然后收回 Aver 中的变量 z、Aver 的返回地址及其形参 x、y 所占空间，如图 2-6 b 所示。

最后，暂存的返回值参与 main 中的运算，main 中的变量 c 获得计算结果（为 8）后，输出该值，待 main 执行完毕后，根据 main 的返回地址将流程返回至执行环境，然后收回 main 中的变量 c、b、a 及 main 的返回地址所占的空间，如图 2-6 c 所示。

可见，内存空间栈区的大小会限制函数嵌套调用的可行性，过深的函数嵌套调用会造成栈溢出（stack overflow）错误，从而引起程序的异常终止。类似地，尽量不在要嵌套调用的函数里定义占据大量内存空间的变量（例如大数组，参见第 5 章），以免造成栈溢出错误。

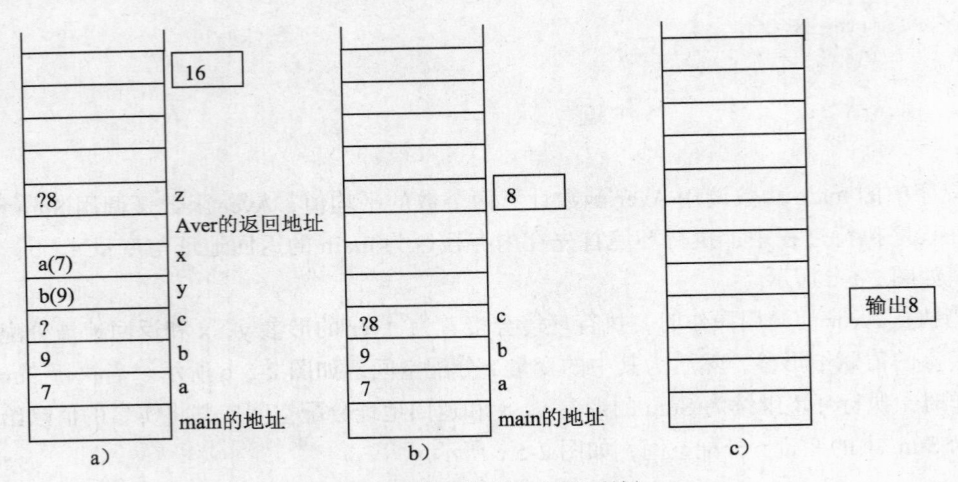

图 2-6　嵌套调用的过程（续）

2.3.3　递归函数及其应用

在定义递归函数时，需要对递归调用条件与结束条件分别给出描述。其中，递归条件指出何时进行递归调用，它描述问题求解的一般情况；结束条件指出何时不需要递归调用，它描述问题求解的特殊情况或基础情况。例如，计算阶乘的任务可以用循环流程来实现（参见例 2.1），也可以用递归函数实现，如例 2.3 所示。

例 2.3　用递归函数实现一个非负整数阶乘的求解。

【分析】求一个正整数 *n* 的阶乘时，可以先求 *n*–1 的阶乘；求 *n*–1 的阶乘时，可以先求 *n*–2 的阶乘；…；以此类推。这一阶乘计算过程可以看作多个相同操作的嵌套执行，只不过每次的操作数不同而已，即存在递归调用现象。当 *n* 为 1 或 0 时，*n* 的阶乘为 1，不再需要递归调用，这是基础情况。用递归函数可以实现上述计算过程。

程序如下：

```
int MyFactorialR(int n)
{
    if(n == 0 || n == 1)          //if 后面表达式中的 || 是一种逻辑操作符，表示“或者”关系
        return 1;
    else
        return n * MyFactorialR(n - 1);
}
```

在该函数前可以补充以下代码，以形成一个完整的程序。

```
#include <stdio.h>
#define N 2
int MyFactorialR(int);
int main( )
{
    int f = MyFactorialR(N);
    printf("The factorial is: %d \n", f);
    return 0;
}
```

该程序执行过程中，共执行两次 MyFactorialR 函数调用操作，每次执行的被调函数是 MyFactorialR 函数的一个实例（以下简称为实例一和实例二）。执行环境首先在内存的栈区为 main 函数的返回地址与变量 f 分配空间，如图 2-7 a 所示（图 2-7 中用 MyFR 表示 MyFactorialR）。执行第一次调用操作时，执行环境为实例一的形参 n 和返回地址分配栈空间，并将实参 N 的值（为 2）传给实例一的形参 n，如图 2-7 b 所示。然后，流程由 main 函数转向实例一，并进入 else 分支（因实例一的 n 不为 0 或 1），开始执行第二次调用操作。注意，此时实例一尚未执行完毕，所以其相关空间不会被收回。执行环境继续为实例二的形参 n 和返回地址分配新的栈空间，并将此时的实参 n-1 的值（为 1）传给实例二的形参 n，如图 2-7 c 所示。然后，流程又转向实例二，并进入 if 分支（因实例二的 n 为 1）。待实例二执行完后，流程根据实例二的返回地址返回至实例一，执行环境收回实例二的相关空间，第二次调用结束。继续执行实例一时，将实例一 n 的值与从实例二返回的 1 进行乘法运算。待实例一执行完后，流程根据实例一的返回地址返回至 main 函数，执行环境收回实例一的相关空间，第一次调用结束。继续执行 main 函数时，将从实例一返回的 2 赋给 f，再输出结果。执行环境收回 main 函数的变量 f 和返回地址所占的空间，整个程序结束。

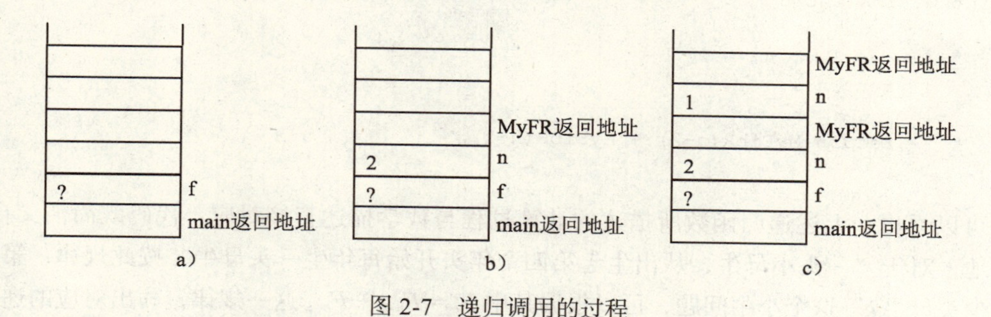

图 2-7　递归调用的过程

对于上述程序，如果其中的符号常量 N 的值大于 2，那么执行时 MyFactorialR 函数会被调用更多次，栈空间与执行时间的消耗会更多。程序在递归调用过程中，需要执行递归函数的多个实例，不同实例的形参、返回地址、变量（如果有）等程序实体，虽然名称相同，但占据不同的栈空间，而且，多组程序实体同时占据栈空间，栈空间的大小往往会限制递归调用的深度，同时，实例越多流程跳转就越多，程序执行的时间开销也就越大。相比于迭代法的循环流程在同一组变量上进行重复操作，递归函数通过函数调用在不同组程序实体上实现重复操作，降低了程序的执行效率与可行性。不过，递归函数为某些带有重复性操作的任务提供了一种更为自然、简洁的实现方式。

例 2.4　用递归函数实现斐波那契数列第 *n* 项求值的功能。

【分析】先将例 1.9 的斐波那契数列第 *n* 项迭代法求值过程改写成一个独立的函数，程序如下：

```
#include <stdio.h>
int MyFib(int);
int main( )
{
   int n;
```

```
    printf("Input n: ");
    scanf("%d", &n);
    printf("第 %d 个月有 %d 对兔子 .\n", n, MyFib(n));
    return 0;
}
int MyFib(int n)
{
    int fib_1 = 1, fib_2 = 1;
    for (int i = 3; i <= n; ++i)
    {
        int temp = fib_1 + fib_2;
        fib_1 = fib_2;
        fib_2 = temp;
    }
    return fib_2;
}
```

实际上，斐波那契数列中每一项的求解是一个同质问题，所以可以用递归函数实现上面的 MyFib 函数，程序如下：

```
int MyFibR(int n)
{
    if(n == 1 || n == 2)
        return 1;
    else
        return MyFibR(n-2) + MyFibR(n-1);
}
```

可以看出，上述递归函数所描述的计算过程与数学描述直接对应，代码既简洁又自然。类似地，对于“一头小母牛，从出生起第四个年头开始每年生一头母牛，按此规律，第 n 年有多少头母牛？”这个小牛问题，可以根据其中 $F_n = F_{n-1} + F_{n-3}$ 这一规律，写出对应的递归函数，程序如下：

```
int MyGetCowR(int year)                           //递归函数
{
    if ( year < 4 )
        return 1;
    else
        return MyGetCowR(year-1) + MyGetCowR(year-3);
}
```

而若用迭代法的函数实现，代码则要相对烦琐一些，如下：

```
int MyGetCow(int year)                            //迭代法函数
{
    int r1 = 1, r2 = 1, r3 = 1;
    if (year < 4)
        return 1;
    else
    {       for (int i = 4; i <= year; ++i)
            {   int temp = r1 + r3;
                r1 = r2;
                r2 = r3;
                r3 = temp;
            }
```

```
            return r3;
        }
    }
```

实际上，这个问题可以推广为 $F_n=F_{n-1}+F_{n-(M-1)}$（$n \geq M$），对应的递归函数为：

```
int MyGFR(int n)
{
    if ( n < M )
        return 1;
    else
        return MyGFR(n-1) + MyGFR(n-M+1);
}  //该函数不适合用迭代法的函数实现
```

上述递归函数在计算第 n 项时，需计算第 $n-1$ 项和第 $n-2$ 项（设 M 为 3），计算第 $n-1$ 项时需计算第 $n-2$ 项和第 $n-3$ 项，其中第 $n-2$ 项被重复计算。递归函数时常会出现重复计算。在实际应用中，可用“动态规划”（Dynamic Programming）解决重复计算问题，如用数组（参见第 5 章）保存计算结果，再次使用时不需要再计算，这是一种以空间换时间的策略。

例 2.5　路径问题。如图 2-8，计算从节点 1 到节点 n（n 大于 1）共有多少条不同的路径。

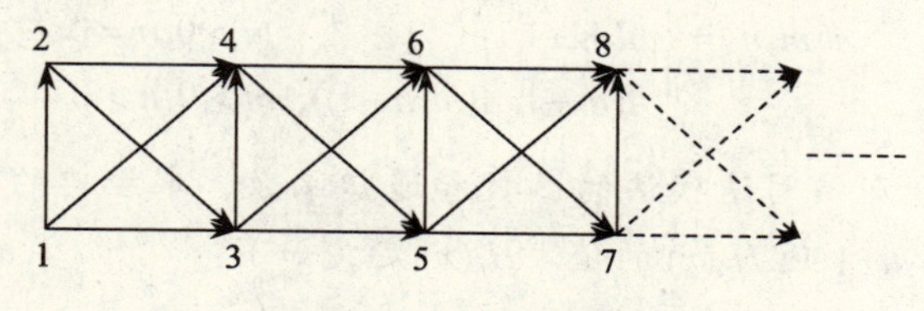

图 2-8　路径问题

【分析】从图 2-8 可以看出，当 n 为大于 1 的奇数时，可经过前 2 个节点到达 n；当 n 为大于 2 的偶数时，可经过前 3 个节点到达 n。所以，要想求从节点 1 到节点 n 的路径，必须先依次计算从节点 1 到节点 $n-1$、$n-2$、$n-3$ 的路径数。可以用递归函数实现这个任务。

程序如下：

```
int Path(int n)
{
    if ( n < 1 )
        return -1;
    else if (n == 1)
        return 1;
    else if (n == 2)
        return 1;
    else if (n % 2 == 1)
        return Path(n - 1) + Path(n - 2);
    else
        return Path(n - 1) + Path(n - 2) + Path(n - 3);
}
```

【训练题 2.8】分别用迭代法的函数与递归函数实现“台阶问题”：一个台阶总共有 n 级，若一步可以跳 1 级，也可以跳 2 级，求到达第 n 级台阶的跳法总数。

【训练题 2.9】一只猴子第一天摘下若干个桃子，当即吃了一半，不过瘾，又多吃了一个；第二天早上将剩下的桃子吃掉一半，又多吃了一个；以后每天早上都吃了前一天剩下的一半加一个；到第十天早上，还剩两个桃子，被猴子吃掉了。编写递归函数求倒数第 n（$n \geqslant 1$）天猴子吃桃之前所剩桃子个数，并在 main 函数中调用该函数，输出第一天猴子摘了多少个桃子。

【训练题 2.10】编写递归函数，并在屏幕上显示如下杨辉三角（提示：可将空位置看作 0）：

```
         1                  0  0  0  1  0  0  0
      1     1               0  0  1  0  1  0  0
   1     2     1            0  1  0  2  0  1  0
1     3     3     1         1  0  3  0  3  0  1
```

【训练题 2.11】编写递归函数实现阿克曼（Ackermann）函数的计算（在 main 函数中输入 m、n[0, 4]，并输出 Ackermann 函数值）。Ackermann 函数的值随参数快速递增，用于可计算理论领域，其计算方法为：

$$A(m,n)=\begin{cases} n+1, & m=0 \\ A(m-1,1), & m>0, n=0 \\ A(m-1, A(m,n-1)), & m>0, n>0 \end{cases}$$

【训练题 2.12】分别编写迭代法的函数和递归函数，求经典的多项式序列埃尔米特（Hermite）多项式中第 $n+1$ 项 $H_n(x)$ 的值。$H_n(x)$ 定义如下：

$$H_0(x) = 1$$

$$H_1(x) = 2x$$

$$H_n(x) = 2xH_{n-1}(x)-2(n-1)H_{n-2}(x) \quad (n>1)$$

例 2.6　河内塔问题。河内塔（Tower of Hannoi），又叫梵塔（Tower of Brahma）或卢卡斯塔（Lucas' Tower），是法国数学家 Édouard Lucas 于 1883 年根据一个印度的古老传说而发明的谜题：设有 A、B、C 三根杆子，杆子 A 上有 n 个穿孔圆盘，圆盘的半径从下到上依次变小；有人按规则把杆子 A 上的所有圆盘移到杆子 C 上，移动时可借助杆子 B，也可以将从某个杆子移走的圆盘重新移回该杆子。规则为：一次最多只能将某个杆子最上面的一个圆盘移到另一个杆子上，且每个杆子上的圆盘尺寸只能越来越小（自下而上），问最少要移动多少次？这个谜题的答案是 2^n-1 次。按一秒钟移动一次计算，3 个圆盘需要 7 秒钟，如果有 20 个圆盘，需要一百多万秒，若有 64 个圆盘，则需要五千多亿年！现要求编写 C 程序，输入 n，输出移动步骤。

【分析】所求解的问题为“把 n 个圆盘从 A 按规则移到 C（借助 B）”，即，

1）当 n 为 1 时，只要把圆盘从 A 移至 C 即可，输出“Move the plate from A to C”。

2）当 n 大于 1 时，该问题可以分解成三个子问题：

① 把 $n-1$ 个圆盘从 A 按规则移到 B（借助 C）。

② 把第 n 个圆盘从 A 直接移到 C。

③ 把 $n-1$ 个圆盘从 B 按规则移到 C（借助 A）。

其中，子问题①和子问题③与原问题相同，只是盘子的个数少了一个，子问题②是移动一个盘子的简单问题，所以可以用递归函数实现，程序如下：

```
#include <stdio.h>
void Hanoi(char, char, char, int);
int main( )
{
    int n;
    printf("Input n: ");
    scanf("%d", &n);
    Hanoi('A', 'B', 'C', n);
    return 0;
}
void Hanoi(char x, char y, char z, int n)//把 n 个圆盘从 x 表示的杆子移至 z 表示的杆子
{
    if(n == 1)                              //把第 1 个圆盘从 x 表示的杆子移至 z 表示的杆子
        printf("Move the plate from %c to %c .\n", x, z);
    else
    {
        Hanoi(x, z, y, n-1);                //把 n-1 个圆盘从 x 表示的杆子移至 y 表示的杆子
        printf("Move the plate from %c to %c .\n", x, z);
                                            //把第 n 个圆盘从 x 表示的杆子移至 z 表示的杆子
        Hanoi(y, x, z, n-1);                //把 n-1 个圆盘从 y 表示的杆子移至 z 表示的杆子
    }
}
```

递归函数 Hanoi 的第二个参数始终是移动的“跳板”。若输入 3，则第一次调用时，实参 'A'、'B'、'C' 和 3 分别传给形参 x、y、z 和 n，执行后，“Hanoi('A', 'B', 'C', 3);”等价于：

```
Hanoi('A', 'C', 'B', 2);
printf("Move the plate %d from %c to %c .\n", 3, 'A', 'C');
Hanoi('B', 'A', 'C', 2);
```

第二次调用时，先将实参 'A'、'C'、'B' 和 2 分别传给形参 x、y、z 和 n，再将实参 'B'、'A'、'C' 和 2 分别传给形参 x、y、z 和 n，执行后，上面的程序片段等价于：

```
Hanoi('A', 'B', 'C', 1);
printf("Move the plate %d from %c to %c .\n", 2, 'A', 'B');
Hanoi('C', 'A', 'B', 1);
printf("Move the plate %d from %c to %c .\n", 3, 'A', 'C');
Hanoi('B', 'C', 'A',1);
printf("Move the plate %d from %c to %c .\n", 2, 'B', 'C');
Hanoi('A', 'B', 'C',1);
```

第三次调用执行后，上面的程序片段等价于（至此，递归调用结束）：

```
printf("Move the plate 1 from %c to %c .\n", 'A', 'C');
printf("Move the plate %d from %c to %c .\n", 2, 'A', 'B');
printf("Move the plate 1 from %c to %c .\n", 'C', 'B');
printf("Move the plate %d from %c to %c .\n", 3, 'A', 'C');
printf("Move the plate 1 from %c to %c .\n", 'B', 'A');
printf("Move the plate %d from %c to %c .\n", 2, 'B', 'C');
printf("Move the plate 1 from %c to %c .\n", 'A', 'C');
```

【**训练题 2.13**】设计递归函数，求 *n* 个圆盘的河内塔问题的最少移动次数，并调试例 2.6 中的程序，深入理解递归函数的执行过程。

【**训练题 2.14**】分析下面程序的执行过程与结果，并上机验证。

```
#include <stdio.h>
void EchoPrint(int);
int main( )
{
    int n;
    printf("input n:");
    scanf("%d", &n);
    EchoPrint(n);
    printf("\n");
    return 0;
}
void EchoPrint(int n)
{
    if ( n >= 10 )
        EchoPrint( n/10 );
    printf("%d", n%10);
}
```

【**训练题 2.15**】编写函数 IntRevs(n)，它返回整数 *n* 的逆序整数，例如，IntRevs (89532) = 23598，IntRevs(580) = 85。（提示：可调用训练题 2.6 的 CountDigit 及 3.1.1 节中的 MyPow 函数。）

2.4 多模块程序设计方法

对于较大规模的程序，可以划分成多个模块，用多个源文件来存放，以便多人合作开发。例如，一个程序由 s1、s2、s3、s4、s5 五个子程序组成（s1 调用 s2 和 s3，s2 调用 s4 和 s5），如图 2-9 所示，存在一个源文件 first 中，实际上可以划分成两个模块，方法是将其中的 s3、s4、s5 三个子程序提取出来作为模块二，存在源文件 second 中，于是 first 精简为 first'，仅剩 s1 和 s2 两个子程序，然后在 first' 中添加 s3、s4、s5 三个子程序的说明信息，作为模块一。源文件 first' 与 second 可以分别编译，最终链接形成一个可执行的完整程序。

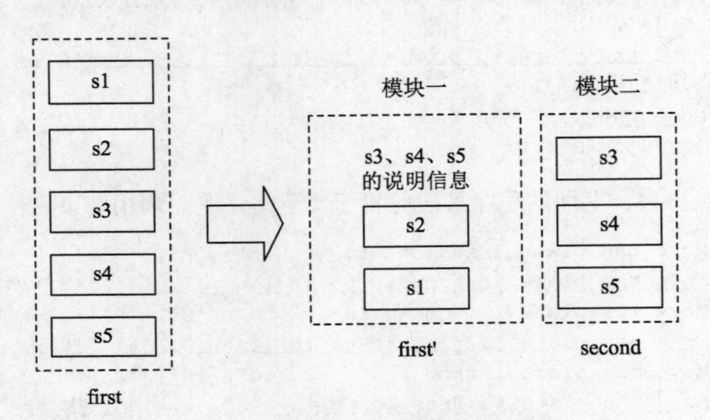

图 2-9 多模块程序的分解与复合

也就是说，可以由多人在若干源文件中分别编写、共同完成一个程序，来代替一个人在一个源文件中编写、独自完成一个程序。

2.4.1　文件包含

编译器通常一次只编译一个源文件。编译时需要知道该源文件中每个标识符（比如符号常量、函数名等）的含义。如果在源文件中使用了另一个文件定义的标识符，则对于编译器来讲，这个标识符的含义是不明确的。而文件包含可以解决这个问题。

文件包含是一种编译前的预处理，由编译预处理命令 #include 完成，它将另一个文件的全部内容在预处理阶段包含（替换）到 #include 所在的源文件中。例如，假设文件 temp.h 中有三行内容：

```
//temp.h
#define LOWER 0
#define UPPER 200
#define STEP 10
```

源文件 main.c 中有“#include <temp.h>”和其他一系列内容：

```
//预处理前的 main.c
#include <temp.h>
int main()
{
   double f, c;
   f = LOWER;      //如果没有上面的“#include <temp.h>”，则编译器不能识别 LOWER
   while (f <= UPPER)
   {
       c = 5.0/9.0 * (f - 32.0);
       ...;
       f += STEP;
   }
   return 0;
}
```

那么预处理后源文件 main.c 中的内容为：

```
//预处理后的 main.c
#define LOWER 0
#define UPPER 200
#define STEP 10

int main()
{
   double f, c;
   f = LOWER;
   while (f <= UPPER)
   {
       c = 5.0/9.0 * (f - 32.0);
       ...;
       f += STEP;
   }
   return 0;
}
```

一个 #include 命令只能指定一个被包含文件。用 #include << 文件名 >> 形式，意味着文件在指定的目录[⊖]下；用 #include "< 文件名 >" 形式，意味着文件在当前所建立工程的目录或指定的目录下。被包含的文件中还可以用 #include 命令包含别的文件，即嵌套包含。

【训练题 2.16】验证文件包含预处理命令的功能。

实际上，用 #include 命令包含一般的文件意义不大，甚至会出错。如果要调用在其他源文件中定义的函数，可以在本源文件中书写被调函数的声明来告诉编译器被调函数名的含义。#include 命令的真正目的在于包含带有被调函数声明等内容的头文件。

2.4.2　头文件及其作用

头文件（head file）是一种特殊的源文件，其中一般只有一些说明性的内容（符号常量的定义、函数的声明等），没有函数的定义等实质性的程序，用 .h 作为扩展名，例如 2.4.1 节的 temp.h。头文件主要用于多模块程序的开发。前面章节的例子程序都只有一个模块，位于一个源文件中。例 2.7 是一个简单的多模块 C 程序样例。

例 2.7　设计多模块程序，使甲乙两人可以共同开发一个程序，实现例 2.2 的功能。其中，甲编写的模块包括 main 函数和求最大值函数，位于 first.c，乙负责的模块包括求阶乘函数，位于 second.c。

程序如下：

```
//first.c
#include <stdio.h>
int MyMax(int, int, int);                    //声明甲自己即将编写的函数
extern int MyFactorial(int);                 //声明乙编写的函数
int main( )
{
    int n1, n2, n3, max, f;
    printf("Please input three integers: \n");
    scanf("%d%d%d", &n1, &n2, &n3);
    max = MyMax(n1, n2, n3);
    f = MyFactorial(max);
    printf("The factorial of max. is: %d \n", f);
    return 0;
}
int MyMax(int n1, int n2, int n3)
{
    int max;
    if(n1 >= n2)
        max = n1;
    else
        max = n2;
    if(max < n3)
        max = n3;
    return max;
}

//second.c
int MyFactorial(int n)
```

⊖ 默认是 IDE 安装时自动生成的 \include 目录（又称文件夹，是操作系统组织文件的框架）。

```
{
    int f = 1;
    for(int i = 2; i <= n; ++i)
        f *= i;
    return f;
}
```

在例 2.7 中，甲编写的程序调用了乙编写的函数 MyFactorial，调用前声明了该函数。extern 是关键字，可以用来声明其他源文件中定义的函数。但实际上，乙所定义的函数的声明更适合由乙来编写，而如果写在乙编写的源文件中，又不便其他人使用。C 语言允许将函数的声明及其他说明信息单独写在一个头文件中，以便提供给使用者。例如，例 2.7 程序可改写如下：

```
//second.h，乙编写
extern int MyFactorial(int);        //乙所定义的函数的声明
//second.c，乙编写
int MyFactorial(int n)              //乙定义的函数
{
   ...
}
```

使用者只要在自己的源文件头部用 #include "< 头文件名 >" 就可以将头文件中的所有内容包含进来。例如：

```
//first.c，甲编写
#include < second.h>                //包含乙所定义函数的说明信息
int MyMax(int, int, int);
int main( )
{
   ...                              //包含 MyMax 与 MyFactorial 函数的调用
}
int MyMax(int n1, int n2, int n3)
{
   ...
}
```

这样，程序中模块的接口（interface，例如函数的声明）和模块的具体实现（例如函数的定义）分别存放在头文件和源文件中（当然，要保证每一个函数不被分到多个源文件中）。这种模块划分更为合理。模块的实现者（如例 2.7 中的乙）可以把接口通过头文件提供给使用者（如例 2.7 中的甲），使用者用文件包含命令（#include）将头文件包含进自己的源文件中，无须了解模块的具体实现方法，从而减轻使用者的工作量。同时，模块的实现者不必提供源文件中的代码，可以只提供编译好的目标文件给使用者（加入使用者的项目目录下），从而可以在一定程度上保护源文件中的代码不被篡改或抄袭。头文件机制使程序的开发变得更加灵活、可靠。读者可以发现，我们正是基于这一机制使用库函数的。头文件中的内容除了函数的声明外，还可以是宏定义及全局变量声明（参见 2.5.1 节）等内容。

【训练题 2.17】 参考例 2.7 在多模块中实现训练题 2.6 的程序，了解多模块程序的编写与调试方法，体会头文件的作用（可尝试由两人合作完成：甲同学负责建立一个 project，并在模块 first 中编写 main 函数与 CountDigit 函数，乙同学在模块 second 中编写 KthDigit 函数，并将正确的 second 模块集成到甲同学建立的 project 中；再交换角色）。

2.5* 标识符的属性

子程序及程序的模块化提高了程序开发的灵活性与可靠性，同时带来两个问题：首先，如何确保一个程序中不同子程序或模块在需要的时候能够共同操作（共享）同一个操作数？其次，执行环境如何区分不同的子程序或模块中定义的同名标识符？C语言根据程序的模块划分情况、标识符的性质、标识符定义和声明的位置，以及相应的修饰关键字，规定标识符的一系列属性；然后根据标识符的属性判断是否可以共享标识符所表示的操作数，还可以让执行环境正确区分同名标识符，甚至有利于其在程序执行期间合理分配数据占用内存的时间，节约内存开销。C语言标识符包含作用域、链接、名字空间和存储期等多种属性。

2.5.1 作用域

标识符的作用域（scope）是指标识符的有效范围，即能够操作标识符的程序段落。从编译器角度来看，需要明确程序代码中所操作的标识符与同一个源文件里定义或声明的同名标识符之间的对应关系。C语言标识符的作用域可以分为文件作用域、函数作用域、块作用域和函数原型作用域四种。例2.8程序中包含四种作用域属性的标识符。

例 2.8 用一个模块实现带系数的数列求和程序。

程序如下：

```
#include <stdio.h>
#define M 2
int s = 0;                                    //s具有文件作用域，从定义开始有效
void MySum(int x);                            //MySum具有文件作用域，从声明开始有效
int main( )
{
    //void MySum(int x);                      //若在此声明，则MySum具有额外的块作用域
    int n;                                    //n具有块作用域
    printf("Please input an integer: \n");
    scanf("%d", &n);
    if(n <= 0) goto T1;                       //T1具有函数作用域
    MySum(n);
T1:printf("s = %d \n", s);
    return 0;
}
void MySum(int n)                             //n具有块作用域
{
    int sum = 0;                              //sum具有块作用域
    for(int i = 1; i <= n; ++i)               //i具有块作用域（for语句块）
    {
        sum += i;
    }
    s = M * sum;                              //宏名M在编译前被替换成2，故不考虑其作用域
}
```

（1）文件作用域与全局变量

在所有函数外部定义的标识符，具有文件作用域（file scope）属性。文件作用域指的是标识符在整个源文件中的有效范围，有两种情形：第一种，从定义结束处到文件结束处，如

例 2.8 程序中变量 s 的作用域；第二种，从声明结束处到文件结束处，这是仅对于有声明的函数或变量而言的，且它们的声明位置不在任何函数内部，如例 2.8 程序中函数 MySum 的作用域。

函数一般都具有文件作用域属性，即一个函数可以被文件中的多个函数调用，也就是函数的代码可以被多个函数共享。如果函数的定义在调用之后或在其他文件中，则需要在调用前对该函数进行声明。

具有文件作用域属性的变量，通常又叫全局变量。不同的函数都可以操作全局变量，即可以共享全局变量所表示的可变数据（共享不变数据不必使用全局变量，使用符号常量即可）。如例 2.8 程序中的变量 s。全局变量常使函数产生副作用（参见 6.3.1 节），即改变了不是本函数定义的变量的值，增加了函数间的耦合度，不利于程序的模块化开发与维护。

如果全局变量的定义在使用该全局变量的函数体之后或在其他文件中，则需要在使用前对全局变量进行声明（declaration），即以语句的形式列出全局变量名及其类型，并在类型关键字前加关键字 extern，例如下面的程序，在源文件 xlib.c 中定义了两个全局变量 x 和 y，在另一个源文件 my.c 中使用前作了声明，这些声明可以写在头文件中，再通过 include 命令包含进来。

```
//xlib.c
int x, y;                                    //全局变量的定义
void F()
{
   x = 1000;
   y = x*x;                                  //使用全局变量
}

//xlib.h
extern int x, y;                             //全局变量的声明

//my.c
#include <xlib.h>                            //包含全局变量的声明
void G()
{
   int z;
   z = x + y;                                //使用全局变量
}
```

执行全局变量的声明时，并不为其分配存储空间，所以声明全局变量时不可以赋值，而且可以对一个全局变量进行多次声明。

不过，带有全局变量操作的函数不便于调用，除开发嵌入式应用程序或维护早期代码，以及互不调用的函数之间需要共享数据外，尽量不要设计带全局变量的 C 程序。

（2）块作用域与局部变量

块作用域（block scope）是指标识符在一个复合语句内部的有效范围，从定义或声明结束处至复合语句结束处。如例 2.8 程序中 MySum 函数里的变量 sum、i 和形参 n 的作用域，以及 main 函数中变量 n 的作用域。

形参和函数内部定义的变量，通常又叫局部变量，是典型的具有块作用域属性的标识符，其他函数不能对它们进行操作，如例 2.8 程序中 MySum 函数里的变量 sum 和形参 n，

以及 main 函数里的变量 n。在复合语句里定义的变量也具有块作用域属性，它们也叫局部变量，其他复合语句不能对这种局部变量进行操作，如例 2.8 程序中 for 语句里定义的变量 i。

在函数或复合语句内部声明的标识符（函数或全局变量），除原有文件作用域外，还具有额外的块作用域，例如，若在例 2.8 程序中 main 函数内部声明 MySum 函数，则 MySum 除从后面的定义开始有效的文件作用域，还有在 main 函数中从声明开始有效的块作用域。

（3）函数作用域

函数作用域（function scope）专指 goto 语句使用的标号的有效范围（是标号所在的整个函数）。goto 语句使用的标号可以是函数体内后面程序段中定义的某个语句的标号。所以，一个标号只能定义一次，即使是在内层的复合语句中，也不能定义与外层中的标号同名的标号。例 2.8 程序中的 T1 具有函数作用域属性。

（4）函数原型作用域

函数原型作用域（function prototype scope）专指函数原型中声明的形参的有效范围，仅限于本函数原型中的圆括号之内。所以，函数原型中的形参名完全可以省略，如例 2.8 程序中的 x。函数原型 “void MySum(int x);” 可以写作 “void MySum(int);”。

在上述四种不同作用域内可以定义同名标识符。例如，不同源文件中可以定义同名函数或同名全局变量（只要保证链接不发生错误即可，参见 2.5.2 节），不同的函数甚至同一个函数的不同复合语句里可以自由定义同名局部变量，不同函数里可以有相同的语句标号，不同函数原型中的形参名（如果没省略）可以同名。当具有不同作用域属性的同名标识符出现在同一块代码区域时，与宏名相同的标识符会在编译前被替换，其他内层标识符的作用域会覆盖外层同名标识符的作用域。风格良好的程序不应存在作用域覆盖问题。例如，

```
int MyFactorial(int n)
{
    int f = 1;                  //for 语句之前定义变量 f
    for(int i = 2; i <= n; ++i)
    {
        int f = 0;              //for 语句内部定义变量 f，每次循环都初始化为 0
        f *= i;                 //for 语句里定义的变量 f
    }
    return f;                   //for 语句之前定义的变量 f，仍为初值 1
}                               // 函数中一开始定义的变量 f，在 for 语句中失效
```

【训练题 2.18*】 调试例 2.8 中的程序，验证标识符的几种作用域属性。

【训练题 2.19*】 用全局变量改写下面的程序，实现数据交换。

```
#include <stdio.h>
void MySwap(int x, int y);
int main ( )
{
    int x = 5, y = 9;
    MySwap(x, y);
    printf("%d, %d", x, y);
    return 0;
}
void MySwap(int x, int y)
{
```

```
        int temp = x;
        x = y;
        y = temp;
    }
```

2.5.2　链接

程序被分成若干个模块分别编译之后，需要通过链接成为一体。标识符的链接（linkage）指的是从链接器角度来看，一个程序中调用或操作的标识符与定义的同名标识符之间的对应关系⊖。C 语言标识符的链接分为内部链接、外部链接和无链接三种。内部链接优先于外部链接。对于一个程序中调用或操作的标识符，如果存在两个或两个以上同名标识符的定义，可以与之以同一种链接对应，则程序链接时会出现“多重定义”（one or more multiply defined symbols found）错误。例 2.9 程序中的标识符涉及三种类型的链接。

例 2.9　设计两个模块，使甲乙两人可以共同开发求带倍数的最大值的阶乘程序。

```
//first.c-by 甲
#include <stdio.h>
int m = 2;                                    //外部变量的定义，被外部链接
extern int MyFactorial(int);                  //外部函数的声明
int MyMax(int, int, int);                     //内部函数的声明
int main( )
{
   int n1, n2, n3;
   printf("Please input three integers: \n");
   scanf("%d%d%d", &n1, &n2, &n3);            //n1、n2、n3、max、f 无链接
   int max = MyMax(n1, n2, n3);               //MyMax 函数的调用，内部链接
   int f = MyFactorial(max);                  //MyFactorial 函数的调用，外部链接
   printf("The factorial of max. is: %d \n", f);
   return 0;
}
static int MyMax(int n1, int n2, int n3)      //内部函数的定义，被内部链接
{
   int max;
   if(n1 >= n2)                               // n1、n2 无链接
       max = n1;                              // max 无链接
   else
       max = n2;
   if(max < n3)                               // n3 无链接
       max = n3;
   return max;
}

//second.c-by 乙
int MyFactorial(int n)                        //外部函数的定义，被外部链接
{
   extern int m;                              //外部变量的声明
   int f = 1;
```

⊖　一些参考书把外部链接属性作为全局作用域属性看待，把内部链接属性作为文件作用域属性看待。

```
    for(int i = 2; i <= n; ++i)                           //i、f、n 无链接
        f *= i;
    return m*f;                                           //m 的操作，外部链接
}
int MyMax(int n1, int n2, int n3)                         // 外部函数的定义，没有被链接过
{
    int max;
    if(n1 >= n2)
        max = n1;
    else
        max = n2;
    if(max < n3)
        max = n3;
    return max;
}
```

（1）内部链接

对于函数和全局变量，如果定义时加关键字 static 修饰，则只能被本源文件里的调用和操作链接，这是内部链接（internal linkage）。只希望在一个模块内共享的函数和全局变量，定义时可以加 static，以避免程序链接时出现“多重定义”错误。例 2.9 程序中 first.c 内定义的函数 MyMax 被一个调用操作内部链接（函数 MyMax 在 first.c 内具有从声明开始有效的文件作用域属性）。声明要内部链接的函数（即内部函数）时，一般不加 static 或 extern（即使加，也不改变其链接属性）。声明要内部链接的变量（即内部变量）时，必须加 extern，以区分内部变量的定义。

（2）外部链接

对于函数和全局变量，如果定义时未加 static（加或不加 extern 均可），则除了可以被内部链接外，还可以被另一个源文件里的调用或操作外部链接（external linkage）。例 2.9 程序中 second.c 内定义的函数 MyFactorial 和 first.c 内定义的变量 m 分别被一个函数的调用和一个变量的操作外部链接（函数 MyFactorial 在 first.c 内具有从声明开始有效的文件作用域属性，在 second.c 内具有从定义开始有效的文件作用域属性；变量 m 在 first.c 内具有从定义开始有效的文件作用域属性，在 second.c 内具有从声明开始有效的块作用域属性）。声明要外部链接的函数（即外部函数）时，一般加 extern（extern 可省略）。声明要外部链接的变量（即外部变量）时，必须加 extern，以区分外部变量的定义。

（3）无链接

对于只有定义没有声明的标识符，不需要进行链接（no linkage），直接进行调用或操作。包括：在函数内部、复合语句内部或参数列表中定义的局部变量和形参等标识符（具有块作用域），在函数外部先定义后操作的函数和全局变量等标识符（具有从定义开始有效的文件作用域），函数中的语句标号（具有函数作用域），以及函数原型中声明的形参（具有函数原型作用域）。例 2.9 程序中 main 函数内定义的变量 n1、n2、n3、max、f，MyMax 函数内定义的变量 max 和形参 n1、n2、n3，以及 MyFactorial 函数内定义的变量 f、i 和形参 n 均无须链接。

【训练题 2.20*】调试例 2.9 中的程序，理解标识符的几种链接属性。

2.5.3 名字空间

标识符的名字空间（namespace）是一种抽象的标识符的容器。程序中同一个作用域内逻辑上不相关的标识符隐藏在不同的名字空间里。C 语言标识符的名字空间有以下四种。

1）语句标号的名字空间。

2）标签的名字空间（如派生类型名，参见 8.1 节）。

3）某个派生类型的所有成员的名字空间（参见 8.1 节）。

4）其他标识符的名字空间，这些标识符包括变量名、函数名、形参名、宏名、类型的别名（参见 4.6 节）和枚举常量名（参见 4.2.5 节）。

一个程序中，相同作用域内的同一个名字空间里不允许定义同名标识符，否则编译时会出现“重复定义”错误。例如，一个源文件中不能定义同名函数或同名全局变量，一个复合语句里不能定义同名局部变量，函数里复合语句外不能定义与形参同名的局部变量，一个函数里不能有相同的语句标号，函数原型中的形参名如果没有省略的话，相互不可以重名。相同作用域内的不同名字空间内可以定义同名标识符，例如，一个函数里的语句标号可以与某个局部变量同名（不过这样做风格不好，不提倡）。

【**训练题 2.21***】修改例 2.8 中的程序，理解标识符的名字空间属性。

2.5.4 数据的存储期

计算机中可以存储数据的器件包括寄存器（register）、内存和外存。外存空间一般较大，但访问（即读取或写入数据）速度较慢。寄存器位于 CPU 中，便于 CPU 中的 ALU（Arithmetic Logical Unit，算术逻辑单元）快速访问，不过空间非常有限。内存的空间大小与访问速度介于两者之间，它是最主要的存储器，一般可分为代码区、静态数据区、栈区和堆区（heap，零星的空闲内存）。

在程序执行期间，代码中的部分标识符（主要是变量）作为操作对象，一般需要有对应的内存空间来存储待处理的数据及处理结果。为了合理分配空间，节约开销，可以约定不同的数据存储期（storage duration），即数据的生存寿命（lifetime）。例如，某子程序单独操作的数据只在该子程序执行期间占用空间，一旦该子程序执行结束，其空间就被收回或释放（以便再存储其他数据），多个子程序共同操作的数据则在内存驻留更长的时间。C 语言约定有静态、自动和动态三种不同的数据存储期。存于静态数据区的数据具有静态存储期属性，存于栈区或寄存器的数据具有自动存储期属性，存于堆区的数据具有动态存储期属性。

（1）静态存储期（static storage duration）

对于全局变量（不论定义时是否加关键字 static，这里 static 表示内部链接属性），先由编译器对其定义行进行特殊处理（规划所需内存，分析、处理其初始化值），程序执行时，由执行环境在静态数据区为之分配空间，并写入初始化值，若未初始化，则写入初值 0，此后程序可获取或修改其值，直到整个程序执行结束才收回其空间。这是一种静态内存分配方式。

对于定义时加 static 的局部变量（通常称为静态变量，这里 static 表示存储期属性），也是采用静态内存分配方式。程序员在分析含有静态变量且被多次调用的函数时需注意，静态变量的定义行经过编译器的特殊处理后，相关的内存空间分配和初值写入操作仅在程序刚开始执行时由执行环境执行一次，此后静态变量可以被访问，即其值可以被获取或修改，但不会被重新分配空间或初始化，直到整个程序执行结束。

例 2.10 通过多次调用含静态变量的函数，产生多个不同的整数。

程序如下：

```
#include <stdio.h>
int MyRand(void)
{
    static int s = 1;                           // 静态变量
    s = (7 * s + 19) % 3;                       // 执行语句
    return s;
}
int main( )
{
    int m;
    m = MyRand( );                              // 第一次调用开始时 s 为 1，结束时 s 为 2
    printf("The m is: %d \n", m);
    m = MyRand( );                              // 第二次调用开始时 s 为 2，结束时 s 为 0
    printf("The m is: %d \n", m);
    m = MyRand( );                              // 第三次调用开始时 s 为 0，结束时 s 为 1
    printf("The m is: %d \n", m);
    return 0;
}
```

例 2.10 程序中的静态变量 s 在 MyRand 函数第一次被调用结束时，其内存空间不会被收回，在 MyRand 函数第二次被调用时，不会重新对其分配空间或初始化，其初值是前一次 MyRand 函数被调用结束时的值。

（2）自动存储期（automatic storage duration）

对于定义时没有加 static 的局部变量（通常称为自动变量，定义时可以加关键字 auto，一般省略 auto），其定义行有对应的目标代码，通过代码的执行在栈区获得空间。若已初始化，则获得初始化值；若未初始化，则其初值是内存里原有的值。此后程序可以访问其内存空间，获取或修改其值，一旦复合语句执行结束，就收回其内存空间。如果一个复合语句在程序中被反复执行多次，则每次被执行时，都会重新分配和收回其中定义的自动变量的存储空间。这是一种动态内存分配方式。

对于被频繁访问的占用空间不大的自动变量（例如循环变量），定义时可加关键字 register，以便在执行环境支持时存入寄存器，提高访问效率，如果执行环境不支持，一般仍当作自动变量处理。

对于函数的形参，也是采用动态内存分配方式。定义时不可以加 auto，但可以加 register，效果与自动变量加 register 的效果相同。如果一个函数在程序中被多次调用，则每次被调用时都会重新分配其形参的存储空间，每次函数执行结束时收回其形参的存储空间。

【训练题 2.22*】验证标识符的静态与自动存储期属性。

（3）动态存储期（allocated storage duration）

对于没有定义的动态变量（参见 6.4 节），由程序员编写的相关代码（调用 malloc 库函数）申请内存空间，通过代码的执行在堆区获得空间，由于没有初始化，其初值为内存里原有的值，此后程序可以访问其内存空间，进行赋值操作，以及获取或修改其值，最后通过程序员编写的相关代码（调用 free 库函数）释放其内存空间。如果程序员忘记编写释放其内存空间的代码，则要等整个程序执行结束时才收回其内存空间。这是一种更为灵活的动态内存分配方式。

【训练题 2.23*】自行总结变量有哪些属性及其分类。

【训练题 2.24*】阅读下面的程序，思考全局变量的执行结果，体会递归函数 MyFibR 存在的重复计算问题。

```
#include <stdio.h>
int MyFibR(int);
int count = 0;
int main( )
{
    printf("第 6 个月有 %d 对兔子 .\n", MyFibR(6));
    printf("递归函数一共被调用执行了 %d 次 .\n", count);
    return 0;
}
int MyFibR(int n)
{
    count++;
    if (n==1 || n==2)
        return 1;
    else
        return MyFibR(n-2) + MyFibR(n-1);
}
```

2.6　程序模块设计的优化

子程序机制便于程序的分解与复合，然而调用操作需要一些额外的开销，因为需要保护调用者的执行场景、进行参数传递、执行调用和返回指令等。以 C 语言为例，函数往往会降低程序的执行效率，特别是频繁调用一些小函数常常会得不偿失。于是，C 语言提供了带参数的宏定义，新版 C 标准还增加了内联函数，这些优化策略可以在一定程度上提高 C 程序的执行效率。另外，程序中往往有一些代码不是在所有情况下都会执行，C 语言提供了条件编译机制对它们进行选择性编译，以提高程序的编译效率。

2.6.1　带参数的宏定义

本书在介绍符号常量（参见 0.5 节）时，已经介绍了宏名与宏定义。实际上，C 语言还允许带参数的宏定义，其格式为：

```
#define <宏名>(<参数表>) <文本>
```

程序中的宏名（实参表）在编译前会被相应宏定义中的文本替换，文本中的参数将被程序中实参表里相应的实参替换，整个替换过程又叫**宏调用**。

头文件“ ctype.h”中声明的一些字符处理（如大小写转换）库函数实际上常常是通过带参数的宏定义实现的。

例 2.11　用带参数的宏定义实现平方和的求解任务。

程序如下：

```
#include <stdio.h>
#define QuaSum(x, y) x*x + y*y
int main( )
{
    int m, n;
    double u, v;
    scanf("%d%d", &m, &n);
    scanf("%lf%lf", &u, &v);
    printf("%d", QuaSum(m, n));
    printf("%f", QuaSum(u, v));
    return 0;
}
```

不管参数是什么类型，上述程序段中的 QuaSum(m,n) 和 QuaSum(u,v) 在编译前都会被分别替换成两个参数的平方和，类似于以下两个函数的功能：

```
int QuaSum1(int x, int y)
{
    return x*x + y*y;
}
double QuaSum2(double x, double y)
{
    return x*x + y*y;
}
```

注意，书写带参数的宏定义时，宏名与参数表的左括号之间不能有空格符。另外，为了保证文本替换无歧义，最好在宏定义中加一些括号。例如，对于例 2.11 中定义的宏 QuaSum，“printf("%f", 1/QuaSum(x1, x2));”将被预处理为“printf("%f", 1/x1*x1 + x2*x2);”，与设想的不符。所以宏定义应该改成：#define QuaSum((x), (y)) ((x)*(x) + (y)*(y))。这样，“printf("%f", 1/QuaSum(x1, x2));”会被预处理为“printf("%f", 1/(x1*x1 + x2*x2));”。

宏定义中还可以引用已定义的宏名，层层置换，例如，

```
#define PR printf(
#define NT " = %f\n"
#define PRNT(exp) PR#expNT, exp)
```

表示给参数加双引号。宏调用“PRNT(x*y)”将被处理成“printf("x*y" " = %f\n", x*y)”，等价于“printf("x*y = %f\n", x*y)”。

【训练题 2.25】 调试例 2.11 中的程序，了解带参数的宏定义方法，体会宏定义时的注意事项。

带参数的宏定义虽然可以解决小函数调用效率不高的问题，但宏定义不进行参数类型检查和转换，所以往往不能保护数据，而且预处理后程序中的宏就不存在了，这给一些软件工具（例如调试程序）在源程序与目标程序之间进行交叉定位时带来困难。另外，带参数的宏定义有时还会出现重复计算。

2.6.2 内联函数

从 C99 标准开始，C 语言提供了内联（inline）函数机制，即在函数定义时，函数返回值的类型前加关键字 inline，以示建议编译器把该函数的函数体展开到调用点，这样就避免了函数调用的开销，从而提高函数调用的效率。例如，

```
inline double Multiply(double x, double y)
{
    return x*y;
}
```

内联函数形式上是函数，效果上具有宏定义的高效率，因此，它具有宏定义和函数二者的优点。不过，不是所有的编译器都支持内联函数机制。递归函数一般不能定义为内联函数。另外，对于内联函数，编译器不生成独立的函数代码，而是用内联函数的函数体替换对内联函数的调用，所以，内联函数必须先定义后调用（调用前仅有函数声明也不行），它一般不具有外部链接属性，实际应用中可以把内联函数的定义放在头文件中。

【训练题 2.26】分别在 main 函数和头文件中定义上述内联函数，验证内联函数定义时的注意事项。

【训练题 2.27】对比下面的宏 CUBE 和函数 MyCube，思考各自的优缺点。

```
#define CUBE(x)  ((x)*(x)*(x))
double MyCube(double x) { return x*x*x; }
```

2.6.3 条件编译

条件编译命令可以让编译器根据不同的情况来选择需编译的程序代码。

1. 非文本替换宏定义

除文本替换的宏定义外，C 语言还有另外两种宏定义，它们不作任何文本替换，用来辅助实现条件编译，格式如下：

1）#define < 宏名 >

2）#undef < 宏名 >

第一种仅表示某宏名已被定义；第二种仅表示取消某宏名的定义。宏定义一般出现在函数外面，从出现开始有效，直到本文件结束，如果有 #undef < 宏名 >，则提前结束该宏名的有效性。

2. 条件编译命令常用格式

（1）格式一

```
#ifdef < 宏名 > / #if defined(< 宏名 >)
    < 程序段 1>
[#else
    < 程序段 2>]
#endif
```

上述条件编译命令的含义是：如果宏名已定义，则编译程序段 1，否则编译程序段 2，#else 分支可以省略。例如，

```
<程序段 0>                          // 必须编译的程序段
#define MC
#ifdef MC                           // 宏名 MC 是否有定义⊖决定编译哪一段代码
    <程序段 1>                      // 编译该段程序（如果去掉宏名 MC 的定义，则不编译该段程序）
#else
    <程序段 2>                      // 不编译该段程序（如果去掉宏名 MC 的定义，则编译该段程序）
#endif
<程序段 3>                          // 必须编译的程序段
```

（2）格式二

```
#ifndef  <宏名> / #if !defined(<宏名>)
    <程序段 1>
[#else
    <程序段 2>]
#endif
```

上述命令的含义是：如果宏名未定义，则编译程序段 1，否则编译程序段 2。

（3）格式三

```
#if <整型常量表达式 1>
    <程序段 1>
#elif <整型常量表达式 2>
    <程序段 2>
...
#elif <整型常量表达式 n>
    <程序段 n>
[#else
    <程序段 n+1>]
#endif
```

上述命令的含义是：如果整型常量表达式的值非 0，则编译对应的程序段；否则，如果有 #else，则编译程序段 n+1；否则，什么都不编译。其中整型常量表达式中不可以含有 sizeof()（参见 4.3 节）、强制类型转换（参见 4.4.3 节）或枚举常量（参见 4.2.5 节），只能是常用基本操作符、字面常量或宏名（宏名有定义时，其值为 1，否则为 0）。命令的第一行还可以改为：

```
#ifdef <宏名> / #if defined(<宏名>) / #ifndef <宏名> / #if !defined(<宏名>)
```

3. 条件编译的作用

（1）避免重复包含头文件

执行环境不为函数声明中的程序实体分配存储空间，也不执行替换等操作，所以，程序中同一个函数的声明像全局变量的声明一样可以有多个，但符号常量不可以重复定义。因此，多人开发一个程序时，对同一个头文件的直接或间接的重复包含，仍会造成重复定义错

⊖ 如果不便修改源程序，可以在编译程序时修改编译命令或集成环境中的宏定义选项。

1）命令行方式（参见附录 B，其中的选项“-D MC”使得宏名 MC 有定义）：

```
cl <源文件 1> <源文件 2> ... -D MC ...
```

2）集成环境方式（以 Microsoft Visual Studio 2008 为例）：选择“Project”菜单下的项目属性 XXX Properties，在选项卡中选择“Configuration Properties → C/C++ → Preprocessor”，在“Preprocessor definitions”中添加要定义的宏名 MC。

误。条件编译可以避免这个问题。例如，在头文件 module.h 中加入基于宏名 MODULE1 的条件编译，如下：

```
//module1.h
#ifndef MODULE1
   #define MODULE1
   ...                                         //module1 中的原文
#endif
```

这样，在一个源文件中如果多次包含上面的 module1.h 头文件，则只会对第一次包含的内容进行处理。

（2）用于编写多环境的程序

如果有可能在不同的操作系统中运行程序，那么程序中会存在与多种环境相关的代码，这种情况下，可以用条件编译来避免编译大量无关代码，这比用注释的方法更为简便。例如，

```
#if WINDOWS
   ...                                         //适合用于 WINDOWS 环境的代码
#elif UNIX
   ...                                         //适合用于 UNIX 环境的代码
#elif MAC_OS
   ...                                         //适合用于 MAC_OS 环境的代码
#else
   ...                                         //适合用于其他环境的代码
#endif
   ...                                         //与环境无关的公共代码
```

如果事先有宏定义“#define WINDOWS”，则只编译适合用于 Windows 环境的代码；而如果只希望编译适合用于 UNIX 环境的代码，则需要事先将 UNIX 定义成一个非 0 值，例如“#define UNIX 1”。

（3）用于调试程序

很多程序集成开发环境（IDE）提供了动态调试工具，利用调试工具可以让程序执行一步停一下，或让程序执行到指定的断点停下，以便逐步观察一些变量的值是否与预期相符。部分程序开发环境没有提供方便的调试工具，为了调试程序，程序员常常在程序中添加一些输出语句，以便跟踪观察程序的执行情况。这种调试方式下，程序中的调试信息需要在开发结束后去掉或注释掉。利用条件编译命令可以避免注释掉或去掉调试信息的烦琐工作。例如，

```
#ifdef DEBUG
   ...                                         //调试信息
#endif
```

调试程序时，定义宏名 DEBUG，调试结束，去掉宏名 DEBUG 的定义即可。

【训练题 2.28】 条件编译的作用：基于训练题 2.11，增加条件编译及相应的宏名定义，实现程序的调试性输出，再注释掉宏名的定义，以取消程序的调试性输出。

2.7　本章小结

本章基于示意图与程序样例详细介绍了程序的模块设计方法。首先，介绍了子程序的概念与调用机制；其次，对于单模块程序，着重介绍了C语言函数的定义、调用和声明形式，以及嵌套和递归调用的样式与执行过程；然后，对于多模块程序，介绍了基于文件包含命令与头文件的多模块程序的组织方法，以及便于维护多模块程序中标识符的多种属性；最后，还介绍了带参数的宏定义、内联函数及条件编译等程序模块设计中效率等方面的优化与问题解决方法。基于具体的C语言例子程序，介绍了基于过程抽象和任务分解的程序模块设计具体方法与注意事项及其实际运用。

通过本章的学习，读者可以了解一个规模较大的程序往往被分成若干个模块，以便由若干人分头同时开发，即使是由一个人开发的程序，如果规模较大，也最好划分成若干个模块，以便于维护。对于多模块程序，了解标识符的作用域、链接、名字空间和存储期等多种属性，可以加深对程序工作原理的理解，有助于正确设计多模块程序。C语言关键字static有两种不同的含义：在定义局部变量时，如果加static，则将局部变量的存储期属性由自动存储期改为静态存储期，可以延长数据的寿命（如果所在的函数再次被调用，该静态变量不再被初始化，而是保留上次的执行结果），但降低了程序的易读性；对于函数和全局变量，如果定义时加static，则将其链接属性限制为只能进行内部链接，从而实现了一定程度的封装[⊖]，这种封装可以在一定程度上保护数据，避免出现标识符多重定义的问题，不过也降低了函数的通用性和数据的共享性。编写模块划分合理的程序，也是良好编程习惯的体现。

通过配合本章训练题的实践，读者可以掌握C语言函数的定义、调用与声明方法。能够用C语言编写50行左右的小程序，在main函数中调用自定义函数实现相对独立的功能，用递归函数实现几种经典的递推任务的处理。其中，过程抽象的自觉性、递归函数执行过程的理解与多模块程序的组织是难点。C程序的模块设计要点在于函数（即子程序）和头文件（即接口文件）的设计。定义函数时，需要明确函数的功能及其返回值的类型、参数的个数和类型。一个模块的说明信息编写在头文件中，那么使用者可以只根据头文件就可以编写调用代码，不必关心其他实现者编写的源文件代码，各模块分别编译完成后，使用者只要有其他模块的目标文件，就可以运行程序。

本章特别归纳了适合计算机求解问题的分而治之（Divide and Conquer）的策略，即一个较为复杂的问题可以被分解成若干个小规模的同质问题来解决。基于这一策略，利用递归函数，读者可以写出较为简洁的程序。

⊖ 在C++语言中，程序员可以自行定义名字空间，如果将一个模块定义在一个无名的名字空间里，也可以实现这种性质的封装。

CHAPTER 3

第 3 章

程序中操作的描述

为了完成计算任务，程序需要对数据进行一系列操作。其中，基本操作通常对应计算机指令，在程序中可以用操作符来描述，复杂的操作一般可以在操作符的基础上结合流程控制方法和模块设计方法加以描述。

C 语言提供了丰富的操作符。根据操作符能连接操作数的个数，可以把 C 语言的操作符分为三类：单目操作符（连接一个操作数）、双目操作符（连接两个操作数）和三目操作符（连接三个操作数，又叫三元操作符）。根据功能，可以把 C 语言的操作符分为：算术操作符、关系 / 逻辑操作符、位操作符、赋值操作符、条件操作符等。其中，一部分逻辑操作符和位操作符是单目操作符，大多数逻辑操作符、位操作符、算术操作符、关系操作符、赋值操作符等都是双目操作符，只有条件操作符是三目操作符。下面基于 C 语言的操作符介绍程序中常见的基本操作及其应用。

3.1 基本操作及其应用

3.1.1 算术操作

算术操作主要包括通常意义下的数值运算。C 语言的算术操作包括取正 / 取负、四则运算和自增 / 自减。

1. 取正 / 取负

取正实际上不改变操作数，很少用。取负将一个操作数由正变为负、由负变为正（参见例 3.2），其实质是将操作数的二进制码（参见附录 C）按位取反，末位加 1。取正操作符（+）、取负操作符（-）都是单目操作符。

2. 四则运算

四则运算（实际上有五种运算）包括加、减、乘、除及求余数。加法运算符（+）、减法运算符（-）、乘法运算符（*）、除法运算符（/）及求余数运算符（%，又叫模运算符）都是双目操作符。

例 3.1 编写 C 程序，模拟计算器实现两个数的相加 / 减。

```
#include <stdio.h>
int main( )
{
   double x, y, z;
```

```
    char operatr;
    printf("input an expression: x+(-)y\n");
    scanf("%lf%c%lf", &x, &operatr, &y);
    switch(operatr)
    {
        case '+': z = x + y;    break;
        case '-': z = x - y;    break;
        default:  printf("error!\n");
    }
    printf(" = %f \n", z);
    return 0;
}
```

运行该程序后，输入“10.8+0.13”，会输出“ = 10. 930000”。将程序改成如下的形式，可以实现连续的加 / 减运算。

```
#include <stdio.h>
int main( )
{
    double x, y;
    char operatr;
    printf("input expression: x+(-)y +(-)z... =\n");
    scanf("%lf", &x);
    while((operatr = getchar( )) != '=')
                                        //输入一个字符并赋给operatr，输入等号结束循环
    {
        scanf("%lf", &y);
        switch(operatr)
        {
            case '+':    x += y;    break;
            case '-':    x -= y;    break;
            default:    printf("error!\n"); goto END;
        }
    }
    printf("%f \n", x);
END:    ;
    return 0;
}
```

运行该程序后，输入“10.8+0.13−10=”，则会输出“0.930000”。程序中的循环语句写得比较紧凑，相当于：

```
operatr = getchar( );
while(operatr != '=')
{
    ...
    operatr = getchar( );
}
```

C语言中乘法运算符不可省略。用乘法运算实现的幂函数（底数与指数均为整数）如下：

```
int MyPow(int x, int n)
{
    int z = 1;
    while(n >= 1)
    {
        z *= x;
```

```
        --n;
    }
    return z;
}
```

【训练题 3.1】编写程序输出 2^5 的值，验证本书中 MyPow 函数的功能。

值得再次提醒的是：C 语言中的除法可以用于两个整数或实数相除（0 不能做除数）；当（且仅当）用于两个整数相除时，结果只取商的整数部分，小数部分被截去，并且一般不进行四舍五入。例如，3.0/2 的结果为 1.5，3/2 的结果为 1，1/2 的结果为 0，-10/3 的结果为 -3。较小的整数除以较大的整数，结果为 0。编程时，程序员往往要采取措施，避免因整数相除而带来的意想不到的错误。

例 3.2　利用近似公式 $\frac{\pi}{4}=1-\frac{1}{3}+\frac{1}{5}-\frac{1}{7}+\cdots$ 计算圆周率，直到最后一项的绝对值小于 10^{-6}。

程序如下：

```
#include <stdio.h>
#include <math.h>
double MyPi();
int main( )
{
    printf(" 圆周率为 : %f \n", MyPi());
    return 0;
}
double MyPi()
{
    int sign = 1;
    double item = 1.0, sum = 1.0;
    for(int n = 1; fabs(item) > 1e-6; ++n)      //1e-6 表示 10^-6
    {                                            // 标准数学库函数 fabs 用来求绝对值
        sign = -sign;                            // 运用了取负操作
        item = sign * 1 / (2 * n + 1);  // 应改成 item = sign * 1.0 / (2 * n + 1);
        sum += item;
    }
    return 4 * sum;
}
```

该程序执行后会显示“圆周率为 4”，为什么呢？因为 sign*1 的结果是一个整数，2*n+1 的结果也是一个整数，在 C 语言中，两者相除的结果是小数部分被截去，从而导致结果错误。如果将 sign*1 改成 sign*1.0，意味着参与除法运算的被除数是一个小数，则结果正确。

【训练题 3.2】调试例 3.2 的程序，直至能正确计算圆周率的近似值。

【训练题 3.3】设计程序，计算下面表达式的值：

$$1-\frac{1}{2}+\frac{1}{3}-\frac{1}{4}+\cdots+\frac{1}{99}-\frac{1}{100}$$

C 语言中整数相除结果的小数部分被截去的特点，在某些场合可以发挥作用。例如，将一个数据范围对应到一个数：

```
int score = 0;
scanf("%d", &score);
```

```
switch(score / 10)                    // 百分制的分数段对应到一个数
{
    case 10:                          //若 score 为 100，则执行 printf("A \n"); break;
    case 9: printf("A \n"); break;    //若 score 为 90 ~ 99，则执行 printf("A \n"); break;
    case 8: printf("B \n"); break;    //若 score 为 80 ~ 89，则执行 printf("B \n"); break;
    case 7: printf("C \n"); break;    //若 score 为 70 ~ 79，则执行 printf("C \n"); break;
    case 6: printf("D \n"); break;    //若 score 为 60 ~ 69，则执行 printf("D \n"); break;
    default: printf("Fail \n");       //若 score 为其他整数，则执行 printf("Fail \n");
}
```

求余数是一种常用的运算，可以用来析出一个整数的因子或某些位上的数字。

例 3.3 设计程序，求所有的三位水仙花数（参见例 1.8），要求不用嵌套的循环。

【**分析**】利用除法和求余数运算，可以分离出三位数的每一位数字。

程序如下：

```
#include <stdio.h>
int main( )
{
        for(int n = 100; n <= 999; ++n)
        {
            int i = n / 100;               //百位数字
            int j = n / 10 % 10;           //十位数字
            int k = n % 10;                //个位数字
            if(n == i * i * i + j * j * j + k * k * k)
                printf("%d \t", n);
        }
        return 0;
}
```

【**训练题 3.4**】编程找出 10000 以内的全部同构数（同构数是指一个正整数恰好出现在其平方数的最右端。如，376*376 = 141376）。

【**训练题 3.5**】设计函数，输出正整数 n 以内的所有完数（完数是指一个整数等于其所有除自身之外的因子之和，例如 6=1+2+3）。

C 语言中求余数运算只能用于整数。对于正整数 m 和 n，$(m/n)*n+m\%n$ 一般等于 m。对于负整数，不同的编译器有不同的实现，运算结果也有可能不同，所以在这种情况下，求余数运算具有歧义性。程序员要尽量保证所编写的程序没有歧义。

例 3.4 求两个整数相除的商和余数，并输出。

程序如下：

```
#include <stdio.h>
int main( )
{
    int m, n, r;
    printf("Please input two numbers: \n");
    scanf("%d%d", &m, &n);
    while(n == 0)
    {
```

```
        printf("The divider can not be zero, please input another divider: \n");
        scanf("%d", &n);
    }           // 确保输入的除数不为 0，才能执行后面的除法
    if(m >= 0 && n > 0)
        r = m % n;
    else if(m < 0 && n < 0)
        r = (-m) % (-n);
    else if(m < 0 && n > 0)
        r = -((-m) % n);
    else
        r = -(m % (-n));
    printf("The quotient is %d and the remainder is %d \n", m / n, r);
    return 0;
}
```

上面程序中的分支语句将负数的求余数运算统一成为：先求两个正数的余数，再根据商的正负考虑是否添加负号，避免了程序的歧义。读者可以根据实际运算规则修改此程序。

3. 自增 / 自减操作

自增操作符（++）和自减操作符（--）是单目操作符，只连接一个操作数。自增 / 自减操作符分前缀与后缀两种形式。

前缀操作符置于操作数的前面，将操作数自增 1/ 自减 1，整个操作结果是自增 / 自减操作后操作数的值。例如，

```
i = 3;
++i;            // 相当于 i += 1，也即 i = i +1，i 的值变为 4
--i;            // 相当于 i -= 1，也即 i = i -1，i 的值变回为 3
j = ++i;        // 相当于 j = i = i+1；则 i、j 的值均变为 4
```

而后缀操作符置于操作数的后面，将操作数自增 1/ 自减 1，整个操作结果是自增 / 自减操作前操作数的值。例如，

```
m = 3;
m++;            // 则 m 的值变为 4
m--;            // 则 m 的值变回为 3
n = m++;        // 则 m 的值变为 4、n 的值仍为 3
```

自增 / 自减操作符通常在循环语句中单独使用，以实现循环变量的高效自增 / 自减，或者用于指针类型的操作数，实现内存的高效访问（参见 6.1.3 节）。当用于复杂的表达式中，往往会引起歧义（参见 3.2 节）。

3.1.2　关系操作

关系操作指的是通常意义下的比较操作，即判断某个条件（两个数据的大小多少关系）是否成立，常用于分支或循环流程控制语句中。C 语言的关系操作符都是双目操作符，包括 >（大于）、<（小于）、>=（大于或等于）、<=（小于或等于）、==（等于）、!=（不等于）。

例 3.5　编写 C 程序，根据输入的包裹重量 w（克）和邮寄距离，计算并输出邮费数额（元）。假定邮寄包裹的计费标准为：

```
     w < 15                  5元
15 ≤ w < 30                  9元
30 ≤ w < 45                  12元
45 ≤ w < 60                  14元（每满1000公里加收1元）
     w ≥ 60                  15元（每满1000公里加收2元）
```

【分析】邮费计算过程是典型的分支流程，需要用关系操作来表达条件判断。

程序如下：

```
#include <stdio.h>
int Charge(int, int);
int main( )
{
    int w, d;
    printf("Please input the weight and the distance : \n");
    scanf("%d%d", &w, &d);
    while(w <= 0 || d <= 0)
    {
        printf("The input is wrong! Please input again: \n");
        scanf("%d%d", &w, &d);
    }
    printf("%d \n", Charge(w, d) );
    return 0;
}
int Charge(int weight, int distance)
{
    int money = 0;
    if(weight < 15) money = 5;
    else if(weight < 30) money = 9;
    else if(weight < 45) money = 12;
    else if(weight < 60) money = 14 + distance/1000;
    else money = 15 + (distance/1000) * 2;
    return money;
}
```

上面这个函数也可以用switch语句实现如下：

```
int Charge(int weight, int distance)
{
    int money = 0;
    switch(weight / 15)
    {
        case 0: money = 5;                        break;
        case 1: money = 9;                        break;
        case 2: money = 12;                       break;
        case 3: money = 14 + distance/1000;       break;
        default: money = 15 + (distance/1000) * 2;
    }
    return money;
}
```

【训练题3.6】编写C程序，比较两个时刻的早晚，输入的时刻分别存储在变量h1、m1、s1和h2、m2、s2中。

【训练题3.7】编程实现：从键盘输入一个三角形的三条边长，判断其为何种三角形（不是三角形、等边三角形、等腰非等边非直角三角形、直角非等腰三角形、其他三角形）。检验“if(a == b == c)”能否表达“a、b、c 构成等边三角形”。

【训练题 3.8】一辆卡车违反交通规则，撞人后逃跑。现场有三人目击事件，但都没有记住车牌号，只记下车牌号的一些特征。甲说：牌照的前两位数字是相同的；乙说：牌照的后两位数字是相同的，但与前两位不同；丙是数学家，他说四位的车号刚好是一个整数的平方。请根据以上线索求出车牌号。

在实际应用中，往往需要注意关系操作的边界问题。例如，一台监测仪器每天早晨 8:00 开始工作，如果自动控制程序根据两分钟自增一次的计时器启动监测仪器，则程序中的判断条件最好写成 time >= 8:00，而不是写成 time == 8:00，因为万一计时器故障造成分钟数为奇数，time == 8:00 就难以成立。类似的例子还有很多，例如，例 3.2 中的循环条件如果写成 fabs(item) != 1e−6，则有可能造成死循环。

另外，为了避免将比较操作符 == 误写成 =，即少写一个等于号，程序员习惯将常量写在比较操作符的左边，这样，编译器可以发现这个错误。例如，

```
if(n == 0)        //若误写成 if(n = 0)，编译器不会报错，且 n 变为 0 使得 else 子句执行时出错
    ++n;
else
    n = 1 / n;
```

一般写成：

```
if(0 == n)        //若误写成 if(0 = n)，编译器会报错，因为不能给常量赋值
    ...
```

更常见的写法是：

```
if(!n)
    ...
```

3.1.3 逻辑操作

逻辑操作指的是命题的逻辑推理，一般用来辅助复杂的条件判断，通常用于分支或循环流程控制语句中。C 语言逻辑操作符包括：

1）逻辑非操作符（!）：单目操作符，用来判断一个比较操作结果的否命题是否成立（注意它与取负操作符的区别）。

2）逻辑与操作符（&&）：双目操作符，用来判断两个比较操作结果是否同时成立。

3）逻辑或操作符（||）：双目操作符，用来判断两个比较操作结果是否有成立的情况。

例如：

!(a > b) 表示 a 不大于 b 吗？当 a 为 3、b 为 4 时成立。

(age < 10) && (weight > 50) 表示 age 小于 10 且 weight 大于 50 吗？当 age 为 8、weight 为 52 时成立。

(ch < '0') || (ch > '9') 表示 ch 在 '0' 和 '9' 之外吗？当 ch 为 '7' 时不成立。

基于 && 操作，例 1.1 的例子程序可以改写成如下形式：

```
...
if(n1 >= n2 && n1 >= n3)
    max = n1;
else if(n2 >= n1 && n2 >= n3)
    max = n2;
else if(n3 >= n1 && n3 >= n2)
    max = n3;
printf("The max. is: %d \n", max);
...
```

C 语言的 && 操作和 || 操作遵循短路求值（short-circuit evaluation）规则，即如果第一个操作数能确定操作结果，则不再计算第二个操作数的值。短路求值能够提高逻辑操作的效率，有时候还能为逻辑操作中的其他操作提供保护。例如，(number != 0) && (1/number > 0.5) 在 number 为 0 时不会进行除法运算。

逻辑操作存在以下操作规律（即 De Morgan 定理）：① !(a && b) 等价于 (!a) || (!b)；② !(a || b) 等价于 (!a) && (!b)；③ !((a && b) || c) 等价于 (!a || !b) && !c。

例 3.6 百鸡问题：鸡翁一值钱五；鸡母一值钱三；鸡雏三值钱一。百钱买鸡百只，问鸡翁、鸡母、鸡雏各几何？

【分析】该问题与 Alcuin 问题（有一百袋玉米，要分给一百个人，其中每个男人可以得到三袋，每个女人可以得到两袋，每个小孩可以得到半袋）相仿，此类不定方程趣味数学问题可采用列举的算法思路：对每一种可能的组合进行列举，并运用 && 操作进行“百钱买百鸡”的综合判断。

程序如下：

```
#include <stdio.h>
int main( )
{
   int cock, hen, chicken;
   printf("     *** 百鸡问题 ***\n");
   for (cock = 0; cock <= 20; ++cock)
       for (hen = 0; hen <= 33; ++hen)
           for (chicken = 0; chicken <= 100-cock-hen; chicken += 3)
               if ( cock + hen + chicken == 100 && cock*5 + hen*3 + chicken/3 == 100 )
                   printf("%3d %3d %3d \n", cock, hen, chicken);
   return 0;
}
```

【训练题 3.9】设计 C 语言函数，返回三个不同数中第二大的数（假定均为正整数）。

【训练题 3.10】利用逻辑操作符 && 改写下列程序片段，代替 break 的功能：

```
for(int i = 1; i <= 9; ++i)
{
    if(i*i > 50)         break;
    printf("%d \n", i);
}
```

3.1.4* 位操作

C 语言的位操作包括逻辑位操作和移位操作两大类。逻辑位操作的操作数和移位操作的左操作数被看作二进制位序列进行操作，序列的长度跟机器及操作数的具体类型有关（本书以32位int类型操作数为例）。位操作的操作数如果是负数，则以补码（参见附录C）形式参加操作。

注意逻辑位操作和逻辑操作的区别。逻辑位操作结果的含义不表示是否成立，而是一个数，并且也被看成一个二进制位序列。逻辑位操作符包括：

1）按位取反操作符（~）：单目操作符，用来把一个二进制位序列中的每一位由1变为0、由0变为1。例如，~9（9看作0000 0000 0000 0000 0000 0000 0000 1001）的结果为-10（即1111 1111 1111 1111 1111 1111 1111 0110）。

2）按位与操作符（&）：双目操作符，逐位判断两个二进制位序列的对应位是否同时为1。判断结果为“是”，则结果序列的对应位为1，否则为0。例如，9（9看作0000 0000 0000 0000 0000 0000 0000 1001）& 10（10看作0000 0000 0000 0000 0000 0000 0000 1010）的结果为8（即0000 0000 0000 0000 0000 0000 0000 1000）。

3）按位或操作符（|）：双目操作符，逐位判断两个二进制位序列的对应位是否有1。判断结果为“是”，则结果序列的对应位为1，否则为0。例如，9（9看作0000 0000 0000 0000 0000 0000 0000 1001）| 10（10看作0000 0000 0000 0000 0000 0000 0000 1010）的结果为11（即0000 0000 0000 0000 0000 0000 0000 1011）。

4）按位异或操作符（^）：双目操作符，逐位判断两个二进制位序列的对应位是否不同。判断结果为“是”，则结果序列的对应位为1，否则为0。一个二进制位与0相异或，保持不变；与1相异或，结果和原值相反。按位异或操作相当于按位无进位的加法运算。例如，9（9看作0000 0000 0000 0000 0000 0000 0000 1001）^ 10（10看作0000 0000 0000 0000 0000 0000 0000 1010）的结果为3（即0000 0000 0000 0000 0000 0000 0000 0011）。

位与、位或、位异或操作符都是对两个二进制位序列逐位进行操作。如果两个序列长度不等，则将短序列的左端用符号位补齐，长度相等后再运算。

逻辑位操作速度快、效率高、节省存储空间，通常用于嵌入式或自动测控系统，以及密码学、图形学等特殊应用中。“~”通常用作所有位翻转；“&”通常用来按位清零或保留某些指定位；“|”通常用作按位置1；“^”通常用作特定位的翻转。例如，xxxx xxxx xxxx xxxx xxxx xxxx xxxx xxxx（原数据）^ 0000 0000 0000 0000 0000 0000 0100 0010的结果为xxxx xxxx xxxx xxxx xxxx xxxx xyxx xxyx（原数据中的低2、7位翻转，其余位不变）。

下面的程序片段可以用来判断某个标志变量中特定位的状态：

```
#define KEY 8
int flag, temp;
scanf("%d", &flag);
temp = flag & KEY;          //将flag的第4位（8的二进制位序列中只有第4位为1）识别出来
if(temp == KEY)
        printf("%The concerned bit of flag is 1", );
else
        printf("%The concerned bit of flag is 0", );
```

将上面程序片段中KEY的值8修改为4，则程序可以识别flag的第3位是1还是0。

移位操作符包括“<<”（左移）和“>>”（右移），都是双目操作符。它们将左边的整型操作数对应的二进制位序列进行左移或右移操作，移动的次数由右边的非负整型操作数决定。

1）左移操作：左边移出的位丢弃，右端补 0，在一定范围内，左移 n 位相当于乘以 2^n，且操作速度比乘法和幂运算快得多。例如，5 << 1（5 看作 0000 0000 0000 0000 0000 0000 0000 0101）的结果为 10（即 0000 0000 0000 0000 0000 0000 0000 1010），5 << 2 的结果为 20（即 0000 0000 0000 0000 0000 0000 0001 0100）。

2）右移操作：右边移出的位丢弃，左端一般补符号位（即算术右移，也有的执行环境是左端补 0，即逻辑右移，所以右移操作往往具有歧义），在一定范围内，右移 n 位相当于除以 2^n，并舍去小数部分，且操作速度比除法快得多。例如，5 >> 1 的结果为 2（即 0000 0000 0000 0000 0000 0000 0000 0010），5 >> 2 的结果为 1（即 0000 0000 0000 0000 0000 0000 0000 0001）。

【训练题 3.11*】验证移位操作符的功能。

【训练题 3.12*】编程实现：交换两个 int 型变量的值，不引入第三个变量。

3.1.5 赋值操作

赋值操作一般是指赋予某变量一个数据。C 语言的赋值操作符是双目操作符，包括 =(实现简单赋值操作)、#=（实现复合赋值操作，# 可以是 +、–、*、/、%、>>、<<、&、|、^）。a #= b 功能上相当于 a = a # (b)，例如，a += 3 相当于 a = a + 3，b /= 2*a 相当于 b = b/(2*a)。复合赋值操作符有时能提高效率。

【训练题 3.13】分析下列两个程序的执行结果，验证关系运算符“==”和赋值运算符“=”的区别。

程序 1：

```c
#include <stdio.h>
int main( )
{
    int x = 0, y;
    if (x = 1)
        y = 10;
    else
        y = 20;
    printf("%d, %d", x, y);
    return 0;
}
```

程序 2：

```c
#include <stdio.h>
int main( )
{
    int x = 0, y;
    if (x == 1)
        y = 10;
    else
```

```
        y = 20;
    printf("%d, %d", x, y);
    return 0;
}
```

3.1.6　条件操作

C 语言的条件操作符“?:”是唯一的三目操作符。对于 d1 ? d2 : d3，其实现的操作是“如果 d1 成立，则操作结果为 d2，否则为 d3”。例如，

```
result = a>b ? a : b                              //可以实现求两个数中的大数
result = a>b ? (a>c ? a : c) : (b>c ? b : c)     //可以实现求三个数中的大数
```

条件操作也遵循短路求值规则，即先执行 d1，根据 d1 的结果决定执行 d2 或 d3。例如，

```
int a = 1, b = 2;
int c = (a<b ? (a=3) : (b=4));                    //则：a、c为3，b仍为2
```

【训练题 3.14】说明函数 Sign 的功能。

程序如下：

```
#include <stdio.h>
int Sign(double);
int main()
{
    double a;
    scanf("%lf", &a);
    printf("sign = %d \n", Sign(a) );
    return 0;
}
int Sign(double x)
{
    if( x < 0 )
        return (-1);
    else
        return ( (!x) ? 0 : 1 );
}
```

条件操作符常常用来定义带参数的宏，实现类似分支流程控制语句的功能，例如，#define MAX(m, n) (((m)>(n))?(m):(n))。

为了便于调试程序，C 语言标准库的头文件 assert.h 中利用条件操作符定义了一个带参数的宏 assert（断言），其格式为：

```
#ifdef NDEBUG
    #define assert(exp) ((void)0)
#else
    #define assert(exp) ((exp)?(void)0:<输出诊断信息并调用库函数abort>)
#endif
```

调用 assert 时，如果提供的表达式 exp 为 false，则会显示出相应的表达式、断言所在的源文件名以及断言所在的行号等诊断信息，然后调用库函数 abort 终止程序的执行；当表达

式为 true 时，程序继续执行。

例 3.7 涉及条件操作的带参数的宏 assert（断言）及其调用。

程序如下：

```
#include <stdio.h>
#define NDEBUG
#include <assert.h>                    //注意此行与上一行的顺序不能颠倒
int main( )
{
    int sum = 0;
    for(int i = 1; i <= 10; ++i)
        sum += i;
    assert((1+10)*10/2 == sum);  //利用等差数列求和公式验证上面循环流程是否正确
    printf("sum = \n", sum);
    return 0;
}
```

程序执行到 assert 断言处，如果 sum 的值不等于 55，比如，“i <= 10”误改成“i < 10”，则它会显示下面的信息并终止程序的执行：

```
Assertion failed: (1+10)*10/2 == sum, file XXX, line YYY
```

其中，XXX 表示断言所在的源文件名，YYY 表示断言所在的行号。

assert 的上述功能只有在宏名 NDEBUG 没有被定义时才有效，否则它什么也不做。所以，调试程序时，去掉宏名 NDEBUG 的定义，程序开发结束时，加上宏名 NDEBUG 的定义，重新编译程序，这样目标程序中就不再有调试信息了。

对于程序员而言，该调试方法比写“ printf("%d\n", x);”之类的输出语句再逐一观察判断输出的值是否正确要方便。

3.1.7 逗号操作

C 语言的逗号操作符用于将两个表达式连接起来，并从左往右依次计算各表达式的值。例如，

```
x = a+b, y = c+d, z = x+y;        //相当于 z = a+b+c+d;
```

并不是任何地方出现的逗号都是逗号操作符，有的是参数分隔符，有的是逗号字符本身。逗号操作符通常用来将复杂的表达式分开写。

3.2 表达式的有关问题

将多个操作符和操作数连接起来可以形成较为复杂的表达式。含有逗号、赋值、条件操作符的表达式分别叫作逗号、赋值、条件表达式，由关系 / 逻辑操作符连接的表达式可以称为关系 / 逻辑表达式，通过算术操作符连接的式子可以叫作算术表达式。此外，还有函数调用表达式等。依据各个操作符的功能及其优先级和结合性，可以计算表达式的值。良好的表达式书写习惯有助于表达式的正确求解。

3.2.1 表达式的值与操作符的副作用

每个表达式都有一个值，即操作结果。常量表达式（表达式中不含变量）在编译期间就

可确定其值。算术表达式的值通常是一个整数或小数，具体类型由表达式中操作数的类型决定，一般存储在内存的临时空间里（前缀自增 / 自减操作的结果存储在操作数中）。关系或逻辑表达式的值一般也存储在内存的临时空间里，要么为“真”（true，表示条件成立，计算机中用 1 存储），要么为“假”（false，表示条件不成立，计算机中用 0 存储）。赋值表达式的值一般存储在左边的操作数中。条件表达式的值是第二个或第三个子表达式的值，一般存储在内存的临时空间里。整个逗号表达式的值是最后一个子表达式的值，一般存储在内存的临时空间里（例如，a=3*5，a*4 这个逗号表达式的值为 60，a 为 15）。

对于一个表达式，如果其值存储在操作数中（而不在内存的临时空间里），即表达式的值有明确的内存地址，常称为左值表达式。一个变量、一个赋值表达式、一个前缀自增 / 自减操作表达式通常是左值表达式。

一般的基本操作符不改变参加操作的操作数的值，少数操作符如赋值操作符和自增 / 自减操作符会改变参加操作的操作数的值，这种操作符通常被认为带有副作用，其单个操作数或左边的操作数必须是左值表达式。例如，x=3、(x=2)=3、++x、(x=2)++ 等是正确的表达式；而 3++、--(a+b)、3=n、!m=n、++MyFun()、MyFun()=3 等是错误的表达式，因为其中的操作数不是左值表达式，无法存储操作结果。

对于多个参数的函数，其参数的求值顺序有自左至右和自右至左两种。C 语言标准没有规定该求值次序，当实参中带有自增、自减或赋值等具有副作用的操作符时，会产生歧义。例如，

```
#include <stdio.h>
int F(int, int);
int main()
{
   int i = 1, h;
   h = F(i, i++);
   pinrtf("%d \n", h);
   return 0;
}
int F(int x, int y)
{
   int z;
   if (x > y) z = 1;
   else z = 0;
   return z;
}
```

上面的程序在不同的开发环境下，输出结果可能会不同，可能会输出 0，也可能会输出 1。所以，在调用函数（包括库函数，例如 printf）时尽量不要将该类运算放在实参表中。

3.2.2　表达式的操作顺序及操作符的优先级和结合性

操作符的优先级（precedence）是指操作符的优先处理级别。C 语言将基本操作符的优先级分成若干级别，圆括号操作符为第 1 级，是最高级别，其余次之，例如，逻辑非操作符（!）的优先级（第 2 级）比乘法操作符（*）的优先级（第 4 级）高，乘法操作符的优先级比加法操作符（+）的优先级（第 5 级）高，加法操作符的优先级比赋值操作符（=）的优先级（第

15级）高，逗号操作符是第16级。C语言操作符的优先级按“单目、双目、三目、赋值”依次降低，其中双目操作符的优先级按“算术、移位、关系、逻辑位、逻辑”依次降低。

操作符的结合性（associativity）是指操作符和操作数的结合特性，有左结合、右结合两种。左结合表示先让左边的操作符与最近的操作数结合起来，右结合表示先让右边的操作符与最近的操作数结合起来。例如，关系操作符的结合性为左结合，对于3>2>1（注意，该表达式的值为false），先把3和2与左边的“>”结合，而不是先让2和1与右边的“>”结合，赋值操作符的结合性为右结合，对于a=b=3，先把b和3与右边的=结合，而不是先让a和b与左边的=结合。除了“单目、三目、赋值”操作符的结合性为右结合外，其他C语言操作符的结合性均为左结合。

一个表达式可以包含多个操作，先执行哪一个操作呢？ C语言有以下规则。

1）对于相邻的两个操作，操作规则为：

① 判断两个操作符的优先级高低，优先级高的先执行。

② 如果两个操作符的优先级相同，则要判断两个操作符的结合性，结合性为左结合的先执行左边的操作，结合性为右结合的一般先执行右边的操作（不过要以遵循操作符本身的操作规则为前提）。

③ 加圆括号的操作优先执行。

例如，表达式a=(b=10)/(c=2)的计算顺序为：b=10或c=2、/、a=5，最后a、b、c的值分别为5、10、2，整个表达式的值为5。

又例如，

```
int a = 2;
int tmp = (a==2) ? 1 : 0 ? a++ : a++;
```

其中含有相邻的两个条件操作符，所以按条件操作符的右结合，表达式等价于tmp = (a==2) ? 1 : (0 ? a++ : a++)，于是，两个条件操作符不再是两个相邻的操作符，右边的条件操作表达式已经成为左边条件操作的一个操作数，按条件操作符的短路求值规则，最后tmp的值为1、a为2，而不是tmp为2、a为3。

2）对于不相邻的两个操作，C语言未规定操作顺序，由具体编译器决定（&&、||、?:和“,”连接的表达式除外，它们都是先计算左边第一个子表达式）。例如，对于表达式`(a+b)*(c-d)`，C语言没有规定+和–的操作顺序。

当表达式中含有带副作用的操作符时，由于C语言没有规定不相邻的操作符的操作顺序，不同的编译器可能会得出不同的结果[⊖]。例如，

```
int x = 1;
int tmp = (x + 1) * (x = 10);
```

如果先计算“+”，则tmp为20；如果先计算“=”，则tmp为110。

又例如，

```
int m = 5;
int n = (++m) + (++m) + (++m);
```

⊖ 同一个编译器对不同的表达式还可能采用不同的优化策略。

在计算前面两个“++”后，接下来如果先计算第三个“++”，然后依次计算两个“+”，则 n 为 24（TC、VC2008 中可验证）；接下来，如果先计算第一个“+”，然后计算第三个“++”，再计算第二个“+”，则 n 为 22（Dev C++、VC6.0 中可验证）。

可见，当带有副作用的操作符用于复杂的表达式中时，往往会有歧义。所以，最好单独使用带有副作用的操作符（++/--、=），避免将它们用于复杂的表达式中。

【**训练题 3.15**】将例 3.1 中的“while((operatr = getchar( )) != '=')”改为“while (operatr = getchar( ) != '=')”（去掉一个圆括号），验证赋值操作符与关系操作符的优先级高低。

3.2.3　表达式的书写

C 语言中的数值运算符和数学中的运算符不尽相同。例如，求平方根没有 $\sqrt{}$ 运算符，乘法运算符用“*”书写（而且不可以省略），等等。

书写表达式时，在操作符两端加空格符一般能提高易读性，但加空格符一般不会影响操作符的优先级。例如，“a+b *c”与“a+b*c”等价，与“(a+b)*c”不等价。

对于连续多个操作符，最好用圆括号来明确操作符的种类和优先级。例如，“a- --b”最好写成“a-(--b)”，否则可能会有歧义。多数编译器按贪婪准则（尽可能多地自左至右将若干个字符组成一个操作符）确定表达式中的操作符种类和优先级，例如，编译器会把“a---b”解释成“(a--)-b”，而不是“a-(--b)”。

编译器对表达式中操作符的数量往往有限制，过长的表达式可以分成几个表达式来写，再用逗号连接。用逗号操作符表示的操作往往更加清晰。

【**训练题 3.16**】判断下列 C 语言的描述是否正确：

1）“如果 ch 为英文字母”的 C 语言描述：if('A' <= ch <= 'z')。

2）“球的体积计算公式”的 C 语言描述：4/3*PI*r^3。

3）$\frac{a \cdot b}{c \cdot d}$的 C 语言描述：a*b/c*d。

3.3　复杂操作的描述方法简介

程序所涉及的操作有时比较复杂，不能直接用基本操作符来表达，需要程序员综合运用基本操作符、流程控制方法和模块设计方法设计特别的算法来实现。本书在前面的章节中已经涉及一些操作的实现方法，比如分类、穷举、迭代等操作的实现例程，第 5~9 章还将结合复杂数据进一步介绍一些常见操作的实现例程，比如排序、信息检索，等等。

更为复杂的操作则需要用专门的方法（比如机器学习）来实现。

3.4　本章小结

本章基于 C 语言的基本操作符详细介绍了程序中的基本操作（运算）。通过本章的学习，读者可以了解算术操作符、关系 / 逻辑操作符、位操作符、赋值操作符、条件操作符等操作符的功能和操作特点。算术操作符中的求余数运算常常可以用来完成一些数值上的巧妙处理功能。关系 / 逻辑操作符通常用于 if、while 等语句中的条件表达式。通过配合本章的实践训练，读者可以掌握恰当选用 C 语言基本操作符实现简单的数据处理与计算任务的方法。

C 语言部分操作符具有副作用，例如赋值操作符、算术操作符中的自增 / 自减操作符等。通过操作符将操作数连接起来的表达式，其相邻操作符的操作次序是由优先级和结合性决定的，C 语言标准没有规定不相邻操作符的操作次序，从而可能使含有副作用操作符的表达式带有歧义，程序员应通过恰当的书写方式避免程序存在歧义。要特别注意的是，两个等于号（==）是表示判断两个数据是否相等的比较操作符，跟赋值操作符的一个等于号（=）容易混淆！

此外，C 语言中的基本操作符除了有其基本含义外，当用于派生数据类型的数据时，其含义可以改变，例如，星号（*）用于指针类型数据时，往往不是乘法运算符，而是取值操作符（参见 6.1.3 节）。

CHAPTER 4

第 4 章

程序中数据的描述

现实世界中的对象及其属性，在人们头脑中通常反映为各种不同的信息（information），表现为数字、文字、声音、图形等样式。在计算机中，这些信息一般用一系列 0 和 1 来存储，它们不仅简单，而且对应着电器设备的两个稳定状态：开关的开 / 关、电压的高 / 低、电流的有 / 无。对基于 0 和 1 存储的信息，常用的计量单位有：位（bit，一个 0 或 1）、字节（byte，由 8 位构成）、千字节（kilobyte，简称 KB，由 1024 字节构成）、兆字节（megabyte，简称 MB，由 1024 千字节构成）、吉字节（gigabyte，简称 GB，由 1024 兆字节构成）、太字节（terabyte，简称 TB，由 1024 吉字节构成）等[⊖]。在程序中，各种信息表现为不同类型的数据（data），它们是程序的处理对象和结果，是程序的重要组成部分。

4.1 数据类型

在完成"求一个非负整数的阶乘"这样的数值计算任务，或"在显示器上显示一个星号"这样的非数值计算任务时，会涉及如何在程序和计算机中表示"非负整数"或"星号"这些不同的数据。程序设计语言通常将这些数据划分成不同的类型（type），并分别用专门的单词来描述[⊜]。将计算机中的数据按数据类型加以分类描述，有助于合理分配存储空间，也便于计算，还可以保护数据。例如，在计算机中一般用 1 表示 true，给这里的整数 1 分配 4 字节显然有些浪费存储空间，而如果给一般的整数也分配 1 字节，则能表示的最大整数只有 255，所以应将这两种整数用不同的类型来描述。又例如，对小数求余数一般没有实际意义，所以可限制对这类数据进行求余数运算。再例如，若函数的实参类型与形参类型不同，则编译器进行类型一致性检查时会报错，这样可以保护数据不被错误地处理。总之，数据类型的实质是数据在可取的值（即值集）及可参与的操作（即操作集）两方面所具有的特征。例如，一个浮点型的数据取的值可为一个小数，但不可为一个字符串；可参与加法运算，但不可参与求余数运算等；一个指针类型的数据取的值可为一个类似于门牌号码的特殊整数，但不可以为一个浮点数；可参与比较操作，但不可参与乘法运算等。数据可取的值受限于该类型数据占用空间的大小和存储方式，有时还会和可参与的操作相互影响（例如溢出问题）。此外，由于受到计算机存储能力和方式的限制，程序中的数据不能完全表达客观世界的所有数据对象

⊖ 更大的计量单位还有 PB（petabyte=1024TB）、EB（Exabyte=1024PB）、ZB（zettabyte=1024EB），以及 YB（yottabyte=1024ZB）。字节等计量单位可以用来衡量内存和外存的容量，例如，内存的容量可以为 512MB、1GB、2GB 等，硬盘的容量可以为 40GB、80GB、160GB 等。

⊜ 有的程序设计语言（如早期的 Basic）不分类型。

（例如，整型的值集只是整数集合的子集）。

对应于五彩缤纷的客观世界，C 语言设定了丰富的数据类型，包括标准规定的由开发环境实现的各种基本类型（basic type）和由程序员定义的各种派生类型（derived type）。

4.2 基本类型

基本类型又称标准类型或内置类型（built-in type），包括字符型、整型、浮点型和逻辑型。它们用来描述能由计算机指令直接操作的简单数据。在 C 语言中，这类简单数据一般可以直接作为基本操作符的操作数。常量和变量是最常见的操作数。程序中，常量可以直接书写或替换为具体的值，常量的类型由具体的值自动确定。变量在程序中一般表现为变量名，其值在程序执行期间一般保存在内存数据区，变量必须在定义时由程序员指定其类型（函数的返回值也可以作为操作数，与变量类似，函数也必须在定义时由程序员指定其类型）。

4.2.1 字符型

字符型数据用于描述文字符号类的信息，在计算机中，实际存放的是字符对应的整数（通常为 ASCII 码（参见附录 C），每个字符对应一种 0 和 1 的组合方式）。

（1）值集

C 标准规定普通字符型数据在计算机中占用 1 字节（即 8 个二进制位）空间。根据字符型数据在计算机中占用空间的大小，可以推算出其值集，用二进制数表示为 [00000000, 11111111]，直观地分段表示为 00000000~01111111、10000000、10000001~11111111，对应的十六进制（参见附录 C）数为 00~7F、80、81~FF，对应的十进制数为 0~127、128、129~255，对应的 256 种字符一般为 ASCII 码表中规定的字符。

（2）操作集

C 语言允许字符型数据参与算术操作、关系 / 逻辑操作、位操作、赋值操作、条件操作等基本操作（实际上是其对应的 ASCII 码在参与操作）。

（3）字符型变量

在定义字符型变量时，要用关键字 char。还可以用关键字 signed 或 unsigned 修饰，即将 ASCII 码看作有符号数或无符号数。对于 signed char 类型变量，其二进制 ASCII 码的最高位被当作符号位，这样按原码（参见附录 C）理解，对应的十进制数为 0~127、–0、–1~–127，按补码（参见附录 C）理解，对应的十进制数为 0~127、–128、–127~–1。对于 unsigned char 型变量，其 ASCII 码的最高位不被当作符号位，这样对应的十进制数为 0~127、128、129~255。

（4）字符型常量

程序中的字符型常量要用两个单引号（'）括起来，以便与标识符等内容相区别。

1）普通字符型常量：即单个字符，如 'A'、'5'、'+'、'$'、' '（空格符）。

2）转义符（escape sequence）：是一个特殊字符序列，以反斜杠（\）开头，后面是一个特殊字符或八进制（参见附录 C）ASCII 码或十六进制 ASCII 码，其中，

① 特殊转义符：一般用来表示带控制作用的特殊含义，如响铃符 \a 表示报警，即让蜂鸣器响一下。

② 三位八进制 ASCII 码的转义符：一般用于只有数字小键盘的场合，如用 \101 表示 A（101 是 A 对应的八进制 ASCII 码）。

③ 两位十六进制 ASCII 码的转义符：一般用于键盘只能输入数字和少数英文字母的场合，ASCII 码前有一个字母 x（或 X），如用 \x47 表示“G”（47 是 G 对应的十六进制 ASCII 码），用 \x25 表示“%”（25 是 % 对应的十六进制 ASCII 码），用 \x5d 表示“]”。

例 4.1　用格式符 %c 将各种类型的数据显示为字符。

程序如下：

```
#include <stdio.h>
int main( )
{
    printf("ASCII code 65 in decimal represents the character: %c \n", 'A');
    printf("ASCII code 65 in decimal represents the character: %c \n", 65);
    return 0;
}
```

例 4.1 程序中双引号外的 'A' 和 65 都表示英文字母 A，但 'A' 比 65 更好，因为语义更清楚，而且与字符集无关（65 只在 ASCII 码及其兼容的字符集中对应 A）。程序执行结果为：

```
ASCII code 65 in decimal represents the character: A
ASCII code 65 in decimal represents the character: A
```

例 4.2　输出双引号。

程序如下：

```
#include <stdio.h>
int main( )
{
    printf(" \"This is a C program.\"\n");
    return 0;
}
```

程序执行结果为：

```
"This is a C program."
```

例 4.2 程序中调用 printf 函数时，字符串常量参数里有三个转义符，其中两个“\"”转义符的输出效果是显示双引号本身。

例 4.3　字符型变量值的输入及其操作。

程序如下：

```
#include <stdio.h>
int main( )
{
    char ch;
    do
    {
        printf("Input Y or N(y or n): ");
        scanf("%c", &ch);                        // 输入一个字符
        if(ch >= 'A'  &&  ch <= 'Z')
```

```
        ch += 32;       //转换成小写字母
      printf("%c", ch);
   } while(ch != 'y' && ch != 'n');
   if(ch == 'y')
      printf('\a');      //转义符\a为响铃符，输出时不占屏幕位置
   return 0;
}
```

在例 4.3 程序中，通过调用 scanf 函数实现字符型变量值的输入，并用算术、关系操作符操作字符型变量。其中，实现大小写字母转换的 if 语句可以用含有条件操作的赋值语句“ch = (ch >= 'A' && ch <= 'Z') ? ch + 'a' - 'A' : ch”替换。

【训练题 4.1】分别按顺序和逆序输出 26 个英文字母，验证字符型数据可以进行算术、比较操作。

例 4.4 数字字符与整数的区别示例。

程序如下：

```
#include<stdio.h>
int main( )
{
   int i = 3;
   char ch = '3';
   printf("10i = %d, 10ch = %d \n", 10 * i, 10 * ch);
   return 0;
}
```

在上面程序中，3 是一个整数，赋给变量 i，最后与另一个整数 10 相乘的结果为 30，而字符常量里的 3 是一个数字字符，赋给变量 ch，最后与 10 相乘的结果为 510，这是数字字符 '3' 对应的 ASCII 码 51 与 10 相乘后的结果。实际应用中，数字字符更多的是用来描述字符串的一份子，例如，“以 3 结尾的学号”，而不是用来参加数值运算。

【训练题 4.2】设计一个函数，将一个数字字符（'0'~'9'）转换为对应的整数（0~9）。

例 4.5* 宽字符操作简单示例。

宽字符型（wchar_t）的数据占 2 字节空间，可以存储多种字符，例如一个汉字。该数据类型是新版标准添加的内容，一些开发环境尚不支持。

程序如下：

```
#include<locale.h>
#include<stdio.h>
int main( )
{
   setlocale(LC_ALL,"");          //设置为本地区域字符库
   wchar_t wch = 25105;
   wprintf(L"%c \n", wch);
   wch = getwchar( );
   wprintf(L"%c \n", wch);
   return 0;
}
```

例 4.5 程序中调用了 setlocale、getwchar 和 wprintf 等库函数来实现设置本地区域字符库，

以及输入和输出宽字符等功能。

4.2.2　整型

整型用于描述整数，包括基本整型（int）、短整型（short int）、长整型（long int）和加长整型（long long int，C99 标准新增类型），后三种类型中的 int 往往可以省略。

（1）值集

C 标准允许编译器根据计算机的特性（系统结构、兼容性等）等因素自主决定各种整型数据在计算机中占用空间的大小，同时规定：short 与 int 型数据至少占 16 位，long 型数据至少占 32 位，long long 型数据至少占 64 位，且占用空间大小需满足关系 signed char ≤ short ≤ int ≤ long ≤ long long。int 型数据通常占用 1 个字（word，本书默认为 32 位）[⊖]空间。

根据整型数据在计算机中占用空间的大小，可以推算出它们的值集（具体情况可以查看头文件 limits.h）。以 int 型数据占用 32 位为例，其值集用二进制数表示为 [00000000000000000000000000000000, 11111111111111111111111111111111]，直观地分段表示为 00000000000000000000000000000000~01111111111111111111111111111111、10000000000000000000000000000000、10000000000000000000000000000001~11111111111111111111111111111111，对应的十六进制数为 00000000~7FFFFFFF、80000000、80000001~FFFFFFFF，按原码理解，对应的十进制数为 0~2147483647、–0、–1~–2147483647；按补码理解，对应的十进制数为 0~2147483647、–2147483648、–2147483647~–1。

（2）操作集

C 语言允许整型数据参与算术操作、关系 / 逻辑操作、位操作、赋值操作、条件操作等基本操作。

（3）整型变量

在定义上述整型变量时，可以在类型关键字 int 前加 signed 或 unsigned 修饰，形成 signed short int、unsigned short int、signed int、unsigned int、signed long int、unsigned long int、signed long long int 和 unsigned long long int 等类型（这些 int 常常也都可以省略），即将二进制数最高位看作符号位或正常位，以分别表示有符号数或无符号数。unsigned 型的无符号数只能表示非负整数，但其所表示的最大正整数比相应的 signed 型所表示的最大正整数约大一倍。对于没有加 signed 或 unsigned 的类型会被当成有符号数，即 signed 是可以省略的。以 int 型数据占用 32 位为例，对于 unsigned int 型变量，对应的十进制数值集为 0~2147483647、2147483648、2147483649~4294967295。

（4）整型常量

整型常量即整数。C 程序中，整数可用十进制、八进制或十六进制形式来书写（注意：C 语言没有提供二进制整数）。其中，

1）十进制整数：没有前后缀，由数字 0~9 组成，第一个数字不能是 0（整数 0 除外），如 60、–273。

2）八进制整数：以数字 0 为前缀，没有后缀，由数字 0~7 组成，如 074、–0421。

⊖　字是计算机指令处理数据的单位，由若干字节构成，字的位数叫字长，不同档次的机器有不同的字长。例如，对于 8 位机器，字长一般为 8 位（1 字节）；对于 16 位机器，字长一般为 16 位（2 字节）；对于 32 位机器，字长一般为 32 位（4 字节，当时人们习惯字长为 16 位，所以通俗地称 32 位为“双字”）。

3）十六进制整数：以 0x 或 0X 为前缀，没有后缀，由数字 0~9 和字母 A~F（或 a~f）组成，如 0x3C、–0x111。

根据 C99 标准，编译器会判断整数所处的范围来确定其类型是 int、long 还是 long long[⊖]。程序员可以在整数后面加字母后缀来明确其类型，比如加 L（l）表示是 long int 型整数，加 LL（ll）表示是 long long int 型整数，加 U（u）表示是 unsigned int 型整数，加 UL（ul/LU/lu）表示是 unsigned long int 型整数，加 ULL（ull/LLU/llu）表示是 unsigned long long int 型整数。给整型变量赋值时，最好用同类型的整型常量，例如，“long int sum = 0L;”或“unsigned sum = 4294967295u;”。

例 4.6　用格式符 %d 将各种类型的数据显示为十进制整数。

程序如下：

```
#include <stdio.h>
int main( )
{
    printf("ASCII code of the character is: %d \n", 'A');
    printf("ASCII code is: %d \n", 65);
    printf("ASCII code in decimal is: %d \n", 0x41);
    printf("ASCII code of the character is: %d \n", '7');
    printf("ASCII code of the character is: %d \n", '\a');
    return 0;
}
```

程序执行结果如下：

```
ASCII code of the character is: 65
ASCII code is: 65
ASCII code in decimal is 65
ASCII code of the character is: 55
ASCII code of the character is: 7
```

例 4.7　整型数据溢出示例。

程序如下：

```
#include<stdio.h>
int main( )
{
    int a = 2147483647, b = 1;
    printf("%d \n", a + b);
    return 0;
}
```

程序执行结果不是 2147483648，而是多了一个负号。这是因为 2147483648 不是 int 型值集内的数值（属于溢出情况），它对应的二进制为 10000000000000000000000000000000，用 %d 格式符输出会对应到值集内的 –2147483648，如果将输出格式符改成 %u（即按 unsigned int 型数据输出），则可以避免溢出情况，从而正常输出 2147483648。初学者不必深

⊖ 根据 C90 标准，整数的类型可以是 int、long 或 unsigned long。部分编译器对常数处理不完善，于是会带来一些问题，比如对于 –2147483648，有的编译器先处理 2147483648，再处理负号，从而引起错误的结果，可以通过加字母后缀或使用头文件 limits.h 中定义的符号常量 INT_MIN 等方法来解决此类问题。

究数据的存储及其相关实现原理，而应注意如何避免所写程序出现溢出情况（参见 4.3 节）。

【训练题 4.3】 调试例 4.7 中的程序，验证整型数据的值集。

【训练题 4.4】 一个神秘数的立方的后三位全为 1。请编写一个 C 程序，验证正整数 n（小于 1000，通过键盘输入）以内是否有神秘数（是，则显示“yes”；否，则显示“no”）。

【训练题 4.5】 编写程序，实现将一个大于 1 的正整数表示成所有素数因子的次方相乘的形式输出，次方用英文括号 ( ) 表示。要求按从小到大的顺序输出素数因子，比如，输入 72、输出 2(3)3(2)，输入 181944、输出 2(3)3(2)7(1)19(2)，输入 21546465、输出 3(1)5(1)1436431(1)。

4.2.3 浮点型

浮点型（floating type）数据用于描述小数，可以分为实浮点型[⊖]（real floating type）和复型（complex type，含有实部和虚部两个元素，C99 之前的标准未规定）两大类。其中，实浮点型包括单精度浮点型（float）、双精度浮点型（double）和长双精度浮点型（long double）三种类型；复型包括单精度复型（float_Complex）、双精度复型（double_Complex）和长双精度复型（long double_Complex）三种类型。

（1）值集

C 标准规定几种实浮点型数据所占用的空间大小应满足如下关系：float ≤ double ≤ long double。它们在计算机中以二进制规格化形式存储，即尾数和指数分别占用不同的空间。据此可以推算出它们的值集和精度。以单精度浮点型为例，数据通常占用 32 位，其中尾数部分占 24 位，含 1 位符号位，指数部分占 8 位，含 1 位指数的符号位。所以，单精度浮点型的值集大约是：-3.4×10^{38}~3.4×10^{38}，能够表示的最小正数大约是 1.175×10^{-38}，分辨率（即相邻两个数值之间的差值）大约是 1.192×10^{-7}，即有 6 位数字有效。如果双精度浮点型的数据占 64 位空间，其中尾数部分占 53 位，含 1 位符号位，指数部分占 11 位，含 1 位指数的符号位，那么，双精度浮点型的值集大约是 -1.8×10^{308}~1.8×10^{308}，能表示的最小正数大约是 2.225×10^{-308}，分辨率约为 2.22×10^{-16}，即有 15 位数字有效。如果长双精度浮点型数据占 80 位空间（在有的系统中占 128 位空间），其中尾数部分占 64 位，含 1 位符号位，指数部分占 16 位，含 1 位指数的符号位，那么，长双精度浮点型值集大约是 -1.2×10^{4932}~1.2×10^{4932}，能表示的最小正数大约是 3.362×10^{-4932}，分辨率大约是 1.08×10^{-19}，即有 18 位数字有效。具体值集和精度信息可以查看头文件 float.h。

（2）操作集

C 语言允许实浮点型数据参与算术操作（求余数运算除外）、关系 / 逻辑操作、赋值操作、条件操作等基本操作。

（3）实浮点型变量

定义实浮点型变量时，在变量名前加类型关键字 float、double 或 long double 即可。

（4）实浮点型常量

实浮点型常量即实数。在 C 程序中，实数有两种表示法：

1）小数表示法：由整数部分、小数点（.）和小数三部分构成，如 314.16、−0.00911。

⊖ 字符型往往也归入整型。整型和实浮点型统称实型。为简洁起见，通常又称实浮点型为实型。

2）科学表示法：即由规格化小数（在小数点前只有一位非 0 整数的小数）、字母 E（或 e）和指数三部分组成，如 3.1416E2（即 3.1416×10^2）、–9.11e–3（即 -9.11×10^{-3}）。

C 程序中的实数可以用十进制或十六进制形式来书写。其中，十进制实数没有前后缀，十六进制实数以 0x 或 0X 为前缀，无后缀。科学表示法的十六进制实数[⊖]由规格化十六进制小数、字母 P（或 p）和十六进制指数三部分组成，如 0x1.fP–3（即 0x $1.f \times 16^{-3}$）。

默认情况下，实数一般以 double 型看待。可以在数字后加 F（f）表示 float 型实数，加 L (l) 表示 long double 型实数。

例 4.8　编程实现实浮点型数据的输入 / 输出。

程序如下：

```
#include<stdio.h>
int main( )
{
   float x = 3.14, y = 12.3456789F;
   printf("%f \n%.11f \n", x, y);
   printf("%e \n%e \n", 3.14159265, 0x1.fP-3);
   return 0;
}
```

程序执行结果如下：

```
3.140000
12.34567928314
3.141593e+000
2.421875e-001
```

在例 4.8 程序中，%f 是 float 型数据的输入格式符，也是 float 与 double 型数据的输出格式符，%e 是按科学计数法输出 float 或 double 型数据，默认情况下，结果在屏幕上占 13 格，其中，小数点前的整数部分与小数点本身各占 1 格，小数部分占 6 格，字母 e 与正（负）号各占 1 格，指数部分占 3 格。输出时，% 与 f 之间可以加数字约束小数的位数。所输出的 y 虽然有 11 位小数，但只能保证有 6 位有效数字，如果将 y 定义成 double 型，并将 12.3456789F 后面的 F 去掉，则 y 的输出结果为 12.34567890000，可保证有 16 位有效数字。如果编译器支持，最后一个 printf 函数调用语句可以按十进制科学计数法输出十六进制实数。

例 4.9　编程实现实浮点型数据的精度问题。

程序如下：

```
#include<stdio.h>
int main( )
{
   float x = 0.1f;
   float y = 0.2f;
   float z = x + y;
   printf("Is 0.1 + 0.2 equal to 0.3? \n");
   if(z == 0.3)
       printf("They are equal.\n");
   else
       printf("They are not equal! The value of 0.1 + 0.2 is %.10f", z);
   return 0;
}
```

⊖ 有的开发环境不支持。

例 4.9 程序不会输出“ They are equal.”，这是由于计算机处理数据的固有误差[⊖]造成的结果。程序员可以采用避开关系操作边界问题（参见 3.1.2 节）的方法来解决这个问题，例如，将“if(z == 0.3)”改成：

```
if(fabs(0.3-z) < 1e-6)
```

或者

```
if(((0.3-EPS)<z) && (z<(0.3+EPS)))
```

即用“0.3 减去一个很小的数 EPS 则小于 z，0.3 加上一个很小的数 EPS 则大于 z”来代替“0.3 与 z 相等”，并在程序首部定义符号常量 EPS 表示“很小的数”，即 #define EPS 0.0001，其中的字面常量 0.0001 可以根据精度需求进行调整，还可以直接使用 float.h 中定义的表示“最小的正数”的符号常量 FLT_EPSILON(单精度浮点型，值为 1.192092896e–07F) 或 DBL_EPSILON(双精度浮点型，值为 2.2204460492503131e–016)[⊜]。

【训练题 4.6】调试例 4.9 中的程序，验证实浮点型数据所存在的精度问题。

【训练题 4.7】编写一个函数 double ItrNewton(double a, double b, double c, double d)，用牛顿迭代法求一元三次方程 $ax^3+bx^2+cx+d=0$ 在 0 附近的根，两次迭代结果变化小于 10^{-6} 为止。在 main 函数中输入方程的四个参数，并输出该方程的根。不考虑分母为 0 的情况。（提示：牛顿迭代公式为 $X_n+1=X_n-f(X_n)/f'(X_n)$，其中 $f(x)=ax^3+bx^2+cx+d$，$f'(x)=3ax^2+2bx+c$。）

【训练题 4.8】编写程序，实现用 * 近似画 [0, 360°　] 区间的正弦曲线 $y=\sin(x)$、[–3, 3] 区间的抛物线 $y = x*x$ 和半径 r 为 10 的圆 $x*x + y*y = r*r$。（提示：为了让曲线显得好看一点，可以加调节因子 T（≈ 2）拉伸横坐标。）

C 标准规定了一组常用的数学库函数，比如前文例子程序中调用过的求绝对值函数 fabs 和求平方根函数 sqrt 等，它们的说明信息在头文件 math.h 中。这类库函数的参数与返回值通常都是 double 型的[⊜]。如果需要求整数的绝对值，除自行编写函数外，还可以调用标准库函数 abs，其说明信息在头文件 stdlib.h 中。

⊖ 具体分析如下（十进制小数到二进制小数的转换参见附录 C）：

$(0.1)_{10}= (0.0001100110011\cdots)_2$
$\quad = (0.011001100110011001100110011)_2 \times 2^{-2}$
$(0.2)_{10} = (0.0011001100110\cdots)_2$
$\quad = (0.110011001100110011001100110)_2 \times 2^{-2}$
$(0.1+0.2)_{10}$
$\quad = (1.001100110011001100110011001)_2 \times 2^{-2}$ (1)
$(0.3)_{10} = (0.01100110011\cdots)_2$
$\quad = (1.100110011001100110011001101)_2 \times 2^{-2}$ (2)

可以看出 (1) ≠ (2)。对于十进制小数的不精确问题，还可以采用数组或使用 BCD 库（类）等方法来解决。

⊜ 对于更高精度的需求，可以采用对数数字系统（logarithmic number systems）、任意精度（arbitrary-precision）浮点数计算系统、比例计算（rational arithmetic）软件包（分数），以及其他计算软件（computer algebra systems），如 Mathematica 等。

⊜ 部分开发环境（如 VS 2008 等）还实现了参数与返回值类型为 float 与 long double 的库函数，读者在调用时要注意提供合适的实际参数，以免出现异常情况。C++ 语言提供了函数重载机制，如果程序员调用时提供了 int 型实际参数，则会造成库函数的绑定失效错误。

4.2.4　逻辑型

逻辑型又叫布尔型，用来描述真假、是非这样的逻辑概念。C90 标准没有规定逻辑型，从 C99 标准开始规定了逻辑型，类型关键字是 _Bool，可用来定义逻辑型变量。C++ 语言的逻辑型关键字是 bool。为了保持与 C++ 的一致性，C99 标准规定：在头文件 “stdbool.h” 中定义宏名 bool 代替 _Bool，同时定义宏名 false（代替整数 0）和 true（代替整数 1）作为逻辑型常量。

逻辑型数据可取的值只有 false（即 0，表示条件不成立）和 true（即 1，表示条件成立）两种，它们一般是逻辑操作的操作数，以及关系 / 逻辑操作的结果。例如：

- 'a' < 'b' 的结果为 true。
- !(20>10) 的结果为 false。
- 当 m 为 11 时，!(m<10) 的结果为 true。
- 当 m 为 3、n 为 4 时，（m>1）&&（n<20）的结果为 true；当 m 为 0、n 为 4，或 m 为 3、n 为 21，以及 m 为 0、n 为 21 时，（m>1）&&（n<20）的结果均为 false。
- 当 m 为 0、n 为 21 时，（m>1）||（n<20）的结果为 false；在 m 为 0、n 为 4，或 m 为 3、n 为 21，以及 m 为 3、n 为 4 时，（m>1）||（n<20）的结果均为 true。

逻辑型常量往往像 int 型数据一样占用 4 字节空间，而逻辑型变量则只占用 1 字节空间，实际存放的是整数 0 和 1 的最后一字节。逻辑型有时也被归入整型。

除逻辑操作外，C 语言还允许逻辑型数据参与关系操作、赋值操作、条件操作，也允许逻辑型数据参与算术操作、位操作。

【训练题 4.9】设计程序，验证逻辑类型数据对应的机器数。

【训练题 4.10*】设计函数，判断一个正整数是不是素数，并调用该函数验证哥德巴赫猜想：任一大于 2 的偶数，等于某两个素数之和。

4.2.5　枚举类型

枚举类型是一种程序员用关键字 enum 构造出来的数据类型⊖，程序员构造这种类型时，要一枚一枚地列举出该类型变量所有可能的取值，即要列举出值集中的每一个值，这些值又叫枚举符或枚举常量，它们从左至右分别对应一个整数。根据构造的枚举类型可以再定义具体的枚举变量。例如，

```
enum Color {RED, YELLOW, BLUE};
enum Color c1, c2, c3;                    //enum 通常可以省略
```

Color 是构造的枚举类型名（标识符的一种，遵循标识符的有关规定，习惯采用大写字母开头后面是小写字母的英文单词），花括号里列出了 Color 类型的变量可以取的值（也是标识符的一种，遵循标识符的有关规定，习惯用大写字母的英文单词表示）。程序执行到枚举类型的构造时，内存数据区不开辟空间；执行到变量的定义，内存数据区才会开辟空间存储变量的值。c1、c2 和 c3 是三个类型为 enum Color 的枚举变量，这三个变量的取值都只能是

⊖ 枚举类型具有一些基本类型所不具备的性质，例如，类型由程序员构造；在需要类型转换的场合，其他基本类型数据不能隐式转换成枚举类型的数据。所以有些书把它归入派生类型。不过它可参与基本操作。

RED、YELLOW 或 BLUE。

枚举变量的定义格式还有以下形式：

```
enum Color {RED, YELLOW, BLUE} c1, c2, c3;      //构造枚举类型的同时定义枚举变量
enum { RED, YELLOW, BLUE} c1, c2, c3;           //构造类型时定义枚举变量，类型名可省略
```

同一作用域里，不能有相同的枚举符。例如，

```
{  enum Color3{RED, YELLOW, BLUE};
   enum Color7{RED, ORANGE, YELLOW, GREEN, CYAN, BLUE, PURPLE};      //错误
   ...
}
...
```

枚举变量所占的空间大小等同 int 型变量，在计算机中实际存放的是枚举符对应的整数，默认情况下，花括号里的第一个枚举符对应 0，后面依次加 1，也可以人为指定（不是赋值，因为构造类型时不在内存开辟空间）所对应的整数。例如，

```
enum Color {RED=1, YELLOW, BLUE};                //YELLOW 对应 2，BLUE 对应 3。
```

如果人为指定不当，虽然程序编译不出错，但运行结果可能会出错。例如，

```
enum Color {RED=2, YELLOW=1, BLUE};              //BLUE 对应 2，和 RED 对应相同的整数
```

常见的枚举类型还有：

```
enum Weekday {SUN, MON, TUE, WED, THU, FRI, SAT};
enum Month {JAN, FEB, MAR, APR, MAY, JUN, JUL, AUG, SEP, OCT, NOV, DEC};
```

逻辑型可看成开发环境构造的一个枚举类型：

```
enum bool { false, true };
```

可以看出，枚举类型的值集实际上是若干个有名字的整型常量的集合，枚举类型往往也被归入整型。

C 语言允许枚举类型数据参与算术操作、关系 / 逻辑操作、位操作、赋值操作、条件操作（实际上是其对应的整数在参与操作）。不过，只能给枚举变量赋相同枚举类型的数据。例如，

```
Weekday d1, d2;
d1 = SUN;
d2 = d1;
d1 = 1;                                          //错误
d1 = RED;                                        //错误
```

当一个操作数可取的值只是有限的几个整数时，可以将其定义成某种枚举类型的变量，而不是定义成 int 型变量。这样做的好处是可以约束该操作数不在所列举的值之外取值。例如，对于星期这样的数据，如果用 int 型来描述，将会面临“1 到底表示什么意思？”“星期日是用 0 还是 7 表示？”等问题，如果用 0~6 表示一个星期的每一天，则对于表示星期的 int 型变量 d，不易避免“d = 10;”、“d = d*2;”等逻辑错误。另外，枚举常量也可以避免程序中出现令人费解的数值，提高程序易读性，而且与符号常量相比，不存在源程序与目标程序不完全对应问题。枚举类型通常与结构类型或联合类型（参见训练题 8.13）结合起来使用。

例 4.10　编程实现枚举类型数据不可以直接输入 / 输出。

程序如下：

```
#include<stdio.h>
int main( )
{
    enum Weekday {SUN, MON, TUE, WED, THU, FRI, SAT};
    Weekday d1 = SUN, d2 = SAT;
    printf("d1=%d, d2=%d\n", d1, d2);              //不会输出 d1=SUN, d2=SAT⊖
    if(d1 < d2)
        printf("Sunday is the first day of a week. \n");
    else
        printf("Which day is the first day of a week? \n");
    return 0;
}
```

【训练题 4.11】调试例 4.10 中的程序，验证枚举类型数据不可以直接输入 / 输出。

4.3　基本类型的选用

（1）选用原则

为了选择合适的基本类型定义变量或函数，需要考虑以下几个方面。

1）表达是否自然，例如，一般情况下，将一个表示人数的变量定义成 float 型都不合适。

2）可参与的操作和实际操作是否相符，例如，需要对两个变量进行求余数运算，那么把其中任一变量定义成 double 型都不合适，又如，double 型数据的算术运算特别费时，若想节约机器执行时间，应尽量选用 float 型。

3）值集和实际需求是否协调（是否浪费空间或溢出），如将一批书的总价定义成 long double 型或 float 型可能没有 double 型合适，又如，对于较大的数组（参见第 5 章），尽量用 float 型代替 double 型以节省存储空间。

【训练题 4.12】在一次趣味程序设计比赛中，有 10 个评委为参赛的选手打分，分数为 1~100 分（整数）。选手最后得分为：去掉一个最高分和一个最低分后其余 8 个分数的平均值（保留两位小数）。请编写一个打分程序。

【训练题 4.13*】请编写以下三个函数，并在 main 函数中：输入三个点的坐标；调用前两个函数并输出前面两个点所决定的直线方程；调用第三个函数，判断第三个点是否在直线上。

程序如下：

```
double ComputeLineK(double p1x, double p1y, double p2x, double p2y); //计算斜率
double ComputeLineB(double p1x, double p1y, double p2x, double p2y); //计算截距
bool IsPointOnSegment(double px, double py, double p1x, double p1y, double
p2x, double p2y)
```

测试用例 1：

```
输入：1 1 0.5 0.5 0 0
输出：The equation is: y=x; The point is on the line segment.
```

⊖ 即使在 C++ 下（不受输出格式符影响），也不能用“cout << d1 << ',' << d2;”直接输出枚举符，除非有些新版开发环境额外实现了枚举符的输出功能。

测试用例 2：

输入：1 3 1 2 0 0
输出：The equation is: x=1; The point is not on the line segment.

测试用例 3：

输入：1 -2 2 -1 0 0
输出：The equation is: y=x-3; The point is not on the line segment.

【训练题 4.14*】编写函数 void Drawtri(double p1x, double p1y, double p2x, double p2y, double p3x, double 3y)，用"*"画出顶点坐标为 (0,0)、(5,10) 和 (10,5) 的近似三角形；进而计算三角形的面积。（提示：可利用两点之间的距离公式先求出边长 *a*、*b*、*c*，再利用海伦公式 s=sqrt($p(p-a)(p-b)(p-c)$) 求面积，其中 $p=(a+b+c)/2$。建议：参照训练题 2.17 的要求设计成多模块程序。）

（2）sizeof( ) 操作符

需要说明的是，在不同规格的计算机中，同类型的数据实际占用空间的大小可能不同。C 语言提供了一个特殊的单目操作符 sizeof( ) 用来计算操作数实际占用存储空间的字节数，圆括号中的操作数可以是各种表达式，也可以是表示基本类型的关键字。对于 sizeof(类型名) 和 sizeof(常量表达式)，其值在编译时就能确定。例如，

```
int n = 1;
printf("%d, %d, %d \n", sizeof('a'), sizeof(n+3), sizeof(int));    // 输出 1, 4, 4
```

4.4　基本类型的转换

4.4.1　类型转换的实质

程序执行过程中，往往要求双目操作符（例如算术操作符、赋值操作符、比较操作符等）连接的两个操作数类型相同，若是不同类型的操作数，则要进行类型转换。这里的数据类型通常指的是基本类型（不是基本类型的操作数往往不能参加基本操作）。

类型转换方式有两种：一种是隐式类型转换，即按一定规则自动进行的转换；另一种是显式类型转换，即由程序员在程序代码中标明、强制进行的转换，以下称为强制类型转换。

不管采用哪一种方式，类型转换都是临时的，即在类型转换过程中，操作数本身的类型并没有被转换，只是参加当前操作的数值被临时看作另一种类型的数值而已。

例 4.11　基本类型的转换示例。

程序如下：

```
#include<stdio.h>
#define PI 3.14
int main( )
{
   int r = 10;
   float c = 2 * PI * r;                      // 隐式类型转换
   double s = PI * (double)r * (double)r;     // 强制类型转换
```

```
    double v = 4.0 / 3 * PI * r * r * r;           //隐式类型转换
    printf("%f, %f, %f \n", c, s, v);
    return 0;
}
```

例 4.11 程序里计算 c 的表达式中，整数 2 先被隐式转换成 double 型数据与 double 型的 3.14 相乘，然后 int 型变量 r 被隐式转换成 double 型数据，参与乘法运算，运算结果被隐式转换成 float 型数据再赋给变量 c；计算 v 的表达式中，变量 r 被先后隐式转换成 double 型数据。这些转换过程中，变量 r 本身的类型一直是 int 型，它在内存中所占的空间没有改变过。

对于含有多个操作符的表达式，其类型转换过程是逐步进行的，而不是一次性将所有操作数转换成同种类型的数据再分别参加操作。例如，例 4.11 程序中的 4.0 如果写成 4，即 " double v = 4/3*3.14*r*r*r;"，则 v 的结果为 1*3.14*r*r*r，这是类型转换过程逐步进行的结果，4 和 3 都是 int 型数，所以一开始不进行类型转换就可以相除，两个整数相除结果只取整数部分，于是得到 int 型的 1，这个 1 会转换成 double 型再与 double 型的 3.14 相乘，得到 3.14，再与转换后的 double 型的 r 相乘，最终导致 v 的结果错误。

4.4.2　隐式类型转换规则

隐式类型转换的基本规则如下。

对于赋值操作，右操作数的类型转换为左边变量定义时的类型。

对于逻辑操作和条件操作第一个表达式中的操作数，不是 bool 型的数据，非 0 转换为 true。例如，在 a 为 10 时，!(a) 为 false。也就是说，如果 if、while 等语句中圆括号里是算术表达式，甚至只有一个变量的特殊表达式，那么表达式的值不是 0，就认为条件成立，表达式的值为 0，就认为条件不成立。另外，要注意逻辑非和取负操作的区别。例如，!3 为 false，而 –3 在逻辑表达式中为 true。

对于其他双目操作符（逗号操作符除外）连接的操作数，按“整型提升转换规则”和“算术类型[1]转换规则”进行转换（一般是由低精度类型转换为高精度类型）。

（1）整型提升转换规则（integral promotion）

1）bool、char、signed char、unsigned char、short int、unsigned short int 型的操作数，如果 int 型能够表示它们的值，则其类型转换成 int，否则，转换成 unsigned int。例如，'A'+1 的结果为 66，30>20>10 的结果为 false（30>20 的结果为 true，转换成 1，其再与 10 进行比较）。

2）wchar_t 和枚举类型的操作数，转换成下列类型中第一个能表示其值的类型：int、unsigned int、long int、unsigned long int。

（2）算术类型转换规则[2]（usual arithmetic conversion）

1）如果其中一个操作数的类型为 long double，则另一个的类型转换成 long double。

2）否则，如果其中一个操作数的类型为 double，则另一个的类型转换成 double。

3）否则，如果其中一个操作数的类型为 float，则另一个的类型转换成 float。

4）否则，先对操作数进行整型提升转换，如果转换后两个操作数的类型不一样，则按下列规则再进行转换。

---

[1] 整型和浮点型可统称为算术类型。

[2] 上述类型转换规则是非正式的，因为类型转换有时与 C 语言的具体实现有关。

5）若其中一个的类型为 unsigned long int，则另一个的类型转换成 unsigned long int。

6）否则，若其中一个的类型为 long int，另一个的类型为 unsigned int，那么，如果 long int 能表示 unsigned int 的值，则 unsigned int 转换成 long int，否则，两个操作数的类型都转换成 unsigned long int。

7）否则，若其中一个的类型为 long int，则另一个的类型转换成 long int。

8）否则，若其中一个的类型为 unsigned int，则另一个的类型转换成 unsigned int。

隐式类型转换还会发生在函数调用及其值的返回过程中。C 程序调用函数时，通常要求实参与形参类型一致。当函数的实参与形参类型不一致时，实参的数据类型会隐式地转换成形参的数据类型，再操作。当函数的执行结果与函数定义时的类型不同时，函数执行结果的数据类型会隐式地转换成函数定义时的数据类型，再返回给调用者。

C 程序执行期间，变量与函数（返回值）的类型以定义时的类型为准，即它们的值集、所占空间的大小、对其能进行何种操作均由定义时的类型决定，表达式（计算结果）的类型则由强制和隐式类型转换规则最终确定。

【训练题 4.15】调试例 4.11 中的程序，验证基本类型的隐式转换效果。

4.4.3 强制类型转换的作用

隐式类型转换有时不能满足要求，为了防止程序或计算结果有误，C 语言提供了强制类型转换机制，由程序员使用类型关键字明确指出要转换的类型。

（1）防止程序出错

例 4.12 隐式类型转换存在的问题及其对策示例。

程序如下：

```
#include<stdio.h>
int main( )
{
   int i = -10;
   unsigned int j = 3;
   if(i < j)
      printf("i<j \n");
   else
      printf("i>j \n");                          //结果显示 i>j
   return 0;
}
```

例 4.12 程序中，不同类型的数据在一起进行比较操作时，隐式类型转换的结果违背了常识。若要结果能正确显示 i<j，利用强制类型转换将其中的 if 语句改成 if(i < (int)j)…即可。

当把一个枚举符赋值给一个整型变量时，枚举符会隐式转换成整型；而把一个整数赋给枚举类型的变量，整数不一定会转换成枚举类型数据，这时可以用强制类型转换。例如，

```
Weekday d;
d = (Weekday)(d + 1)     //若写成“d = d+1;”，编译器可能会报错，因为 d+1 的值为 int 类型
```

此外，对于一些对操作数类型有约束的操作，可以使用强制类型转换保证操作的正确性。例如，C 语言中的求余数运算要求操作数必须是整型数据，如“ int x = 10%3.4;”应改

为“int x = 10%(int)3.4;”，否则，编译会报错。

【训练题 4.16】 编写 C 函数，判断一个数是否为完全平方数（注意强制类型转换的运用）。

（2）转换数值（以伪随机数生成程序为例）

实际应用与程序设计中常常需要生成随机数。随机数的特性是产生前的数值不可预测，产生后的多个数值之间毫无关系。真正的随机数是通过物理现象产生的，例如利用激光脉冲、噪声的强度和掷骰子的结果等，它们的产生对技术要求往往比较高。一般情况下，通过一个固定的、可以重复的计算方法产生的伪随机数就可以满足需求，它们具有与随机数类似的统计特征。线性同余法是产生伪随机数的常用方法。

许多编译器的 stdlib 头文件中定义了生成伪随机数的函数 rand 和预先定义为 32768 的宏 RAND_MAX，用户可以直接调用。Turbo C 中与伪随机数生成相关的库函数如下：

```
unsigned long int next = 1;                        //全局变量 next 用来传递随机数的种子
unsigned int rand(void)
{
    next = next * 1103515245 + 12345;              //任意指定了两个常数
    return (unsigned int)(next/65536) % RAND_MAX;
}
void srand(unsigned int seed)
{
    next = seed;
}
```

函数中运用了强制类型转换。所生成的随机数的范围是 0~RAND_MAX-1。随机数种子 next 是在另一个库函数 srand 中通过参数 seed 设置的，假设随机数种子 seed 的初值为 1，根据 1 可以推算后面随机数的值，且下次运行这个程序，还是生成同一组随机数。实际上，可以利用时间函数 time(0) 的返回值来设置 seed。这些库函数的调用程序如例 4.13 所示。

例 4.13　调用库函数生成伪随机数。

程序如下：

```
#include <stdio.h>
#include <time.h>
#include <stdlib.h>
int main( )
{
    srand(time(0));         //time(0) 取出的是从 1970 年 1 月 1 日到此句执行时刻的秒数
    rand();
    for(int i = 0; i < 10; ++i)
    {
        int j = 1 + (int)(10.0 * rand( ) / RAND_MAX);
        printf("%d \n", j);
    }
    return 0;
}
```

例 4.13 程序中，先单独调用了一次 rand，相当于丢掉一个伪随机数，这是为了避免短期内产生的每组伪随机数的第一个数都相同，因为短期内时间的变化不足以引起（next/65536）值的改变。

【训练题 4.17】 仿照例 4.13 设计程序，生成 10 个 0~1 之间的随机小数。

4.4.4　类型转换后的数据精度问题

操作数类型转换后，有的不会损失精度，有的则会损失精度。损失精度的隐式类型转换会收到编译器的警告。按照“整型提升转换规则”和“算术类型转换规则”进行的隐式类型转换，一般不会损失精度。对于赋值操作，右操作数的类型被隐式转换为左边变量定义时的类型，有可能会损失精度，例如，

```
double a = 3.3, b = 1.1;
int i = a / b;              //应改为 double i = a/b;
```

否则，由于计算机处理数据的固有误差及隐式类型转换，i 的结果会是 2。

【训练题 4.18*】函数 MySin1 和 MySin2 的功能均为：利用公式计算 x 的正弦值，当最后一项的绝对值小于 10^{-7} 时停止计算。试从数据范围和误差角度分析两个函数的优缺点。公式为

$$\sin(x) = x - \frac{x^3}{3!} + \frac{x^5}{5!} - \frac{x^7}{7!} + \cdots$$

函数 MySin1 的程序如下：

```
double MySin1( double x )
{
    double sum = x, a =x, item;
    int b = 1, i = 1;
    while( fabs(item) > 1e-7 )
    {
        ++i;
        a *= -x*x;
        b *= (2*i -1) * (2*i -2)
        item = a/b;
        sum += item;
    }
    return sum;
}
```

函数 MySin2 的程序如下：

```
double MySin2( double x )
{
    double sum, item, i=1;
    sum = item = x;
    while( fabs(item) > 1e-7 )
    {
        ++i;
        item = item*(- x*x) / ( (2*i -1) * (2*i -2) );
        sum += item;
    }
    return sum;
}
```

4.5　复杂数据的描述方法简介

程序所涉及的数据有时比较复杂。C 语言不仅提供了内置的基本类型来描述简单的数据，还提供了使用基本类型构造新类型的机制，这些构造出来的新类型又叫派生类型，可以用来

描述复杂的数据，包括数组、指针、结构及联合等。第5~9章将分别介绍这几种派生类型的构造形式及其应用。

程序语言一般不提供直接描述复杂数据的关键字。C语言没有完整的用来定义派生类型变量的类型关键字，需要在程序中使用已有关键字或符号（例如int、struct、[]、* 等）先构造类型，然后再定义相应的变量。派生类型变量的存储方式和可取的值往往比较复杂，一般不能直接参与基本操作，需要程序员综合运用基本操作符、流程控制方法和模块设计方法设计特别的算法来处理。

更为复杂的数据则需要用专门的方法（比如图数据库技术）来组织与处理。

4.6　类型名的自定义

C语言允许在程序中使用关键字typedef将已有的类型名定义成另一个类型标识符。例如，

```
typedef unsigned int Uint;
typedef float Real;
typedef double Speedt, Sumt;
```

这样，Uint 是 unsigned int 的别名，Speedt 和 Sumt 都是 double 的别名，它们可以用来定义变量：

```
Uint x;                         //等价于unsigned int x;
Real y;                         //等价于float y;
Speedt speed1, speed2;          //等价于double speed1、speed2;
Sumt sum1, sum2, sum3;          //等价于double sum1、sum2、sum3;
```

实际上，typedef只给已有数据类型取别名，并未产生新类型。其作用是使程序简明、清晰，便于程序的阅读、编写和修改，增强程序的可移植性。特别是对于一些形式比较复杂，易于混淆、出错的类型（例如派生类型），可以使用typedef定义成一个容易理解的别名，避免使程序晦涩难懂。

4.7　本章小结

本章详细介绍了程序中的数据及相关概念、数据的分类、分类的好处，以及数据类型的实质。通过本章的学习，读者可以了解字符型、整型、浮点型、逻辑型等常见的基本数据类型在值集与操作集方面的特征，以及不同类型变量与常量的形式。基本类型的数据通常可以由基本操作符直接操作，而且可以由库函数直接输入、输出（逻辑型数据与枚举类型数据除外）。通过配合本章的实践训练，读者可以掌握恰当选用C语言基本类型关键字定义变量、实现程序中简单数据描述的方法。

基本类型数据在参加基本操作时，可能会按照一定规则进行隐式的类型转换。程序员需注意在程序中因为隐式类型转换而带来的数据精度等问题，并恰当运用强制类型转换或其他方法加以避免。

本章还介绍了程序中用来描述复杂数据的派生类型概念，以及类型名的自定义方法。

CHAPTER 5

第5章 数组

在实际应用中，对于向量和矩阵[1]这样的数据，如果用基本类型来描述数据的各个分量，不仅使所用的变量个数太多，而且由于独立的变量之间缺乏显式的联系，从而降低了程序的易读性和可维护性，不利于数据操作流程的设计。下面是求5位选手得分的平均值的程序段：

```
int u, v, w, x, y, s = 0;
scanf("%d%d%d%d%d", &u, &v, &w, &x, &y);
s = u + v + w + x + y;
printf("%.2f\n", s / 5.0);
```

该程序段使用5个变量来对应5个得分，如果选手不只5位，则要定义更多变量。当然，可以用一个变量存储各个得分，在循环流程中迭代求和：

```
int z, s = 0;
for(int i = 0; i < 5; ++i)
{
    scanf("%d", &z);
    s += z;
}
printf("%.2f\n", s / 5.0);
```

但若使用一个变量，先输入的得分被后输入的得分覆盖，后续程序就不能访问每一个得分。

C语言使用数组类型（简称为数组，array）描述这种由多个同类分量构成的数据群体，它是一种由程序员构造出来的派生类型，具体包括一维数组、二维数组和多维数组，可用来定义相应的数组变量（通常也简称为数组）。一个数组包括多个类型相同的元素。元素的类型为数组的基类型。每个元素由一个或多个索引（index，即下标）唯一标识。一个数组中的所有元素在内存中占据连续的空间。元素的个数为数组的长度，一般为大于1的常量。从C99标准开始允许数组的长度为变量，但必须在定义数组前确定该变量的值，以便分配空间[2]。

5.1 一维数组

一维数组是常见的数组类型，可以用来描述向量这样的数据。

[1] 线性代数中，向量是指n个实数组成的有序数据群体，如$\boldsymbol{\alpha}=(a_1, a_2, \cdots, a_n)$，其中$a_i$称为向量$\boldsymbol{\alpha}$的第$i$个分量，$i$为下标；矩阵则用来表示具有位置关系的同类数据，一般是由方程组的系数及常数所构成的方阵，通过矩阵变换来解线性方程组既方便，又直观。

[2] 在VC 6、VS 2008、TC等开发环境中，数组长度需为常量，Dev-C++等开发环境允许数组长度为变量。

5.1.1 一维数组类型的构造

一维数组类型由元素类型关键字、一个中括号和一个整数（表示数组的长度）构造而成。我们可以给构造好的数组类型取一个别名，作为数组类型标识符，C 语言规定该别名写在中括号前边。例如，

```
typedef int A[5];                //A 为由 5 个 int 型元素所构成的一维数组类型标识符
```

5.1.2 一维数组的定义

可以使用构造好的一维数组类型来定义一维数组。例如，

```
typedef int A[5];
A a;                             // 定义了一个一维数组 a
```

也可以在构造类型的同时直接定义数组，C 语言规定数组名写在中括号之前。例如，

```
int a[5];          // int、[] 和 5 构造了一个一维数组类型，使用该类型定义了一个一维数组 a
printf("%d \n", a);              // 输出第一个元素 a[0] 的地址
```

标识符 a 是一维数组名，可以代表第一个元素在内存的地址。程序执行到数组定义处，即意味着执行环境要在内存为该数组分配一定大小的空间，以存储其各元素的值。数组所占存储空间的大小可以用 sizeof 操作符来计算。例如，

```
int a[5];
printf("%d \n", sizeof(a));      // 输出数组 a 所占的内存字节数
```

5.1.3 一维数组的初始化

定义数组的同时可以给数组的各个元素赋值，即数组的初始化（实质是用一个初始化列表供编译器为各个元素指定初值，执行期间由执行环境写入初值）。一维数组的初始化需要用一对花括号把元素的初值括起来。例如，

```
int a[5] = {1, 2, 3, 4, 5};
```

上面的初始化可以写成“int a[] = {1, 2, 3, 4, 5};”，即如果每个元素都进行了初始化，则数组长度可以省略。初始化表中的初值个数可以少于数组长度，在这种情况下，后部分数组元素初始化成 0。例如，

```
int a[5] = {1, 2, 3};            // 前三个元素为 1、2、3，后两个元素均为 0
```

5.1.4 一维数组的操作

通常情况下对数组不能进行整体操作，而要采用循环流程依次操作数组的元素。对于数组元素的依次访问通常又叫数组的遍历（travel）。访问数组元素的格式为：

```
<数组名>[<下标>]
```

这里中括号的含义不同于本书其他格式中表示可选项的中括号，也不同于定义数组时表示数组长度的中括号，它是下标操作符。下标为整型表达式，常常表现为循环变量，下标为 0 时表示第一个元素，下标为 N-1 时表示长度为 N 的数组的最后一个元素，例如，对于前文定

义的数组 a，用 a[i] 表示自 a 开始的第 i+1 个元素（i：0~4）。如果下标大于或等于 N，则不表示数组中的某个元素，即越界。C 语言一般不对下标是否越界进行检查（即当下标超出 N–1 时不报错，但访问下标大于或等于 N 的元素会导致程序运行错误），程序员必须仔细处置这个问题。

例 5.1　求某班 50 位同学在某门课程中得分的平均分。

程序如下：

```
#include <stdio.h>
#define N 50
int main( )
{
    int score[N];
    int sum = 0;
    for(int i = 0; i < N; ++i)
    {
        printf("score of No %d: ", i+1);              //注意数组下标是从 0 开始的
        scanf("%d", &score[i]);
        sum += score[i];
    }
    printf("\nAverage of all: %.2f\n", (float)sum / N);
    return 0;
}
```

例 5.1 程序中，score[i] 表示数组的任一元素，i 是数组的下标，取值范围是 0~49，即数组 score 有 50 个元素：score[0]、score[1]、…、score[49]。用符号常量表示数组的长度，易于维护，调试程序时可以将其值修改为 5，以便减少输入的工作量。程序用数组存储多位同学的成绩，不仅可以使用循环流程实现每个元素的输入与累加，还可以保证后续程序可以继续访问每位同学的成绩，例如，

```
for(int i = 0; i < N; ++i)
    printf("\nscore of No %d: %d", i, score[i]);
```

【训练题 5.1】调试例 5.1 中的程序，验证一维数组的定义、初始化与输出方法。

当一维数组作为函数的参数在函数之间传递数据时，通常定义一个一维数组（不必指定长度）和一个整型变量分别作为被调用函数的形参，调用者需要把一个一维数组的名称及数组元素的个数传递给被调用函数。

例 5.2　求一维数组的最大值。

```
#include <stdio.h>
int Max(int x[ ], int num);
int main( )
{
    int a1[10] = {12,1,34}, a2[20] = {23,465,34}, index_max;
    index_max = Max(a1, 10);
    printf("数组 a1 的最大元素是: %d \n", a1[index_max]);
    index_max = Max(a2, 20);
```

```
    printf("数组a2的最大元素是: %d \n", a2[index_max]);
    return 0;
}
int Max(int x[ ], int num)
{   int j = 0;
    for(int i = 1; i < num; ++i)
        if(x[i] > x[j]) j = i;
    return j;                    //可以用该函数求例5.1中的最高成绩
}
```

数组作为函数参数传递数据时，实际传递的是实参数组在内存的起始位置，而不是实参数组的所有元素，函数的形参并不会得到足够的存储空间存放所有数据，而只是接收、存储实参数组的起始位置，以便在执行被调函数体时，可以到实参数组所在存储空间获取数据。这种方式可提高程序的执行效率，节省存储空间。需要注意的是，被调函数的返回值类型不能是数组。可以返回实参数组的下标，某个元素或起始位置。

【训练题 5.2】定义一个长度为100的数组，其中元素的数值由随机函数产生（范围在1~100），编程求出其中所有的极大值和极小值。（极大值是指某元素的值比它左右两边的值都大，极小值是指某元素的值比它左右两边的值都小，边缘元素不用考虑。）

【训练题 5.3】分别用数组和递归函数编程实现：输入一个正整数，输出其各位数字。例如，输入“89532”，输出“8, 9, 5, 3, 2”。

5.2 二维数组

二维数组也是一种常见的数组类型，用来描述矩阵等具有二维结构的数据，第一维称为行，第二维称为列，二维数组的每个元素由其所在的行和列唯一确定。

5.2.1 二维数组类型的构造

二维数组类型由元素类型标识符、两个中括号和两个整数（分别表示二维数组的行数与列数，行数与列数的乘积为二维数组的长度）构造而成。例如，

```
typedef int B[3][2];        //B是由6个int型元素所构成的二维数组类型标识符
```

5.2.2 二维数组的定义

可以用构造好的二维数组类型来定义二维数组。例如，

```
typedef int B[3][2];
B b;                         //定义了一个二维数组b
```

或在构造二维数组类型的同时直接定义二维数组。例如，

```
int b[3][2];
```

标识符b是二维数组名，可以代表第一行元素在内存的起始位置。C语言按行优先策略存储二维数组，即先存储第一行的元素，再存储第二行的元素。

二维数组可以看作一个特殊的一维数组⊖。例如，将前文定义的二维数组 b 看成一维数组时，有 3 个元素，每个元素又是一个一维数组（对应二维数组的一行元素），名为 b[i]，数组名 b[i] 可以代表自 b 开始的第 i+1 行第一个元素在内存的地址（i：0~2），b[i][j] 表示自 b[i] 开始的第 j+1 个元素（j：0~1），即第 i+1 行第 j+1 个元素。又例如，可以将 b 看作长度为 6 的一维数组，用 b[0]+2*i+j（等价于 b[i][j]）表示自 b[0] 开始的第 2*i+j+1 个元素。

5.2.3　二维数组的初始化

二维数组可以用一对花括号进行初始化，如“int b[3][2] = {0, 1, 2, 3, 4, 5};”，也可以分行初始化，如“int b[3][2] = {{0, 1}, {2, 3}, {4, 5}};”，初始化时可以省略行数，例如“int b[][2] = {{0, 1}, {2, 3}, {4, 5}};”。

如果二维数组初始化表中的初值个数少于二维数组的长度，或者某一行初值的个数少于列数，则未指定的部分元素被初始化成 0。例如“int b[3][2] = {0, 1, 2, 4, 5};”，则元素 b[2][1] 为 0，又如“int b[3][2] = {{0,1}, {2}, {4,5}};”，则元素 b[1][1] 为 0。

5.2.4　二维数组的操作

操作二维数组时，通常采用嵌套的循环流程依次操作每个元素。访问数组元素的格式为：

<数组名>[<行下标>][列下标]

这里两个中括号都是下标操作符。其中行下标和列下标均为整型表达式，常表现为循环变量。行下标、列下标均为 0 时表示第一行的第一个元素；行下标为 0、列下标为 N−1 时表示列数为 N 的二维数组第一行的最后一个元素；行下标为 M−1、列下标为 N−1 时表示行数为 M、列数为 N 的二维数组最后一行的最后一个元素；如果行下标大于或等于 M 或列下标大于或等于 N，则不表示数组中的某个元素，即越界。

例 5.3　求二维数组元素之和。

程序如下：

```
#include <stdio.h>
#define M 10
#define N 5
int main( )
{
    int sum = 0, b[M][N];
    for(int i = 0; i < M; ++i)
        for(int j = 0; j < N; ++j)
        {
            printf("number of Row %d Col %d: ", i+1, j+1);
            scanf("%d", & b[i][j]);        // scanf("%d", & b[0][N * i + j]);
            sum += b[i][j];                // sum += b[0][N * i + j];
        }
    printf("sum: %d\n", sum);
    return 0;
}
```

⊖ C 语言没有将二维数组的下标写成 b[i, j] 等形式，有助于程序员认清二维数组在系统中的实质是一个特殊的一维数组。

如果二维数组是列优先存储实现的，则将行循环放在内层，列循环放在外层，往往可以提高程序的执行效率（参见 1.3.3 节），以例 5.3 的程序为例，循环语句可以改写为：

```
for(int j = 0; j < N; ++j)
   for(int i = 0; i < M; ++i)
   {
       printf("number of Row %d Col %d: ", i+1, j+1);
       scanf("%d", & b[i][j]);
       sum += b[i][j];
   }
```

【**训练题 5.4**】分析以下程序执行结果，并上机验证（注意下标变化及赋值操作的作用）。

程序如下：

```
int b[][3] = {0, 2, 1, 1, 0, 2, 1, 2, 0};
for(int i=0; i <= 2; ++i)
    for(int j=0; j <= 2; ++j)
    {
        b[i][j] = b[b[i][j]][b[j][i]];
        printf("%d, ", b[i][j]);
    }
```

当二维数组作为函数的参数在函数之间传递数据时，通常用二维数组的声明（不必指定行数）和一个整型变量的定义作为被调用函数的形参，调用者需要把一个二维数组的名称以及数组的行数传递给被调用函数。二维数组作为函数参数传递数据时，实际传递的也是数组在内存的起始位置。

例 5.4 用函数实现求二维数组元素之和。

程序如下：

```
#include <stdio.h>
#define M 10
#define N 5
int Sum(int x[][N], int lin);
int main( )
{
   int b[M][N];
   for(int i = 0; i < M; ++i)
       for(int j = 0; j < N; ++j)
       {
           printf("number of Row %d Col %d: ", i+1, j+1);
           scanf("%d", & b[i][j]);
       }
   printf("sum: %d\n", Sum(b, M));
   return 0;
}
int Sum(int x[][N], int lin)
{  int s = 0;
   for(int i = 0; i < lin; ++i)
       for(int j = 0; j < N; ++j)
           s += x[i][j];
   return s;
}
```

列数不为 N 的二维数组不能用上面的 Sum 函数来计算其元素的和，比如对于已定义的“int m[40][20];”，调用“Sum(m, 40);”来求和会出错。

如果要提升上述 Sum 函数的通用性，则可以将二维数组降为一维数组处理，程序如下：

```
int GenlSum(int x[ ], int num)
{
    int s = 0;
    for(int i = 0; i < num; ++i)
        s += x[i];
    return s;
}
```

该 GenlSum 函数还可以用来计算多种二维数组的元素和，比如：

```
...
int m1[10][5], m2[20][5], m3[40][20];
...
printf("sum = %d\n", GenlSum(m1[0], 10 * 5));
printf("sum = %d\n", GenlSum(m2[0], 20 * 5));
printf("sum = %d\n", GenlSum(m3[0], 40 * 20));
...
```

【训练题 5.5】从键盘输入一个 $N \times N$ 的矩阵，把它转置后输出结果。（说明：对矩阵进行转置就是交换二维数组中 $a[i][j]$ 与 $a[j][i]$ 的值。）

5.3 多维数组

多维数组可以用来描述数据立方体[⊖]等高维数据。与二维数组类似，多维数组类型由元素类型关键字、多个中括号和多个整数（分别表示每一维的元素个数）构造而成。同样，可以用构造好的多维数组类型定义多维数组，也可以在构造多维数组类型的同时直接定义多维数组。例如，

```
int d[2][3][4];              //定义了一个三维数组，元素个数为 24（= 2×3×4）
```

访问多维数组元素的格式为：

```
<数组名>[<第 1 维下标>][第 2 维下标]...[第 n 维下标]
```

这里的中括号也都是下标操作符。类似地，其中每一维的下标均为整型表达式，从 0 开始到该维元素个数减 1 结束，书写时要注意越界问题。操作多维数组时，通常采用多重嵌套的循环流程依次操作每个元素。与二维数组类似，C 语言按行优先策略存储多维数组，当按存储顺序访问多维数组时，最右边的数组下标变化得最快。

5.4 数组的应用

在实际应用中，常常可以利用一维数组存储一组有序数据（例如，基于一维数组的排序、斐波那契数求解等），或一组有序标志位（例如，用筛法求素数、约瑟夫问题求解等），

⊖ 应用于图像处理、销售记录分析等领域。

二维数组则常用来存储一组具有平面位置关系的数据（例如，求两个矩阵的乘积、输出杨辉三角等）或其标志（例如，求矩阵的鞍点等），从而实现相关问题的求解。

5.4.1　存储一组有序数据

（1）用一维数组存储数据

排序是一种常见的非数值计算问题。排序的算法有很多种，如起泡排序、选择排序、插入排序、快速排序等，以及它们的变种，它们的性能与适用场景各不相同。如果待排序数据存在一维数组中，则用程序实现这些排序算法时需要进行数组的遍历、两个元素的比较和交换、一个元素的插入等操作，这些操作往往是通过综合运用循环、分支流程控制及赋值操作等方法来完成的。

例 5.5　假设数组中有若干个整数，现要求实现排序函数，以便将数组元素按从小到大的顺序重新排列，函数原型为 void Sort(int sdata[], int count)。

程序如下：

```
#include <stdio.h>
#define N 4
void Sort(int sdata[], int count);
int main( )
{
    int a[N];
    for(int i = 0; i < N; ++i)                    // 输入原始队列
        scanf("%d", &a[i]);
    Sort(a, N);
    printf("in an ascending order: ");
    for(int i = 0; i < N; ++i)                    // 按升序输出有序队列
        printf("%d\t", a[i]);
    return 0;
}
```

【训练题 5.6】读者可以先自行编写例 5.5 程序中的 Sort 函数，调试、运行，并与例 5.5-1 中的排序函数就易读性、可维护性等方面进行对比。

例 5.5-1　使用起泡法排序函数。起泡法排序的思路是：比较相邻两个数，小的调到前头。*N* 个数排 *N*–1 趟，每趟内比较的次数随趟次增大而递减。比如，对于 {5, 4, 0, 2} 这四个数，第一趟排序结果是 {4, 0, 2, 5}，第二趟排序结果是 {0, 2, 4, 5}，第三趟结果不变，至此，排序结束。

```
void BubbleSort(int sdata[ ], int count)  // 函数名改为 Sort 再与上面的 main 函数一起调试
{
    for(int i = 0; i < count-1; ++i)
        for(int j = 0; j < count-1-i; ++j)        // 注意循环终点
            if(sdata[j] > sdata[j+1])             // 按条件交换相邻两个元素
            {
                int temp = sdata[j];
                sdata[j] = sdata[j+1];
                sdata[j+1] = temp;
```

```
        }
}
```

【训练题 5.6-1】修改例 5.5-1 的程序，实现数组的降序排列。

例 5.5-2　使用选择法排序函数。选择法排序的思路是：从 *N* 个数中找出最大者，与第 *N* 个数交换位置；然后从剩余的 *N*–1 个数中再找出最大者，与第 *N*–1 个数交换位置；…；直到只剩下一个数为止。*N* 个数选择 *N*–1 趟，每趟内比较的次数随趟次增大而递减，且不是每次比较都进行元素交换操作。比如，对于 {5, 4, 0, 2} 这四个数，第一趟排序结果是 {2, 4, 0, 5}，第二趟排序结果是 {2, 0, 4, 5}，第三趟排序结果是 {0, 2, 4, 5}，至此，排序结束。

程序如下：

```
void SelSort(int sdata[ ], int count)  //函数名改为Sort再与上面的main函数一起调试
{
    for(int i = count; i > 1; --i)
    {
        int max = 0;
        for(int j = 1; j < i; ++j)        //注意循环起点、终点与外层循环起点、终点的关系
            if(sdata[max] < sdata[j])     //找i个数中最大数的下标
                max = j;
        if(max != i-1)                    //按条件与第i个元素交换
        {
            int temp = sdata[max];
            sdata[max] = sdata[i-1];
            sdata[i-1] = temp;
        }
    }
}
```

【训练题 5.6-2】若例 5.5-2 程序中的外循环为“for(int i = 1; i < count; ++i)”，程序中的其他代码应做哪些相应修改可以实现原功能？

例 5.5-3　使用直接插入法排序函数。直接插入法排序的思路是：在已排好序的 *i* 个数中寻找合适的位置，将下标为 *i* 的元素插入，插入点后的元素往后移，*i*: 1~*N*–1。*N* 个数考察 *N*–1 趟，每趟内比较的次数随趟次增大而递增，若要进行插入操作，则需要进行部分元素的搬移操作。比如，对于 {5, 4, 0, 2} 这四个数，第一趟排序结果是 {4, 5, 0, 2}，第二趟排序结果是 {0, 4, 5, 2}，第三趟排序结果是 {0, 2, 4, 5}，至此，排序结束。

程序如下：

```
void InsSort(int sdata[ ], int count)  //函数名改为Sort再与上面的main函数一起调试
{
    for(int i = 1; i < count; ++i)
        for(int j = 0; j < i; ++j)
            if(sdata[i] < sdata[j])       //sdata[j]移至临时空间，插入sdata[i]
            {
                int temp = sdata[j];
                sdata[j] = sdata[i];
                for(int k = i-1; k >= j+1; --k)
                                          //sdata[i-1]至sdata[j+1]逐个后移一步
```

```
                sdata[k+1] = sdata[k];
            sdata[j+1] = temp;                  //临时空间的 sdata[j] 归队
            break;
        }
}
```

【训练题 5.6-3】试修改例 5.5-3 程序中的 if 语句，使之按以下步骤实现元素的插入与搬移：先将 sdata[i] 移至临时空间，然后进行若干元素的一步后移，最后让临时空间的 sdata[i] 归队。

例 5.5-4* 使用快速法排序函数。快速法排序是对起泡法排序的一种改进，其思路是：通过一趟排序将待排序数据队列分隔成独立的两部分，其中一部分数据均比另一部分数据小，然后分别对这两部分数据进行快速排序。整个排序过程可以用递归函数实现。编写代码时，需要有两个下标变量 first 和 last，表示待排序数据队列的起点与终点，它们的初值分别为 0 和 $N-1$，并定义下标变量 split_point 来表示分割点；然后在以 first 为起点、last 为终点的范围内寻找 split_point，再将 split_point ± 1 分别作为右半部分的 first 和左半部分的 last，对左右两部分分别重复上述步骤，直至每部分的 first 与 last 相等为止。

程序如下：

```
int Split(int sdata[ ], int first, int last);   //一趟快速排序函数原型
void QuickSort(int sdata[ ], int first, int last)
{
   if(first < last)
   {
       int split_point = Split(sdata, first, last);
                                               //寻找分割点 split_point（一个下标）
       QuickSort(sdata, first, split_point-1); //对 split_point 以左的部分进行排序
       QuickSort(sdata, split_point+1, last);  //对 split_point 以右的部分进行排序
   }
}
```

其中，一趟快速排序的思路是：首先任意选取一个数据（通常选第一个数据）作为中枢（pivot，关键数据），然后移动 pivot 的位置，并将所有比 pivot 小的元素都移到 pivot 之前，所有比 pivot 大的元素都移到 pivot 之后，最后 pivot 对应的下标就是 split_point。可以设 split_point 的初值为 0，其对应的元素推选为 pivot；从 first 所指位置的下一个位置开始，向后搜索，每遇到小于 pivot 的元素，就将 split_point 右移一步，并将此小于 pivot 的元素和 split_point 对应的元素互换，直到 last；最后将 split_point 对应的元素与 first 对应的元素交换；于是，split_point 作为分界线，将序列分隔成符合要求的两个子序列。

程序如下：

```
int Split(int sdata[ ], int first, int last)
{
   int split_point = first;
   int pivot = sdata[first];
   for(int unknown = first+1; unknown <= last; ++unknown)
       if(sdata[unknown] < pivot)
       {
           ++split_point;
```

```
            int t = sdata[split_point];
            sdata[split_point] = sdata[unknown];
            sdata[unknown] = t;
        }
    sdata[first] = sdata[split_point];
    sdata[split_point] = pivot;
    return split_point;
}   //将例 5.5 程序中的排序函数原型与调用语句修改后再联合调试
```

比如，对于 {4, 5, 0, 3, 2} 这 5 个数，上述快速排序程序执行时，第一趟的排序经过 {4, 0, 5, 3, 2}、{4, 0, 3, 5, 2}、{4, 0, 3, 2, 5} 几个中间状态之后的结果是 {2, 0, 3, 4, 5}，第二趟的排序结果是 {0, 2, 3, 4, 5}，至此，排序结束。

【训练题 5.7】 求一个一维 int 型数组的第 k 大的数。

【训练题 5.8】 用一维数组实现求第 n 个斐波那契数。

【训练题 5.9】 假设一维 int 型数组中的 N 个元素按从小到大的顺序排列，编写 C 语言函数，"删除"其中的重复元素，返回重复元素个数 n，并在主调函数中输出前 $N–n$ 个元素。例如，对于一维数组 {1, 1, 2, 3, 3, 3, 4, 5, 6, 6}，函数执行后数组为 {1, 2, 3, 4, 5, 6, 6, 6, 6, 6}，返回值是 4，输出"1, 2, 3, 4, 5, 6"。

【训练题 5.10] 不引入新的数组，实现数组前 m 个元素与后 n 个元素交换位置的函数，其中 $m+n$ 等于数组的长度，例如，设 m 为 3、n 为 4，a 中的数据为"1 2 3 4 5 6 7"，函数执行后，a 中的数据为"4 5 6 7 1 2 3"。函数原型为：

```
void ArrSwap(int a[], int m, int n);
```

【训练题 5.11】 假设有一个数组 $x[]$，它有 n 个元素，每一个都大于 0，则称 $x[0]+x[1]+\cdots+x[i]$ 为前置和，而 $x[j]+x[j+1]+\cdots+x[n-1]$ 为后置和。试编写一个程序，求出 $x[]$ 中有多少组相同的前置和与后置和。例如，如果 $x[]$ 的元素为 3、6、2、1、4、5、2，则 $x[]$ 的前置和有 3、9、11、12、16、21、23；后置和有 2、7、11、12、14、20、23；11、12、23 这 3 对就是值相同的前置和与后置和，因为 11=3+6+2(前置和)=2+5+4(后置和)，12=3+6+2+1（前置和）=2+5+4+1（后置和），23 是整个数组元素的和。

【训练题 5.12】 十个小孩围成一圈分糖果，每个小孩分得的糖果数依次为 10、2、8、22、16、4、10、6、14、20。然后所有的小孩同时将自己手中的糖果分一半给右边的小孩，块数为奇数的人可向老师要一块。问需要几次这样的调整后，小孩手中糖果的块数就都一样了？每人有多少块糖果？

（2）用二维数组存储数据

例 5.6　求矩阵的乘积。设有两个矩阵 $\boldsymbol{A}_{mn}$、$\boldsymbol{B}_{np}$，乘积矩阵 $\boldsymbol{C}_{mp}=\boldsymbol{A}_{mn}\times\boldsymbol{B}_{np}$，$\boldsymbol{C}_{mp}$ 中每一项的计算公式为：

$$\boldsymbol{C}_{ij}=\sum_{k=0}^{n-1}\boldsymbol{A}_{ik}\times\boldsymbol{B}_{kj},\ i=0,\ \cdots,m-1;\ j=0,\cdots,p-1$$

程序如下：

```
#include <stdio.h>
#define N 4
#define M 3
#define P 2
void Prod(int ma[][N], int mb[][P], int mc[][P], int m);
int main( )
{
    int ma[M][N] = {{1, 1, 1, 1}, {2, 2, 2, 2}, {3, 3, 3, 3}};
    int mb[N][P] = {{4, 4}, {5, 5}, {6, 6}, {7, 7}};
    int mc[M][P];
    Prod(ma, mb, mc, M);
    for(int i = 0; i < M; ++i)
        for(int j = 0; j < P; ++j)
        {
            printf("  %d ", mc[i][j]);
            if((j + 1) % P == 0) printf("\n");
        }
    return 0;
}
void Prod(int ma[][N], int mb[][P], int mc[][P], int m)
{
    for(int i = 0; i < m; ++i)
        for(int j = 0; j < P; ++j)
        {
            int s = 0;
            for(int k = 0; k < N; ++k)
                s += ma[i][k] * mb[k][j];
            mc[i][j] = s;
        }
}
```

【训练题 5.13】利用数组实现与训练题 2.10 相同的杨辉三角显示功能。

【训练题 5.14】编程输出一个 N 阶（N 为大于 1 的奇数）幻方。即在一个由 $N \times N$ 个方格组成的方阵中，填入 1、2、3、…、N^2 各个数，使得每一行、每一列及两个对角线上的数之和均相等。例如，表 5-1 显示了一个三阶幻方。

表 5-1 三阶幻方

8	1	6
3	5	7
4	9	2

（填数方法提示：把 1 填在第一行最中间的格子中，然后依次将下一个数填在上一个数的右上角格子中。如果目标格子在第一行的上方，则填入该列的最后一行格子中；如果目标格子在最后一列的右方，则填入该行的第一列格子中；如果目标格子已经被占用，则填入当前格子的下方格子中。）

5.4.2 存储一组有序标志位

（1）用一维数组存储标志位

例 5.7 求解约瑟夫（Josephus）问题。

有 n 个囚犯站成一圈，并从 1 开始依次编号。现要求从编号为 1 的囚犯开始，顺时针从 1 开始报数，报到 k 的囚犯从圈子离开；然后从下一位开始重新报数，每报到 k，对应的囚犯从圈子离开；最后只剩下 1 位，该囚犯可以免刑；问这位幸运的囚犯的编号是多少？

【分析】用一维数组 in_circle[n] 表示 n 个囚犯站成一圈，in_circle[index] 为 true 表示编

号为 index 的囚犯在圈子里，从 index 为 0 的囚犯开始报数，index 的下一个编号为 (index+1)%n。

程序如下：

```
#include <stdio.h>
#include <stdbool.h>
#define N 20
#define K 5
int Josephus(int n, int k);                  //求幸运囚犯编号的函数原型
int main( )
{
   printf("The survival is No.%d \n", Josephus(N, K));
   return 0;
}
int Josephus(int n, int k)
{
   bool in_circle[n];
   int index, numRemained = n;               //numRemained 表示圈中剩下囚犯的数目
   for(index = 0; index < n; ++index)
       in_circle[index] = true;              //起初所有囚犯都在圈子里

   index = n-1;                              //n-1 的下一个编号为 0
   while(numRemained > 1)
   {
       int count = 0;
       while(count < k)                      // 对成功的报数进行计数，直到 k
       {
           index = (index+1)%n;              // 计算要报数的囚犯的编号，下一圈连续报数
           if(in_circle[index])              // 如果编号为 index 的囚犯在圈子中
               ++count;                      // 该报数有效
       }
       in_circle[index] = false;             // 囚犯离开圈子
       --numRemained;                        // 圈中人数减 1
   }
   for(index = 0; index < n; ++index)        // 找最后一个囚犯
       if(in_circle[index])
           break;
   return index+1;                           // 注意数组下标是从 0 开始的
}
```

【训练题 5.15】 编程实现用筛法求素数（首先假设所有的数从小到大排列在筛子中，然后从最小的数开始依次将每个数的倍数从筛子中筛掉，最终筛子中剩下的数均为素数）。

（2）用二维数组存储标志位

例 5.8　编写一个程序，计算一个矩阵的“鞍点”。“鞍点”是矩阵中的一个位置，该位置上的元素是其所在行的最大值且是一个极大值，所在列的最小值且是一个极小值。

【分析】 考虑到鞍点应是极值，所以不考虑位于矩阵边缘的元素，且其前后左右没有与之相等的相邻元素。另外，某行可能有相等的多个最大值，某列可能有相等的多个最小值。一个矩阵可能有多个鞍点，也可能没有鞍点。

程序如下：

```
#include <stdio.h>
#include <stdbool.h>
```

```
#define M 5
#define N 5
int main()
{
    int i, j, k,
    int a[M][N]={{3,7,3,9,3},{3,6,3,6,3},{4,5,4,5,4},{3,6,3,6,3},{3,8,3,8,3}};
    printf("\nArray:\n");                                  //显示矩阵
    for(i=0; i < M; ++i)
    {
        for(j=0; j < N; ++j)
            printf("%6d", a[i][j]);
        printf("\n");
    }
    bool flag_max[M][N] = {false};                         //初始化最大值标志
    for(i=0; i < M; ++i)
    {
        k = 0;
        for(j=1; j < N; ++j)
            if(a[i][j] > a[i][k])
                k = j;                                     //第 i 行找最大值，下标存 k
        for(j=0; j < N; ++j)
            if(a[i][j] == a[i][k])
                flag_max[i][j] = true;                     //第 i 行所有最大值标志设为 true
    }
    bool flag_min[M][N] = {false};                         //初始化最小值标志
    for(j=0; j < N; ++j)
    {
        k = 0;
        for(i=1; i < M; ++i)
            if(a[i][j] < a[k][j])
                k = i;                                     //第 j 列找最小值，下标存 k
        for(i=0; i < M; ++i)
            if(a[i][j] == a[k][j])
                flag_min[i][j] = true;                     //第 j 列所有最小值标志设为 true
    }
    bool flag_extremum[M][N] = {false};                    //初始化极值标志
    for(i=1; i < M-1; ++i)
    {
        for(j=1; j < N-1; ++j)
            if(a[i][j] != a[i][j-1] && a[i][j] != a[i][j+1]
                && a[i][j] != a[i-1][j] && a[i][j] != a[i+1][j])
                flag_extremum[i][j] = true;                //第 i 行第 j 列元素为极值
    }
    bool count = false;                                    //初始化无鞍点标志
    for(i=1; i < M-1; ++i)
    {
        for(j=1; j < N-1; ++j)
            if(flag_max[i][j] && flag_min[i][j] && flag_extremum[i][j])
            {
                printf("Saddle Point: a[%d][%d] is %d.\n", i, j, a[i][j]);
                count = true;
            }
    }
    if(!count)
        printf("not any Saddle Points.\n");
    return 0;
}
```

【训练题 5.16】 先调试例 5.8 中的程序，并修改初始数组为 {{5,6,7},{2,3,1},{4,8,9}} 或 {{5,6,7},{3,2,1},{4,8,9}} 或 {{3,3,3},{3,3,3},{3,3,3}}，观察程序执行结果。然后重新设计例 5.8 中的程序，使用多个函数实现“鞍点”的求解功能。

【训练题 5.17*】 八皇后问题：编程用空格符和 Q 模拟输出在国际象棋的棋盘上放置八个皇后，使得其中任何一个皇后所处的“行”、“列”及“对角线”上都不能有其他皇后。

【训练题 5.18*】 设计 2048 游戏程序。(游戏规则：在一个 4×4 的棋盘上，初值除了有两个 2 外，其余数字均为 0；玩家每次可以选择上下左右一个方向，每选一个方向，所有的数字往所选择的方向移动一次；系统同时会在 0 位置随机出现一个 2 或 4，相同的数字在相遇时会相加；玩家要想办法在这小小的 16 格范围中凑出一个整数“2048”。程序要按一定的评分规则给玩家打分，比如，初始化一个总分，每选择一次方向减 1 分，至游戏结束给出最后得分，或者每使得数字相加时得 10 分，至游戏结束给出最后得分。凑出“2048”或没有 0 位置且没有相邻数字相同时，游戏结束。)

5.5 本章小结

C 语言的数组类型是一种派生数据类型。本章着重介绍了一维数组、二维数组的特征与应用。通过本章的学习，读者可以熟练掌握数组的类型构造、变量定义、初始化及其操作方法。除基本操作符之外，往往还要运用循环流程控制方法来操作数组，二维数组的操作则常常需要运用嵌套的循环流程控制方法。通过配合本章的实践训练，读者可以掌握运用数组存储多个有序数据或其标志来解决排序等实际问题的程序实现方法。

C 语言数组的下标从 0 开始，而且编译器一般不检查数组下标是否越界。程序员需注意在程序中因为数组下标越界而带来的程序执行崩溃等问题。

CHAPTER 6

第6章

指针

计算机的内存可看作由一系列内存单元组成，内存单元中可以存储不同的内容。每个内存单元（容量为1字节）由一个特殊的整数（即地址）进行标识。C语言用指针类型描述地址，通过对指针类型数据执行相关操作，可以实现与地址有关的数据访问功能。指针类型数据通常占用1个字空间（与int型数据占用相等大小的空间），一般显示为十六进制整数。

程序中的变量具有源程序中可见的类型和名字属性，以及源程序中一般不可见的地址属性。类型决定变量所占内存单元的个数。变量的地址是变量实际占用的若干个内存单元中第一个单元的地址（即首地址）。变量的地址与变量名之间存在映射关系，一般情况下，高级语言程序通过这种映射关系使用变量名访问数据。如果在程序中知道其他函数中变量的地址，则可以省略数据传输环节，从而提高数据的访问效率（参见6.3节）。在没有变量名的情况下，通过地址访问数据的方式更有意义（参见6.4节）。不过，不是所有内存单元的地址都能在任一程序中使用。一般来说，一个程序只能使用执行环境在编译和执行期间分配给该程序的内存单元的地址。此外，寄存器变量地址不可访问。C语言允许程序使用一个指针类型变量（简称指针变量或指针[⊖]，pointer）来表示和存储另一个变量的地址，如图6-1所示。

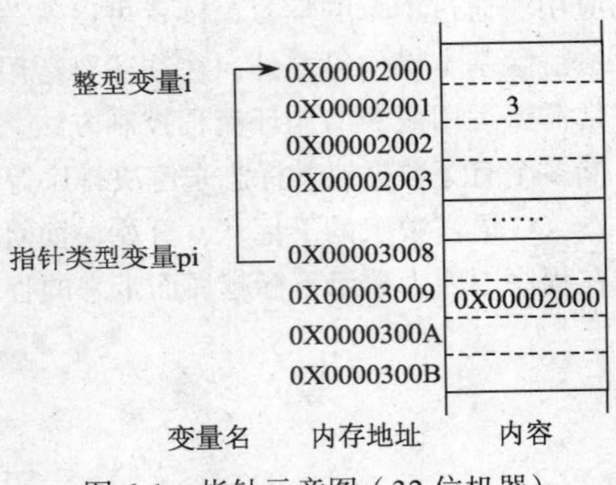

图6-1　指针示意图（32位机器）

6.1　指针的基本概念

6.1.1　指针类型的构造

指针类型由一个表示变量类型（在这里又叫基类型）的关键字和一个星号（*）构造而成。可以给构造好的指针类型取一个别名，作为指针类型标识符。例如，

```
typedef int * Pointer;    //Pointer是类型标识符，其值集为本程序中int型变量的地址
```

6.1.2　指针变量的定义与初始化

可以使用构造好的指针类型来定义指针变量。例如，

⊖ 本书未严格界定“指针”的含义，比如标题中的“指针”，可能是指地址、指针变量或指针类型。

```
typedef int * Pointer;
Pointer p1, p2;                    //定义了两个同类型的指针变量p1、p2
```

也可以在构造指针类型的同时直接定义指针变量。例如，

```
int *p;          //使用 int 和 * 构造了一个指针类型，同时使用该类型定义了一个指针变量 p
```

多个定义有时可以合并写，但不主张合并写。例如，

```
int m = 3, n = 5, *px;             //或 int *px, m = 3, n = 5;
```

上面的定义中，p、p1、p2 和 px 等标识符是指针变量名，这几个指针变量的值可以是 int 型变量或相当于 int 型变量的数据（比如 int 型数组的元素）的地址。

程序执行到指针变量定义处，即意味着要在内存为该指针变量分配 1 个字（本书默认为 4 字节即 32 位）的空间，以准备存储某个内存单元地址。

指针变量实际存储的地址，可以通过初始化来指定。用来初始化指针变量的变量要预先定义，且类型与指针变量的基类型要一致，初始化后称指针变量指向该变量。指针变量的初始化通常是在函数调用过程中完成的，即实际参数的地址值传递给形式参数的指针变量（参见 6.3 节）。下面先用简单的直接初始化例子示意这一过程中的注意事项。

初始化时，指针变量的基类型与变量的类型要一致，且变量要预先定义。例如，

```
int i = 0;      //变量 i 要先定义
int *pi = &i;   //取出变量 i 的地址，用来初始化指针变量 pi，即 pi 指向 i
float f = 3.2;
float *pf = &f; //pf 指向 f
```

也可以用另一个指针变量来初始化一个指针变量。例如，

```
int *pj = pi;   //用指针变量 pi 初始化指针变量 pj，二者的基类型一致，pj 也指向变量 i
```

或者用一个指针常量来初始化一个指针变量。例如，

```
int a[10];      //数组名 a 代表 a[0] 的地址（指针常量）
int *pa = a;    //等价于“int *pa = &a[0];”，pa 的基类型与 a[0] 的类型一致，pa 指向 a[0]
```

还可以用 0 来初始化一个指针变量，表示该指针变量暂时不指向任何变量。例如，

```
int *pv = 0;    //0 是一个空地址
```

注意，不可以将一个非 0 整数赋给一个指针变量，因为程序员事先指定的地址不一定是执行环境分配给该程序的内存单元地址，不一定能在该程序中访问。例如，

```
int *pn = 2000;                    //编译器可能会报错⊖，执行时可能会引起系统故障
```

初始化之后的指针变量，可以用来访问数据。指针变量的值一般是某个数据的地址，使用指针变量访问数据时，地址决定访问的起点，基类型决定访问的终点。可见，指针变量是通过指定起点和终点来访问某个数据群体的，这是指针类型与基本类型的不同之处。

【训练题 6.1】 判断下列指针类型数据的初始化是否恰当，并上机验证。

```
int m = 3;
float f;
```

⊖ 2000 的类型是 int，不能隐式转换为 int *，但弱类型语言（参见 10.4.2 节）编译器不一定检查这类错误。

```
int *pi;
++pi;
pi = &f;
pi = &a;
float *pf = &f;
int a[10];
char ch;
char *pch = &ch;
int *pa = &a;
int *pn = pa;
int *pv = 0;
pn = 2000;
```

6.1.3 指针的基本操作

由于指针类型的数据是标识内存单元地址的特殊整数，所以它可参与的操作有限，包括取值操作、赋值操作、关系 / 逻辑操作、加 / 减一个整数、减法操作和下标操作（参见 6.2.1 节），而且这些操作只在一定的约束条件下才有意义。不能参与的操作是没有意义的操作，不一定会出语法错误，但可能会造成难以预料的结果，例如，将两个指针类型数据相加或乘 / 除，结果不一定是有效的内存地址，或者即使地址有效，其对应的内存单元未必能被该程序访问。

前文介绍数据的输入（参见 0.10 节）及指针变量初始化时，已经用到取地址操作，该操作用来获取操作数的地址，所用的地址操作符（address operator）“&”是单目操作符，优先级较高（2 级），结合性为自右向左。其操作数应为各种类型的内存变量、数组元素等，不能是表达式、字面常量、寄存器变量。

（1）取值操作

取值操作用来获得指针变量指向的内存数据，所用的指针操作符（indirection operator）* 是单目操作符，优先级较高（2 级），结合性为自右向左。其操作数应为地址类型的数据。注意，构造指针类型或定义指针变量时的 * 不是指针操作符。例如，

```
int i = 0;
int *pi = &i;                //pi 指向 i，这里的 * 不是指针操作符
*pi = 1;                     //对 pi 进行取值操作并对其赋值，即对 i 赋值，相当于 i = 1;
*(&i) = 2;                   //先对 i 进行取地址操作，再进行取值操作并赋值，相当于 i = 2;
pi = &(*pi);                 //pi 仍然指向 i
```

可见，取地址操作与取值操作是一对逆操作。

（2）指针类型数据的赋值操作

指针变量除初始化外，还可以通过赋值操作指定一个地址，使之指向某一个变量。例如，

```
int i = 0;
int *pi = &i;                //初始化，pi 指向 i
*pi = 1;                     //改变 i 的值

int j = 3;
pi = &j;                     //赋值，pi 指向 j，j 必须预先定义，且类型与 pi 的基类型一致
*pi = 2;                     //改变 j 的值

int *pj;
pj = pi;                     //赋值，pj 指向 pi 指向的数据，pi 与 pj 的基类型一致
```

指针变量赋值操作的右操作数也应为地址类型的数据，还可以为0，但不可以是一个非0整数。右操作数的基类型要与左边指针变量的基类型一致，必要时可小心使用强制类型转换。

指针变量必须先初始化或赋值，然后才能进行其他操作，否则其所存储的地址是不确定的，对它的操作会引起不确定的错误。

（3）指针类型数据的关系/逻辑操作

两个指针类型的数据可以进行比较，以判断在内存的位置前后关系，前提是它们表示同一组数据的地址，否则一般没有意义，正如比较两条不同街道的门牌号码大小一样。例如，两个指针变量都指向某数组中的元素，使用关系操作比较这两个地址在数组中的前后位置关系。也可以判断一个地址是否为0，以明确该地址是否为某个实际内存单元的地址。

（4）指针类型数据加/减一个整数操作

一个指针类型的数据加/减一个整数，可以使其成为另一个地址，前提是操作结果仍然是一个有效的内存单元地址。例如，操作前指针变量指向某数组的一个元素，操作后的结果仍指向该数组的另一个元素（不要超出数组范围）。注意，加/减一个整数n后的结果，并非在原来地址值的基础上加/减n，而是n的若干倍，具体倍数由基类型决定，即加/减n* sizeof（基类型）。例如，

```
int i = 0;
int *pi = &i;
++pi;                    //设int型数据占4字节空间，则pi的地址值实际增加了4，而不是1
```

（5）指针类型数据的减法操作

两个基类型相同的指针类型数据相减，结果为两个地址之间可存储基类型数据的个数。通常用来计算某数组两个元素之间的偏移量。例如，

```
int a[5] = {0};
int *pi = a;
int *pj = &a[4];
int offset = pj - pi;    //offset为pj与pi之间可存储int型数据的个数，结果为4
```

此外，指针数据可以直接输出，例如，

```
int i = 1;
int *p = &i;
printf("%x", p);         //输出p的值(i的地址)
printf("%d", *p);        //输出i的值
```

6.2　用指针操纵数组

6.2.1　指向一维数组元素的指针变量

由于一维数组名代表第一个元素的地址，所以可将一维数组名赋给一个一级指针变量，此时称该指针变量指向这个数组的元素。例如，

```
int a[10];
int *pa = a;                    // 相当于 int *pa = &a[0];
```

当一个指针变量指向一个数组的元素时，该指针变量可以存储数组的任何一个元素的地址，即 pa 先存储 a[0] 的地址，不妨设为 0x00002000(简写为 2000)。然后，pa 的值可以变化为 2004、2008、200C、2010、2014、2018、202C、2020、2024，于是，可以通过 pa 来访问数组 a 的各个元素。访问方法有以下三种。

1）下标法：通过下标操作指定元素。

2）指针移动法：通过自加 / 减一个整数操作指定元素地址。

3）偏移量法：通过取值操作和加 / 减一个整数操作指定元素。

通过指针变量操纵数组时，要注意防止下标越界。

例 6.1　使用指针变量操纵数组。

程序如下：

```
#include <stdio.h>
#define N 10
int main( )
{
    int i;
    int a[N] = {0, 1, 2, 3, 4, 5, 6, 7, 8, 9};
    int *pa;
    for(pa = a, i = 0; i < N; ++i)
        printf("%d ", pa[i]);              // 下标法，用 a[i] 也行
    for( ; pa < (a + N); ++pa)             // 指针移动法，用 ++a 不行，因为 a 是指针常量
        printf("%d ", *pa);
    for(pa = a, i = 0; i < N; ++i)         // 这里如果没有 "pa = a"，则会出现越界
        printf("%d ", *(pa + i));          // 偏移量法，用 *(a + i) 也行
    return 0;
}
```

从例 6.1 可以看出，在同一个函数里，一般没有必要用指针操纵数组。6.2 节的内容实际上是为 6.3 节的内容做准备的。

【训练题 6.2】用指针 pa 操纵数组 a：

```
int a[5] = {0, 1, 2, 3, 4};
int *pa = a;
```

1）pa+*n* 表示 pa 之后第 *n* 个元素的地址，设 pa 为 0X20000000，那么 pa+2 为多少？

2）若有 “int *q = &*a*[3];”，则 *q*–*p* 的值为多少？

3）pa++ 表示 pa 先作为操作数，并将指向下一个元素，那么 *pa++ 与 *(pa++) 是什么含义？

4）++pa 表示 pa 指向下一个元素，然后作为操作数，那么 *(pa=pa+1)、*(pa+=1) 与 *(++pa) 的含义分别是什么？

5）(*pa)++ 的含义呢？

6）写出下面程序片段的输出结果。

```
int a[5] = {0, 1, 2, 3, 5};
int *pa = a;
int sum = 0;
for( ; pa <= a+4; ++pa)
    sum += *pa;
printf("%d ", sum);
pa = a;
++pa;
printf("%d ", *pa);
printf("%d ", *pa++);
printf("%d ", *pa);
printf("%d ", *(++pa));
++(*pa);
printf("%d \n", a[3]);
```

【训练题 6.3】编程实现将一个 int 型数组（用指针操纵）中存放的元素完全颠倒顺序存放。例如，对于 int data[7] = {0, 1,2,3,4,5,6}，执行后，data[0] 为 6，data[6] 为 0。

6.2.2 二级指针

C 语言的指针变量还可以存储另一个指针变量的地址。例如，

```
int i = 0;
int *pi = &i;
int **ppi = &pi;                    // 指针变量 pp 存储的是指针变量 pi 的地址
```

这时，称指针变量 ppi 是一个二级指针变量，它指向的变量是一个一级指针变量 pi。[⊖]

二级指针的实质是其基类型表示的是一个数据群体（有起点、有终点）。二级指针变量通常用于指针类型数据的传址调用（参见 8.4.2 节），也可以用作数组的指针，操纵数组。

6.2.3 数组的指针

上面的指针变量均指向一维数组的元素。实际上也可以定义指向整个数组的指针变量，即数组的指针。也就是说，一个指针类型的基类型可以是 int、float 这样的基本类型，也可以是数组这样的派生类型。例如，

```
typedef int A[10];
A *q;
```

或者合并写成：

```
int (*q)[10];
```

该指针变量 q 可以存储一个类型为 A 的数组的地址，例如，

```
int a[10];
q = &a;           // 可以将 q 看作一个二级指针变量，因为其基类型表示的是一个数据群体
```

对于二维数组，可以通过不同级别的指针变量来操纵。注意，二维数组名代表第一行的地址。例如，

⊖ 如果再定义一个指针变量 pppi 存储 ppi 的地址，则 pppi 是一个三级指针变量，以此类推。

```
int b[5][10];
int *p;
p = &b[0][0];        // 或“p = b[0];”，一级指针变量可以存储数组 b 某一元素的地址
```

或者

```
int (*q)[10];
q = &b[0];           // 或“q = b;”，q 相当于一个二级指针变量，可存储 b 某一行的地址
```

或

```
int (*r)[5][10];
r = &b;              //r⊖ 可存储整个二维数组 b 的地址
```

然后，可以通过下标法指定元素，如 q[i][j]（相当于 b[i][j]）；也可以通过指针移动法指定某个元素地址，再取值指定任一元素，如 ++p、*p；或者通过指针移动法指定某一行的地址，再取值指定某一行的首元素，如 q++、**q（对于字符型数组的指针，可以用 *q 指定某一行，即一个字符串，参见第 7 章）；还可以通过偏移量法指定任一元素，如 *(*(q+i)+j) 相当于 *(*(b+i)+j)，或 *(&q[0][0]+5*i+j) 相当于 *(&b[0][0]+5*i+j)，或 *(q[i]+j) 相当于 *(b[i]+j)，或 (*(q+i))[j] 相当于 (*(b+i))[j]。

6.3 用指针在函数间传递数据

6.3.1 指针类型参数

指针变量可以用作函数的形参，以提高函数间大量数据（例如数组）的传递效率。

例 6.2 指针变量作为函数形参。

程序如下：

```
#include <stdio.h>
#define N 10
void Fun(int *pa, int n);
int main( )
{
    int a[N] = {1, 3, 5, 7, 9, 11, 13, 15, 17, 19};
    int sum = Fun(a, N);           // int *pa = a
    printf("%d \n", sum);
    return 0;
}
int Fun(int *pa, int n)
{
    int s = 0;
    for(int i = 0; i < n; ++i)
        s += *(pa + i);
    return s;
}
```

可见，当函数的形参定义成指针变量，实参是数组名时，调用时不是将实参的副本通过赋值的形式一一传递给形参，而是通过指针变量直接访问实参，以提高数据的传递效率。这

⊖ 相当于一个三级指针变量。

种函数调用方式通常叫作传址调用。

实际上，C 语言中，写成数组定义形式的形参也是按照指针类型数据处理的，即只给形参分配 1 个字的存储空间，以存储实参第一个元素的地址。

【训练题 6.4】调试例 6.2 的程序，学习指针作为函数参数的用法。

指针类型数据用作函数的形参，除了可以提高函数间大量数据的正向传递效率外，还存在一种函数的副作用，即在被调函数中可以通过指针变量修改实参的值。被调函数的 return 语句一般只能返回一个值，如果要返回多个值，则可以利用这种函数的副作用实现函数间数据的反向传递。

例 6.3　利用函数的副作用实现两个数据的交换。

程序如下：

```
#include <stdio.h>
void Swap(int *pm, int *pn);
int main( )
{
    int m = 5, n = 9;
    Swap(&m, &n);          // int *pm = &m, int *pn = &n, 传址调用
    printf("%d  %d", m, n);
    return 0;
}
void Swap(int *pm, int *pn)
{
    int temp = *pm;
    *pm = *pn;
    *pn = temp;
}
```

例 6.3 中的程序可以实现 m、n 两个数的交换。如果程序写成如下的形式：

```
#include <stdio.h>
void Swap1(int x, int y)
{
    int temp = x;
    x = y;
    y = temp;
}   // 则不能实现 m、n 两个数的交换
int main( )
{
    int m = 5, n = 9;
    Swap1(m, n);           // int x = m, int y = n, 传值调用不能改变 m、n 的值
    printf("%d  %d", m, n);
    return 0;
}
```

函数 Swap1 的参数是基本类型，被调用时实际参数只能单向传递给形式参数，这种调用方式通常称为传值调用。在传值调用方式下，形式参数的变化不改变实际参数的值。如果程序写成如下形式，也不能实现 m、n 两个数的交换。

```
#include <stdio.h>
void Swap2(int *pm, int *pn)
```

```
{
    int *temp = pm;          //没有指针变量的取值操作，不能改变m、n的值
    pm = pn;
    pn = temp;
}
int main( )
{
    int m = 5, n = 9;
    Swap2(&m, &n);           // int *pm = &m, int *pn = &n
    printf("%d  %d", m, n);
    return 0;
}
```

该程序的函数间虽然传递了地址，但被调函数里没有通过指针变量操纵实参所指向的变量，没有发挥副作用的效果，被调函数里直接操作传递过来的数据，其本质仍是传值调用。

例 6.4　指针变量作为函数形参的双重作用。

程序如下：

```
#include <stdio.h>
#define N 10
void Fun(int *pa, int n);
int main( )
{
    int a[N] = {1, 3, 5, 7, 9, 11, 13, 15, 17};          //注意a[N-1]初始化为0
    Fun(a, N);  // int *pa = a
    printf("%d \n", a[N-1]);
    return 0;
}
void Fun(int *pa, int n)
{
    for(int i = 0; i < n-1; ++i)
        *(pa + n - 1) += *(pa + i);
}
```

例 6.4 程序中既利用传址调用提高了数据正向传递的效率，又利用函数的副作用实现了数据的反向传递（修改了数组最后一个元素的值）。

【训练题 6.5】调试例 6.3 和例 6.4 的程序，体会传址调用方式下函数的副作用。

【训练题 6.6】思考：为什么 scanf 库函数采用了指针类型参数，而 printf 库函数没有采用？

6.3.2 const 的作用

（1）防止函数的副作用

指针变量作为形参一般可以产生提高数据正向传递效率与函数的副作用两个效果。如果不希望函数的副作用起作用，从 C99 标准开始允许用关键字 const 将形参设置成指向常量的指针类型。例如，下面的函数通过 const 限制程序员在函数体中修改实参的值。

```
void F(const int *p, int num)                    //或const int p[]
{
```

```
    ...
    *p = 1;                    // 不允许该操作，同样，“p[i] = 1;”也是不允许的
    ...
}
```

（2）定义符号常量

使用 const 定义符号常量，往往比“#define PI 3.14159”更好，因为会进行类型检查，而不是只进行文本替换。例如，

```
const double pi = 3.1415926;              // 句末要加分号
```

值得注意的是，用 const 定义常量时必须初始化，且 const 的位置不同含义也不同。例如，

```
int n = 0;
const int m = 0;            //m 为 int 型常量，其值不可以改变
const int *p1;
p1 = &m;                    //p1 为指向常量的指针变量，其值可以改变，*p1 的值不可改变
p1 = &n;                    // 允许，只不过不能通过 p1 修改 n 的值
int * const p2 = &n;        //p2 为指向变量的指针常量，其值不可以改变，*p2 的值可变
                            // 不允许“int * const p2 = &m;”，以防止通过 p2 修改 m 的值
const int * const p3 = &m;//p3 为指向常量的指针常量，其值与 *p3 的值都不可改变
                            // 允许“const int * const p3 = &n;”，只是不能通过 p3 修改 n 的值
++n;                        // 允许
++m;                        // 不允许
++p1;                       // 允许
++p2;                       // 不允许
++p3;                       // 不允许
int *q;                     // 可以进行“*q = 1”、“++q”操作
q = &n;                     // 允许
q = &m;                     // 不允许，以防止通过 q 修改 m 的值
```

【训练题 6.7】上机验证 const 关键字的作用。

另外，用 const 定义的全局变量名具有文件作用域（参见 2.5.1 节）。

6.3.3 指针类型返回值

C 语言的 return 语句一般只能返回一个值，不能返回含有多个值的数组，但可以返回数组或其元素的地址。

例 6.5　指针类型的返回值示例。

程序如下：

```
#include <stdio.h>
const int N=5;
int *Max(const int ac[], int num);
int main( )
{
    int a[] = {1, 2, 5, 4, 3};
    *Max(a, N) = 0;                        // 用 0 替换数组 a 中的最大数
    for(int i = 0; i < N; ++i)
        printf("%d, ", a[i]);              // 输出 1, 2, 0, 4, 3,
    return 0;
}
```

```
int *Max(const int ac[], int num)
{
    int max_index = 0;
    for(int i = 1; i < num; ++i)
        if(ac[i] > ac[max_index])
            max_index = i;
    return (int *)&ac[max_index];
}
```

例 6.5 中 Max 函数的返回值是数组第三个元素（最大值）的地址，在 main 函数中对返回的地址进行了取值操作，结果相当于 a[2]。

注意，函数一般不能返回局部变量的地址，因为主调函数在调用多个函数时，函数返回的局部变量存储空间在主调函数使用前有可能被其他函数使用，从而使程序发生错误。例如，

```
int *F( )
{
    int i = 0;
    return &i;
}
int *G( )
{
    int j = 1;
    return &j;
}
//调用者获得地址时，i、j 空间已经被收回，地址无意义
int main( )
{
    int *p = F( );                  //p 指向 i
    int *q = G( );                  //q 指向 j
    int x = *p + *q;                //x 为 2，因为 i 的存储空间又被 j 占用
    printf( "%d \n", x);            // 输出 2
    return 0;
}
```

【训练题 6.8*】某同学写了如下程序，希望用 0 替换 m、n 中较大的数。请分析该程序的输出结果，如果结果不正确，改正程序，并说明理由。

```
#include <stdio.h>
int *F(int m1, int n1);
int main( )
{
    int m = 5, n = 9;
    *F(m, n) = 0;
    printf("%d, %d \n", m, n);
    return 0;
}
int *F(int m1, int n1)
{
    int *pm = &m1, *pn = &n1;
    if(m1 > n1)
        return pm;
    else
        return pn;
}
```

6.4 用指针访问动态变量

编写程序时，程序员往往不能事先确定需要多少空间来存储待处理的数据或处理结果，即无法定义某种确定类型的变量。C 语言基于指针数据类型提供了动态变量的创建、访问和撤销机制，以便灵活安排数据的存储空间。

6.4.1 通用指针与 void 类型

前文已经多次提及 void 这个表示空类型的关键字。空类型的值集为空，在计算机中不占空间，一般不能参与基本操作。定义函数时，void 通常用来描述不返回数据的函数的返回值，以及不需要参数的函数的形参，还可以作为指针类型的基类型，形成通用指针类型（void *）。

通用指针类型变量不指向具体的数据，不能用来访问数据，但任何指针类型都可以隐式转换为通用指针类型，而且在将通用指针类型转换回原来的指针类型时不会丢失信息，所以，通用指针类型经常作为函数的形参和返回值的类型，以提高所定义函数（比如创建动态变量的库函数）的通用性。

6.4.2 动态变量的创建

动态变量是指由程序员根据程序执行过程中的需求（比如用户的输入数据），基于动态内存分配方式（参见 2.5.4 节），通过调用库函数 malloc 创建的一种变量。malloc 的原型是：

```
void *malloc(unsigned int size);
```

该函数在 stdlib.h 中声明，其功能是在堆区分配 size 个单元，返回值为所分配内存空间的地址，返回值类型为通用指针类型 void *，强制类型转换后可以作为各种类型动态变量的地址。调用时，一般用操作符 sizeof 计算需要分配的单元个数作为实参。

```
malloc(sizeof(int));                //创建一个 int 型动态变量，可存储 1 个 int 型数据
malloc(sizeof(double) * n);         //创建一个 double 型动态数组，含 n 个元素
malloc(sizeof(int) * n * 10);       //创建一个 int 型二维动态数组（n 行 10 列）
```

实际上，调用库函数 malloc 时，实参的不同写法并不能指定所创建的动态变量的类型，但写成上述各种不同的形式可以提醒程序员想创建动态变量的类型，以提高程序的易读性。

如果要为未知类型的数据对象分配空间，则需要利用带参数的宏定义来传递类型信息，例如，

```
#define MY_MALLOC(type, n) ( (type *)malloc(sizeof(type) * (n)) )
MY_MALLOC(int, 5);                  //预处理结果为 (int *)malloc(sizeof(int) * (5));
```

其中，MY_MALLOC 为宏名，type 为动态数组元素的类型，n 为数组长度。要创建单个 int 型动态变量可以写成 "MY_MALLOC(int, 1);"。

6.4.3 动态变量的访问

创建的动态变量没有变量名，需要通过指针变量来访问[⊖]。例如，

⊖ C++ 语言新添 new 操作，用来创建动态变量，比库函数 malloc 更方便，如 “int *pd = new int;”、“int *pda = new int[n];”、“int (*pdaa)[10] = new int[n][10];”、“int **pdaa = new int[n][10];”。撤销的时候，使用 delete 操作，如 “delete pd;”、“delete []pda;”、“delete []pdaa;”、“delete []pdaa[i];”。

（1）一般动态变量的访问

```
int *pd;                                   //pd 可以指向一个 int 型变量
pd = (int *)malloc(sizeof(int));           // 返回值强制类型转换后赋给指针变量 pd
```

接下来可用 *pd 表示和访问所创建的动态变量。从中可以看出，C 语言中动态变量的具体类型是通过强制类型转换指定的。

（2）一维动态数组的访问

```
int n = 5;
double *pda;                               //pda 可以指向 double 型一维数组中的一个元素
pda = (double *)malloc(sizeof(double) * n);   // 返回值强制类型转换后赋给指针变量 pda
```

接下来，可以通过指针 pda 进行数据访问，例如，使用 *(pda+3) 或 pda[3] 表示所创建的一维动态数组中的第 4 个元素。

（3）二维动态数组的访问 *

```
int n = 5;
typedef int A[10];
A *pdaa;                                   //pdaa 可以指向列数为 10 的 int 型二维数组中的一行
pdaa = (A *)malloc(sizeof(int)*n*10);      // 返回值强制转换成 A *（即 int(*)[10]）类型
```

该代码片段也可以写成：

```
int n = 5;
int(*pdaa)[10] = (int(*)[10])malloc(sizeof(int)*n*10);
                                           // 返回值强制转换成 int(*)[10] 类型
```

接下来，可以通过数组指针 pdaa 进行数据访问，例如，使用 *(*(pdaa+3)+0) 或 pdaa[3][0] 表示所创建的二维动态数组中的第 4 行第 1 个元素。

如果要创建行数（n）和列数（m）均为变量的二维动态数组，则可以写成如下形式：

```
int m = 10, n = 5;
scanf("%d%d", &m, &n);
int **pdab = (int **)malloc(sizeof(int *)*n);
for(int i=0; i < n; i++)
    pdab[i] = (int *)malloc(sizeof(int)*m);
```

接下来，同样可以通过二级指针 pdab 进行数据访问，例如，使用 *(*(pdab+1)+0) 或 pdab[1][0] 表示所创建的二维动态数组中的第 2 行第 1 个元素。

6.4.4　动态变量的撤销

C 语言中的动态变量在所属的函数执行完后不会被自动撤销，需要程序员使用库函数 free 在程序中显式地撤销。free 的原型如下：

```
void free(void *p);
```

该函数在 stdlib.h 中声明，其功能是释放 p 所指向的位于堆区的内存空间。例如，

```
free(pd);                                  // 撤销 6.4.3 节中 pd 指向的动态变量
free(pda);                                 // 撤销 6.4.3 节中 pda 指向的动态数组
free(pdaa);                                // 撤销 6.4.3 节中 pdaa 指向的二维动态数组
```

对于 6.4.3 节中 pdab 指向的二维动态数组，要先在一个循环里使用 free(pdab[i]) 撤销每一行的空间，再使用 free(pdab) 撤销存储每行地址的 n 个动态指针变量所占的空间。

注意，撤销的是位于堆区的内存空间，即如图 6-2 所示的阴影区域，而不是指针变量 p（位于栈区）所在的空间。

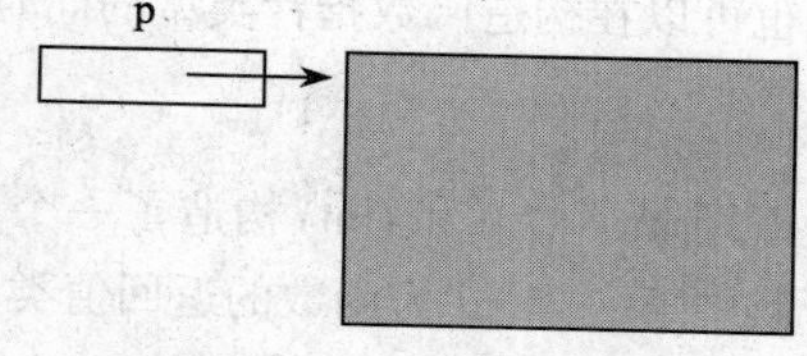

图 6-2 动态变量的撤销

【训练题 6.9】编程：创建一个 int 型动态变量，并对其赋值；再创建一个长度为 5 的 int 型一维动态数组，从键盘输入数组元素的值；然后输出动态变量和一维动态数组所有元素的值。

6.4.5* 内存泄漏

对于动态变量，如果程序员没有在程序中释放其空间，那么，当指向它的指针变量的存储期结束后（例如，其所属函数执行完毕但整个程序尚未执行完毕时），或者指向它的指针变量指向了别处，则无法访问该动态变量，尽管它仍然存在，从而造成内存空间的浪费，这一现象称为内存泄漏，即图 6-2 中阴影区域的内存空间泄漏了。例如，

```
double *pda;
int m, n = 5;
pda = (double *)malloc(sizeof(double) * n);    //pda 指向动态数组中的元素
pda = &m;                                      //pda 指向 m，上面的动态数组造成了内存泄漏
```

如果上面的动态数组较大，或者程序中多个函数存在这样的代码，或者存在这样代码的函数被反复调用，那么内存泄漏会大大增加程序执行期间的内存消耗，从而会降低程序的可行性。C 程序员应养成适时释放动态变量所占空间的良好习惯⊖。

6.4.6* 悬浮指针

对于动态变量，一旦释放其空间，原本指向它的指针变量则指向一个无效空间，这时，该指针变量变为悬浮指针（dangling pointer）。例如，图 6-2 中阴影区域的内存空间释放后，指针变量 p 则变为悬浮指针，即，

```
double *pda;
int m, n = 5;
pda = (double *)malloc(sizeof(double) * n);    //pda 指向动态数组中的元素
free(pda);                                     //pda 变为悬浮指针，不可进行 *pda = 0 等操作
```

程序员要留意对悬浮指针的操作，以免出错。比如，不能通过悬浮指针访问原来的动态变量，不要对悬浮指针进行取值操作等。

6.5* 用指针操纵函数

C 程序执行期间，程序中每个函数的代码也占据一定的内存空间。C 语言允许将该内存空间的首地址赋给基类型为函数的指针变量，通常称这种指针变量为函数指针（注意与指针

⊖ Lisp、Java 等高级语言会自动回收堆区空间，无须程序员处理“垃圾”。

类型返回值的区别，参见 6.3.3 节），可以用来调用函数。例如，

```
typedef int (*PF)(int);                 // 构造了一个函数指针类型 PF
PF pfn;                                 // 定义了一个函数指针 pfn
```

也可以在构造函数指针类型的同时直接定义函数指针：

```
int (*pfn)(int);
```

即用 int、(*) 和 (int) 构造了一个函数指针类型，并同时用该类型定义了一个指针变量 pfn，其中第一个 int 为函数的返回值类型，第二个 int 为函数参数的类型。

对于一个函数，例如 int F(int m) {…}，可以使用取地址操作符 &（或直接用函数名）来获得其内存地址。例如，

```
pfn= &F;
```

或者

```
pfn = F;
```

这样，函数指针 pfn 指向内存的代码区（而不是数据区），接下来可以通过函数指针调用函数，调用形式如下：

```
(*pfn)(10);
```

或者

```
pfn(10);                                // 实参为 10，调用函数 F
```

例 6.6 根据输入的要求，执行在函数表中定义的某个函数。

```
#include <stdio.h>
#include <math.h>
const int MAX_LEN = 8;
typedef double (*PF)(double);
PF fn_list[MAX_LEN] = {sin, cos, tan, asin, acos, atan, log, log10};
int main( )
{
    int index;
    double x;
    do                                  // 循环以获得正确的输入
    {
        printf("请输入要计算的函数 (0:sin, 1:cos, 2:tan, 3:asin, \
4:acos, 5:atan, 6:log, 7:log10):\n");
        scanf("%d", &index);
    }while(index < 0 || index > 7);
    printf("请输入实参: ");
    scanf("%d", &x);
    printf("结果为: %d \n", (*fn_list[index])(x));
                                        // 根据输入的序号与实参执行不同的函数
    return 0;
}
```

还可以把一个函数名（函数的首地址）作为实参传给被调函数，被调函数的形参定义为一个函数指针。例如，

```
double Integrate(double (*pfn)(double x), double x1, double x2)
{
    double s = 0;
    int i = 1, n;                        //i为步长，n为等份的个数，n越大，计算结果精度越高
    printf("please input the precision: ");
    scanf("%d", &n);
    while(i <= n)
    {
        s += (*pfn)(x1 + (x2 - x1) / n * i);
        ++i;
    }
    s *= (x2 - x1) / n;
    return s;
}
```

上述函数Integrate可以计算任意一个一元可积函数（由函数指针pfn操纵）在一个区间[x1, x2]上的定积分，该函数的调用形式如下：

```
double My_fn(double x)
{
    double f = x;
    return f;
}
Integrate(My_fn, 1, 10);              //计算函数My_fn在区间[1, 10]上的定积分
Integrate(sin, 0, 1);                 //计算函数sin在区间[0, 1]上的定积分
Integrate(cos, 1, 2);                 //计算函数cos在区间[1, 2]上的定积分
```

【训练题6.10*】编写一个函数Map，它有三个参数。第一个参数是一个一维double型数组，第二个参数为数组元素个数，第三个参数是一个函数指针，它指向带有一个double型参数、返回值类型为double的函数。函数Map的功能是：把数组（第一个参数）的每个元素替换成用它原来的值（作为参数）调用第三个参数所指向的函数得到的值。

【训练题6.11*】解释下面表述的含义：

```
int * (*pfnPfnPp)(int(*)(int *, int), int **);
```

6.6 本章小结

C语言中的指针类型是一种派生数据类型。本章着重介绍了指针的含义与应用。计算机内存地址是一种特殊的整数，将地址专门用指针类型来描述，可以进一步限制该类型数据的操作集，从而便于保护地址所指向的存储空间中的数据。通过本章的学习，读者可以熟悉指针的类型构造、变量定义、初始化及其操作方法。通过配合本章的实践训练，读者可以掌握指针的典型应用：一是作为参数可以在函数间高效地传递数据；二是可以用来访问动态变量。此外，本章还介绍了使用指针操纵数组与函数的方法，以及二级指针、void类型、const类型等概念。

至此，本书介绍了多种函数间的数据传递方式，具体包括：①把实参的副本复制给形参的传值方式；②利用函数返回值传递数据；③通过全局变量传递数据；④通过指针类型参数传递数据的传址方式。后两种方式使函数在完成一个子功能的同时，可以修改其他函数中的

数据，即函数存在副作用问题，程序员需要注意这个问题。从C99标准开始，C语言引入常量类型，在不需要通过函数的副作用传递数据时，可以通过指向常量的指针避免传址调用的函数副作用问题。

指针是C语言的重要特色之一，它可以使C程序比其他高级语言程序更加高效、灵活、精炼，但也可能给程序员特别是初学者带来困惑与意想不到的错误。比如，未恰当初始化的指针变量的操作会出错，指针型参数会造成函数的副作用，未释放的内存空间会造成内存泄漏等问题。C语言出于效率等方面的考虑，没有提供相应的自动处理机制，需要程序员有意识地加以防范。

CHAPTER 7

第7章 字符串

实际应用中，字符串是程序里常见的数据存在形式，通常用来表示文本。C语言本身没有提供字符串类型，一般通过构造基类型为char的数组类型，即字符数组来存储和处理字符串。与其他基本类型数组相比，字符数组具有特殊性，其长度信息往往不便确定，引入结束符可以方便字符串的处理。

一个字符串常量，如 "This is a C program."（普通字符序列）或 "Please input \"Y\" or \"N\":"（含转义符的字符序列），可以复制到字符数组中加以处理，也可以使用指针进行访问。

7.1 字符数组

7.1.1 字符数组的定义和初始化

下面使用char、[] 和 10 构造一个一维字符数组类型，并用该类型定义一个一维字符数组 str：

```
char str[10];
```

执行环境会为该字符数组分配10个内存单元（10*sizeof(char)），以便存储10个字符型元素。

对该字符数组可以用以下方式进行初始化：

```
char str[10] = {'H', 'e', 'l', 'l', 'o', ' ', 'N', 'J', 'U', '\0'};//第6个元素为空格符，第10个元素为'\0'
char str[10] = "Hello NJU";
```

注意：第一种初始化方式最好像示例一样在最后加一个字符串结束标志 '\0'，该结束标志是一个转义符，对应的ASCII码是0。第二种初始化方式不必加 '\0'，因为C语言中的字符串常量最后会自动加 '\0'，并赋给定义的数组。定义的字符数组长度应该保证足以存储该结束标志，这是一种约定俗成的做法，可以方便字符串的相关操作。可见，对于长度为10的字符数组，最多能存储9个有效字符。第二种方式下，若要求赋值操作两边的操作数类型完全一致，则可以加一个const关键字，不过这样数组元素的值不可更改：

```
const char str[10] = "Hello NJU";
```

如果是如下不完全初始化形式：

```
char str[10] = {'H', 'e', 'l', 'l', 'o', '\0'};
```

```
char str[10] = "Hello";
```

则会为 str 分配 10 字节的存储空间，其前 6 个元素被初始化为 'H'、'e'、'l'、'l'、'o'、'\0'，没有被初始化的元素均默认为 '\0'。

如果是如下初始化形式：

```
char str[] = {'H', 'e', 'l', 'l', 'o', '\0'};
char str[] = "Hello";
```

即字符数组的长度省略了，这时只会为 str 分配 6 字节的存储空间。

如果写成“char str[] = {'H', 'e', 'l', 'l', 'o'};”，则只会为 str 分配 5 字节的存储空间，不会自动存储 '\0'。

【训练题 7.1】自行设计小程序，验证：

1）程序中 'A' 与 "A" 的区别（提示：使用 sizeof 操作符）。

2）char str[20] = “%%\t\n\x1a\092i\234s”；中数组的长度和字符串常量真正的长度分别是多少？（提示：'\092' 不是三位八进制 ASCII 码的转义符。）

3）未初始化的字符数组元素默认值是什么？（提示：用 %d 格式符输出元素的 ASCII 码。）

7.1.2 字符数组的输入 / 输出

C 语言中字符数组的输入 / 输出由库函数实现。可以通过 scanf/printf 函数使用格式符 %s 输入 / 输出，一个 %s 对应一个字符数组名。例如，

```
char str[10];
scanf("%s", str);                          // 输入一串字符至 str
printf("The string is %s. \n", str);       // 将 str 里的字符串输出
```

上述程序片段中，str 代表字符数组第一个元素的地址。执行带 %s 格式符的 scanf 函数时，从键盘输入的一个字符串会自动经过输入缓冲区转存至该字符数组中。回车换行符是输入的结束标志，空格符、水平制表符或回车换行符是 scanf 函数转存的结束标志，它们不会存入字符数组中，一个 '\0' 会自动存入字符数组作为所存字符串的结束标志。执行带 %s 格式符的 printf 函数时，从 str 这个字符地址所指向的内存单元开始，到存有 '\0' 的内存单元为止，之间所有内存单元里的字符全部经过输出缓冲区替代格式符 %s 输出，'\0' 本身不输出，如果格式符是 %d，则只输出 str 这个内存地址本身。可见，对于字符数组，不需要采用循环流程依次输入 / 输出各个元素。

还可以使用库函数 gets 输入一个字符串给 str：gets(str)[⊖]。该函数的功能与带格式符 %s 的 scanf 函数的功能类似，都是以回车换行符作为输入的结束标志，也以回车换行符作为转存的结束标志，也就是说，回车换行符同样不会转存到 str 中，但 gets 可以转存空格符和水平制表符。如果要转存回车换行符，可以用单字符输入库函数 getchar：str[i]=getchar()，该函数也以回车换行符作为输入结束标志，但无须转存结束标志，每次转存一个字符。库函数 puts 可以用来输出字符串，并回车换行，例如 puts(str)，它的功能与带格式符 %s 的 printf

⊖ 有些支持 C11 标准的新版开发环境提供了更为安全的库函数 get_s 代替库函数 gets。

函数的功能类似。

对于上面的字符数组 str，输入时，如果转存的字符个数 n 小于 9，则字符数组尚存在 9−n 个多余内存单元，多余空间里的信号是乱码。如果转存的字符个数 n 大于 9，则多余的 n−9 个字符不仅会占用字符串结束符的存储空间，还会占用紧随字符数组之后的其他存储空间，从而造成内存冲突错误。

如果输出没有结束符的字符串，则在字符串的后面会显示若干乱码[⊖]。例如，

```
char str[] = {'H', 'e', 'l', 'l', 'o'};
printf("The string is %s. \n", str);                // 会显示乱码，如 "Hello 烫烫烫 "
```

内存中总有一些单元里的信号是 0（'\0' 的 ASCII 码），于是使用格式符 %s 输出 str 时，会将 str 数组里的字符及其后的若干乱码全部输出，直至遇到 0 为止。程序员应防范出现乱码问题。

例 7.1　统计输入的字符行中数字、空格符及其他字符的个数。

程序如下：

```
#include <stdio.h>
int main()
{
    char str[100];
    int dgt = 0, spc = 0, othr = 0;
    gets(str);
    int i = 0;
    while(str[i] != '\0')
    {
        if((str[i]) >= '0' && (str[i]) <= '9')
            ++dgt;
        else if((str[i]) == ' ')
            ++ spc;
        else
            ++ othr;
        ++i;
    }
    printf("digit: %d; space:%d; other:%d \n", dgt, spc, othr);
    return 0;
}
```

例 7.1 程序中利用了 gets 库函数输入带有空格符的字符串，并存入字符数组 str。

【训练题 7.2】 编写 C 程序，输入一系列字符，对其中的“->”进行计数。

【训练题 7.3】 编写一个程序，对输入的一个算术表达式，检查圆括号配对情况并输出：配对、不配对（多左括号、多右括号或左右括号颠倒均算作不配对）。

7.1.3　字符数组作为函数的参数

当一维数组作为函数的参数时，通常要把一维数组的名称以及数组元素的个数传给被调函数，以便被调函数确定数组处理的终点。对于一维字符数组，则不需要传递数组元素的个

⊖ 有些开发环境将未使用过的存储空间初始化成诸如 11001100…的模式，会被输出函数当成诸如汉字“烫”等宽字符的机内码（参见附录 C）。

数，因为可以凭借 '\0' 来确定其处理终点。

例 7.2 字符串的大小写转换。

程序如下：

```
#include <stdio.h>
void ToUpper(char s[ ]);
int main( )
{
    char str[10];
    printf("Please input a string: \n");
    scanf("%s", str);
    ToUpper(str);
    printf("The new string is %s. \n", str);
}
void ToUpper(char s[ ])
{
    for(int i = 0; s[i] != '\0'; ++i)
    {
        if(s[i] >= 'a' && s[i] <= 'z')
            s[i] = s[i] - 'a' + 'A';                //小写转换成大写
    }
}
```

例 7.2 程序中函数的实际参数没有提供字符数组的长度，被调函数通过字符串结束符来判断数组是否处理完毕。

【训练题 7.4】改写例 7.1 中的程序，要求用一个独立的函数计算各种字符的个数，并被 main 函数调用（提示：利用指针型参数将多个计算结果通过传址调用的方式传递给主调函数）。

例 7.3 数字字符串到整数的转换，如“365”转换为“((3*10)+6)*10+5”。

程序如下：

```
#include <stdio.h>
int StrToInt(char s[ ]);
int main( )
{
    char str[10];
    printf("Please input a numeric string: \n");
    scanf("%s", str);
    printf("The integer is %d. \n", StrToInt(str));
}
int StrToInt(char s[ ])
{
    if(s[0] == '\0') return 0;              //空字符串转换为 0
    int n = 0;                              //n 用于存储转换结果，初始化为 0
    for(int i = 0; s[i] != '\0'; ++i)       //循环处理各位数字
        n = n * 10 + (s[i] - '0');
    return n;
}
```

在例 7.3 程序中，通过数字字符与字符 '0' 的 ASCII 码差值计算数字字符对应的数值。

【训练题 7.5】已知一段英文密文的加密方法为：对原文中的每个字母，分别用字母表中该字母之后的第 5 个字母替换（例如，“I WOULD RATHER BE FIRST IN A LITTLE IBERIAN VILLAGE THAN SECOND IN ROME”的密文为“N BTZQI WFYMJW GJ KNWXY NS F QNYYQJ NGJWNFS ANQQFLJ YMFS XJHTSI NS WTRJ”）。请编写解密函数。

【训练题 7.6】设计两个函数，分别实现将一个十进制正整数转换为十进制字符串和二进制字符串。

【训练题 7.7】设计函数，判断其 unsigned int 型参数值是否是回文数。回文数是指从正向和反向两个方向读数字都一样，如 895323598 就是一个回文数。

7.1.4 用字符指针操纵字符数组

由于一维字符数组名代表第一个元素的地址，所以可将其赋给一个字符型指针变量，即可以用一个字符型指针变量指向一个字符数组。例如，

```
char str[10];
char *pstr = str;                              //相当于 char *pstr = &str[0];
```

pstr 初值为 str[0] 的地址，不妨设为 0x00002000(简记为 2000)，pstr 的值可以变化为 2001、2002、2003、2004、2005、2006、2007、2008、2009，通过 pstr 可操纵 str 的各个元素。

例 7.4 字符数组里字符串的反转，例如，“Hello”转换为“olleH”。

程序如下：

```
#include <stdio.h>
int main( )
{
    char str[10] = "Hello";
    char *ph = str, *pt = ph;                  //ph 指向第一个字符
    for( ; (*pt) != '\0'; ++pt);               // 循环结束时，pt 指向最后一个字符
    for(--pt; ph < pt; ++ph, --pt)             //ph、pt 相向移动
    {
        char temp = *ph;
        *ph = *pt;
        *pt = temp;
    }
    printf("The reverseed string is %s. \n", str);
    return 0;
}
```

【训练题 7.8】将例 7.4 中的“for(; (*pt) != '\0'; ++pt);”改为“for(int i = 0; i < 10; ++i, ++pt);”，观察程序的执行结果，并分析原因。

对于字符指针，可以用 %s 格式符输出它所指向的字符串。例如，

```
printf("The string is %s. \n", pstr);          // 显示 Hello
```

也可以用格式符 %d 或 %x 显示地址值，例如，

```
printf("The string is %d. \n", pstr);          // 按十进制整数形式显示一个地址值
printf("The string is %x. \n", pstr);          // 按十六进制整数形式显示一个地址值
```

如果要保存字符指针变量自身所在内存单元的地址，则需要定义一个字符型的二级指针变量，例如，

```
char **ppstr;
ppstr = &pstr;
```

使用 %s 或 %c 格式符，可以输出二级指针变量所指向的字符串或某个单字符：

```
printf("%s \n", *ppstr);          //相当于printf("%s \n", pstr); 输出结果为Hello
printf("%c \n", **ppstr);         //相当于printf("%c \n", *pstr); 输出结果为H
```

字符指针也常用作函数的参数，以提高字符型数据的传递效率。

例 7.5 字符串拷贝函数。

程序如下：

```
#include <stdio.h>
void MyStrcpy(char *t, char *s);
int main()
{
    char str[20];
    MyStrcpy("C Language", str);
    puts(str);
    return 0;
}
void MyStrcpy(char *t, char *s)
{
    while((*s)!='\0')                  // 或写成: while((*t++ = *s++) != '\0');
    {
        *t = *s;
        t++;
        s++;
    }                                  //逐个字符复制
    *t = *s;                           //复制 \0
}                                      //该函数还利用了函数的副作用“返回”函数处理的结果
```

【训练题 7.9】分析下面 hash 函数的功能，并应用该函数实现某班同学的分组。

程序如下：

```
const int HASHSIZE = 10;
unsigned hash(char *s)
{
    unsigned hashValue;
    for(hashValue = 0; *s != '\0'; s++)
        hashValue = *s + 31* hashValue;
    return hashValue%HASHSIZE;
}
```

7.2 字符串常量的访问

在 C 语言中，为了访问字符串常量可以：①用字符串常量初始化字符数组，②用字符串常量初始化字符指针，③直接将字符串常量赋给字符指针（这其实是将字符串常量的首地址

存储在字符指针中）。例如，

```
1) char str[] = "Hello";          //str 在栈区占 6 字节空间存储该字符串常量的副本
2) char *pstr = "Hello";          //pstr 在栈区占 4 字节空间存储该字符串常量的首地址
3) char *pstr;
pstr = "Hello";                   // 注意比较字符数组 str，不可以 "str = "Hello";"
```

然后通过数组或指针访问字符串常量：

```
printf("The first character is %c \n", str[0]);              // 访问第一个字符
printf("The first character is %c \n", *pstr);               // 访问第一个字符
printf("The first character is %c \n", pstr[0]);             // 访问第一个字符
printf("The first character is %c \n", str[2]);              // 访问第三个字符
printf("The third character is %c \n", *(pstr+2));           // 访问第三个字符
printf("The first character is %c \n", pstr[2]);             // 访问第三个字符
```

对于字符数组，接下来可以进行如下的操作："str[0] = 'h';"，即数组元素的值可以修改。

对于字符指针，不提倡通过指针变量修改字符串常量的值，例如，一些编译器不允许"(*pstr) = 'h';"或"pstr[0] = 'h';"操作。可以加一个 const 关键字，即"const char *pstr = "Hello";"，以确保字符串常量中的字符不被修改。

7.3 字符串的操作

字符串的操作是非数值计算任务中的常见环节，在程序设计中占有重要地位。C 语言标准库中提供了一些字符串处理函数（参见附录 D），它们通常默认 '\0' 为字符串的结束标志，这些函数的说明信息位于头文件 string.h 中。常见的字符串操作主要包含以下几方面。

（1）计算字符串的长度

```
unsigned int strlen(const char *s);
```

库函数 strlen 的功能是计算字符串 s 中有效字符的个数，不包括 '\0'。调用该库函数，例 7.4 的程序可以改写为：

```
#include <stdio.h>
#include <string.h>
void StrReverse(char *pstr);
int main( )
{
   char str[10] = "Hello";
   StrReverse(str);
   printf("The reverseed string is %s. \n", str);
   return 0;
}
void StrReverse(char *pstr)
{
   char *ph = pstr, *pt = pstr + strlen(pstr)-1;
   for(; ph < pt; ++ph, --pt)
   {
       char temp = *ph;
       *ph = *pt;
       *pt = temp;
   }
}
```

（2）字符串复制[⊖]

```
char *strcpy(char *s1, const char *s2);
char *strncpy(char *s1, const char *s2, int n);
```

库函数 strcpy 的功能是把字符串 s2 复制到 s1 所指向的存储空间中。调用该库函数须保证 s1 所指向的存储空间足以存储 s2，即假设 s2 的长度为 m（至少占用 m+1 个内存单元），s1 所指向的存储空间有 n 个单元，则 n 必须不小于 m+1。复制后，s1 所指向的前 m+1 个内存单元的内容被覆盖，第 m+1 个内存单元的内容为 '\0'，后 n–m–1 个内存单元中的内容不变。

如果不能保证 n 不小于 m+1，即在 m 未知的情况下，则可以用库函数 strncpy 进行字符串复制，strncpy 的功能是把字符串 s2 中的前 n 个字符复制到 s1 所指向的存储空间中。如果 m+1 小于 n，则只复制 m 个字符，并使 s1 所指向的第 m+1 个内存单元的内容为 '\0'。

库函数 strcpy 和 strncpy 的返回值均为 s1 所指向的内存首地址。

（3）字符串拼接[⊜]

```
char *strcat(char *s1, const char *s2);
char *strncat(char *s1, const char *s2, int n);
```

这两个库函数的功能是把字符串 s2 追加到 s1 所指向的内存中字符串的后面，s1 所指向的内存中原字符串的结束符被覆盖，新拼接的长字符串结尾有 '\0'，其他特征与字符串复制库函数类似。

（4）字符串比较

```
int strcmp(const char *s1, const char *s2);
int strncmp(const char *s1, const char *s2, int n);
```

这两个库函数的功能是比较两个字符串的大小，即两个字符串在字典中的前后关系，越靠后的越大，例如，study 比 student 大，worker 比 work 大。这两个库函数的返回值为字符串 s1 与 s2 中对应位置第一个不同字符的 ASCII 码差值，例如，strcmp("study", "student") 的结果为 20，负数表示 s2 大，正数表示 s1 大，如果 s1 与 s2 中没有不同的字符，则返回值为 0，表示两个字符串相等（两个字符串相等的充要条件是长度相等且各个对应位置上的字符都相等），其他特征与字符串复制库函数的类似。

例 7.6　判断用户输入密码的正确性（提供三次机会）。

程序如下：

```
#include <stdio.h>
#include <string.h>
#define PASSW "X1BYU4KR"
int main( )
{
    char cmark = 'n', word[20];
    int i;
    for(i = 0; i < 3; ++i)
    {
```

⊖ 有些支持 C11 标准的新版开发环境提供了更为安全的库函数 strcpy_s 和 strncpy_s 代替库函数 strcpy 和 strncpy。

⊜ 有些支持 C11 标准的新版开发环境提供了更为安全的库函数 strcat_s 和 strncat_s 代替库函数 strcat 和 strncat。

```
        printf("Please enter the password:");
        scanf("%s", word);
        if(!strcmp(word, PASSW))
        {
            printf("Password is correct.");
            cmark = 'y';
            break;
        }
        else
            printf("Password is incorrect!");
    }
    if(cmark == 'n')
        return -1;
    else
        return 0;
}
```

（5）模式匹配

求一个字符串在另一个字符串中首次出现的位置，即子串的查找操作，是一种模式匹配，可以调用 strstr 库函数，其原型为：

```
char *strstr(char *haystack, char *needle);
```

该库函数的功能是从 haystack 中寻找 needle 第一次出现的位置，不比较结束符。返回指向第一次出现 needle 位置的指针，若返回 NULL 则表示没有找到。

（6）基于字符串的输入 / 输出

程序中的数据有时候需要从程序的某个字符串中获得，或者需要保存在程序的某个字符串中，而不是直接从标准输入设备获取数据或直接输出到标准输出设备。这时可以调用基于字符串的输入 / 输出函数，主要有 sscanf 和 sprintf，它们的原型为：

```
int sscanf(char *buffer, const char *format, ...);
int sprintf(const char *buffer, const char *format, ...);
```

例如，

```
int x;
char a[10];
scanf("%d", &x);                    //通过键盘 x 获得值
sprintf(a, "%d", x);                //int 型变量 x 的值转换成一个字符串存入字符数组 a 中
```

（7）其他操作

标准库中还有一些函数用于从字符串到数值类型的转换，它们的说明信息位于头文件 stdlib.h 中。

```
double atof(const char *nptr);   //把字符串转换成 double 型
int atoi(const char *nptr);      //把字符串转换成 int 型
long atol(const char *nptr);     //把字符串转换成 long int 型
void *memset(void *s, int c, unsigned int n);
    //将字节数为 n 的一段内存单元全部置为变量 c 的值
    //例如 memset(str, '\0', sizeof(str)); 可将字符数组 str 的所有元素置为空字符
void *memcpy(void *s1, void *s2, unsigned int n);
    //可以实现字节数为 n 的一段内存的拷贝，n 不大于 s1 的元素个数
    //例如 memcpy(dest, src, sizeof(dest)); 可将字符数组 src 的元素拷贝到数组 dest 中，
    //dest、src 是非空类型数据的地址
```

【训练题 7.10】不使用库函数编写 StrLen、StrCpy、StrNcpy、StrCat、StrNcat、StrCmp 及 StrNcmp 函数。

【训练题 7.11】编写一个函数 int Squeeze(char s1[], const char s2[])，它从字符串 s1 中删除所有在 s2 里出现过的字符，并返回删除的字符个数。

【训练题 7.12】编写函数，求字符串 str2 在 str1 中出现的次数（例如，"dd" 在 "abcddde" 中出现 1 次，在 "abcdddde" 中出现 2 次）。

【训练题 7.13】编写函数，将字符数组（对应第一个参数）中的所有子串（对应第二个参数）去除。

【训练题 7.14】编写函数 FindReplaceStr，其功能是将字符串 str 中的所有子串 find_str 都替换成字符串 replace_str（其长度与 find_str 不一定相等），返回值为替换的次数，其原型为：

```
int FindReplaceStr(char str[], const char find_str[], const char replace_str[]);
```

【训练题 7.15】编程实现对一个只包含字母的字符串进行压缩和解压缩。压缩规则是：假设某连续出现的同一字母的数量为 n，则其在压缩字符串中为 "n 字母"，若 n=1，则 n 必须省略，例如，"AAAABCCCCCDDDD " 压缩为 "A4BC5D4"。解压缩规则是将压缩字符串还原，例如，"A4BC5D4" 解压为 "AAAABCCCCCDDDD "。

7.4* 指针数组与带形参的 main 函数

数组是多个同类型的数据群体。如果数组的每一个元素都是一个指针类型的数据，则该数组叫作指针数组（注意与数组的指针的区别，参见 6.2 节）。例如，

```
int i = 0, j = 1, k = 2;
int *ap[3] = {&i, &j, &k};        //ap 这个数组的长度是 3，各个元素的类型是 int *
```

实际上，指针数组的基类型通常为字符型指针，用于多个字符串的处理。对于每个元素都是一个字符型指针的一维数组，可以用来表示多个字符串。例如，

```
char ss[4][5] = { {'Z', 'h', 'a', 'o', '\0'}, {'Q', 'i', 'a', 'n', '\0'}, {'S',
'u', 'n', '\0'}, {'L', 'i', '\0'} };
//也可以写成 char ss[4][5] = { "Zhao", "Qian", "Sun", "Li" };
char *ssp[4] = {&ss[0][0], &ss[1][0], &ss[2][0], &ss[3][0]};
                                    //或 = {ss[0], ss[1], ss[2], ss[3]};
```

这里，字符型指针数组 ssp 是 4 个地址数据群体，每个地址指向一个字符串常量，也可以直接初始化成：

```
char *ssp[4] = {"Zhao", "Qian", "Sun", "Li"};
                                    //注意与数组指针 char(*ps)[4] 的区别
```

用字符型指针数组表示多个字符串不需要事先知道字符串的最大长度，比用二维字符型数组和字符型数组的指针（参见 6.2.3 节）表示多个字符串更为方便，两种表示方式的异同点分析如下。

（1）二维字符型数组

```
char weekday[7][10] = {"Sunday", "Monday", "...", "Saturday" };
```

上面定义了一个 7 行 10 列的字符矩阵，并用 7 个字符串常量对其进行了初始化，如图 7-1 所示，其中：

weekday 是二维数组名，代表第一行的地址（假设其值为 0x0065fde4，则可用格式符 %lx 显示）。

weekday + 1 代表第二行的地址（假设其值为 0x0065fdee（= 0x0065fde4 + 10））。

weekday[0] 代表第一行第一列的地址（其值为 0x0065fde4），等价于一个一维字符型数组名，使用格式符 %s 输出结果为 Sunday，这是因为二维数组 weekday 可以看成一个含 7 个元素（weekday[0]~ weekday[6]）的特殊的一维数组。

weekday[0] + 1 代表第一行第二列的地址（其值为 0x0065fde5），使用 %s 输出结果为 unday。

weekday[0][0] 表示第一行第一列的字符，使用格式符 %c 输出结果为 S。

weekday[0][0] + 1 表示将第一行第一列的字符 ASCII 码加 1，使用 %c 输出结果为 T。

图 7-1　字符型二维数组示意图

（2）字符型指针数组

```
char *week[7] = {"Sunday", "Monday", "...", "Saturday"};
```

上面定义了一个含 7 个元素的一维数组，每个元素都是一个字符型指针，并用 7 个字符串常量对其进行了初始化，如图 7-2 所示，其中：

week 是一维数组名，代表第一个元素 week[0] 的地址（假设其值为 0x0065fdf0，则可用格式符 %lx 显示）。

week+1 代表第二个元素 week[1] 的地址（假设其值为 0x0065fdf4（= 0x0065fdf0 + 4））。

week[0] 表示第一个元素，其值为一个字符型地址（假设其值为 0x00002002），使用 %s 输出结果为 Sunday。

week[0] + 1 表示第一个元素的值加 1（其值为 0x00002003），仍然是一个字符型地址，使用 %s 输出结果为 unday。

week[0][0] 表示第一个元素所指向字符串的第一个字符，使用 %c 输出结果为 S。

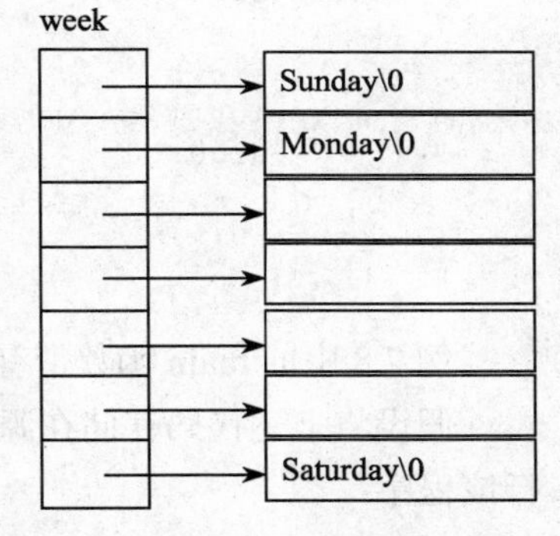

图 7-2　字符型指针数组示意图

week[0][0] + 1 表示将第一个元素所指向字符串的第一个字符 ASCII 码加 1，使用 %c 输出结果为 T。

例 7.7　多个字符串的排序程序（将百家姓的拼音按字典顺序重排）。

程序如下：

```
#include <stdio.h>
#include <string.h>
int main( )
{
    char *temp, *name[ ] = {"Zhao", "Qian", "Sun", "Li"}; //name 为一个指针数组
    int n=4, i, j, min;
```

```
    for(i = 0; i < n - 1; ++i)
    {
        min = i;
        for(j = i + 1; j < n; ++j)
            if(strcmp(name[min], name[j]) > 0)
                min = j;
        if(min != i)
        {
            temp = name[i];
            name[i] = name[min];
            name[min] = temp;
        }
    }
    for(i = 0; i < n; ++i)
        printf("%s \n", name[i]);
    return 0;
}
```

【训练题 7.16】用动态数组存储用户输入的 *n* 个字符串，并按字典顺序重新排序。

本书前面所有的 main 函数都没有定义形参。实际上，定义 main 函数时可以定义参数。

例 7.8　带形参的 main 函数。

程序如下：

```
#include <stdio.h>
int main(int argc, char *argv[ ])
{
    while(argc > 1)
    {
        ++argv;
        printf("%s \n", *argv);
        --argc;
    }
    return 0;
}
```

例 7.8 中的 main 函数带有两个形参，第二个形参类型是字符型指针数组，如图 7-3 所示。

假设将上述代码存储在源文件 echo.c 中，执行环境（main 函数的调用者）按如下命令执行该程序：

```
c:\>echo China Nanjing
```

即命令中包括三个字符串，则形参 argc 会自动获得字符串的个数 3，形参 argv 的每个元素会获得一个字符串，argv[0] 获得“echo”，argv[1] 获得“China”，argv[2] 获得“Nanjing”。上述代码的功能是从第二个元素开始分行输出所有元素的值，程序执行结果为：

```
China
Nanjing
```

再例如，一个文件拷贝程序 copy.c，可以按“copy file1 file2”的命令形式来执行文件 file2 至文件 file1 的拷贝。

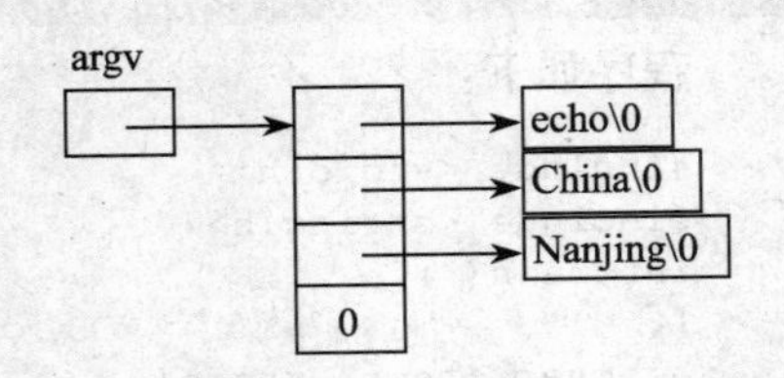

图 7-3　main 函数的形参 argv 示意图

在一般情况下，程序不需要调用者提供参数，定义

main 函数时不用定义形参，如果程序要用到调用者提供的参数，则可以在定义 main 函数时给出形参的定义。

【训练题 7.17*】用命令行方式（参见附录B）运行例 7.8 中的 echo 程序。

7.5　基于字符数组的信息检索程序

信息检索问题是一种常见的非数值计算问题。本节以基于字符数组的数据查找为例，介绍简单的信息检索方法。常用的数据查找算法有顺序查找、折半查找等。

例 7.9　基于字符数组的数据顺序查找。

程序如下：

```
#include <stdio.h>
#include <string.h>
int Search(char x[ ], char k);
int main()
{
    char key, str[ ] = "hijcdefglmnokabpqrst";
    printf("please input a letter:");
    scanf("%c", &key);
    int flag = Search(str, key);
    if(flag == -1)
        printf("\n not found \n");
    else
        printf("%d \n", flag );
    return 0;
}
int Search(char x[ ], char k)
{
    for(int i = 0; i < strlen(x)-1; ++i)
    {
        if(k == x[i])
            return i;               // 找到，则返回字符在数组中的序号
    }
    return -1;                      // 找不到，则返回 -1
}
```

例 7.9 程序中的 Search 函数依次比较字符数组中的元素，直至找到待查字符，并返回该字符在字符数组的位置。

例 7.10　基于字符数组的数据折半查找。

对于例 7.9 程序所实现的查找功能，可以改用折半查找法来实现。折半查找法又叫二分查找法，该查找法判断已排序待查序列的中间元素与待查数据的大小，如果相等则找到，如果不等，则只在剩下的一半序列中继续查找，如此逐渐缩小查找范围。折半查找法的平均效率比顺序查找法的高。

程序如下：

```
#include <stdio.h>
#include <string.h>
int BiSearch(char x[ ], char k, int ph, int pt);
```

```
int main()
{
    char key,str[ ] = "abcdefghijklmnopqrst";
    printf("please input a letter:");
    scanf("%c", &key);
    int flag = BiSearch(str, key, 0, strlen(str)-1); //在main函数中调用折半查找函数
    if(flag == -1)
        printf("\n not found \n");
    else
        printf("%d \n", flag+1);
    return 0;
}

int BiSearch(char x[ ], char k, int ph, int pt)
{
    int pmid;
    while(ph <= pt)
    {
        pmid = (ph+pt)/2;
        if (k == x[pmid])                    //找到
            break;
        else if (k > x[pmid])
            ph = pmid+1;                     //调整下一次查找起点
        else
            pt = pmid-1;                     //调整下一次查找终点
    }
    if(ph > pt)
        pmid = -1;
    return pmid;
}
```

其中折半查找函数还可以采用递归函数来实现，程序如下：

```
int BiSearchR(char x[ ], char k, int ph, int pt)
{
    if(ph <= pt)
    {
        int pmid = (ph+pt)/2;
        if(k == x[pmid])
            return pmid;
        else if(k > x[pmid])
            return BiSearchR(x, k, pmid+1, pt);
        else if(k < x[pmid])
            return BiSearchR(x, k, ph, pmid-1);
    }
    else
        return -1;
}
```

7.6　本章小结

字符串是一种常用的表示文本的数据类型。C语言本身没有提供字符串类型，只有字符串的常量形式，程序员可以用字符数组描述字符串。本章专门介绍了字符数组的操作和应用。与其他类型的数组相比，字符数组具有其特殊性，如可以整体输入和输出、作为函数参数的时候不需要传递数组的长度，等等。这主要是因为字符串被约定为以字符串结束符 '\0' 结尾。实际编程中，常用字符指针或字符型指针数组来操纵字符串。通过配合本章的实践训练，读者可以掌握常用的字符串处理方法与注意事项。

结构

在实际应用中，对于含编号、姓名、年龄等多种属性的一位学生或员工的信息，不适合用数组来描述，因为数组中的各个元素类型相同。C 语言提供用关键字 struct 构造结构类型来表示这种由固定多个、类型可以不同的数据构成的数据群体。数据群体中的个体就是结构中的元素（又称成员，member），成员间在逻辑上没有先后次序关系。结构类型相当于其他高级语言中的“记录”。

C 语言还提供用关键字 union 构造一种联合类型来表示与结构类型类似的数据群体，与结构类型不同的是，联合类型的各个成员共享同一块存储空间。

8.1 结构的基本概念

8.1.1 结构类型的构造

结构类型由 struct、花括号、各个成员的定义和分号构造而成。可以给构造好的结构类型命名，作为结构类型名，它是标识符的一种，遵循标识符的有关规定，这种标识符常常又叫标签（tag）。结构类型名可以写在 struct 与左花括号之间。例如，

```
struct Student
{
    int number;                    //成员
    char name;                     //成员
    int age;                       //成员
};
```

也可以用关键字 typedef 给构造好的结构类型取别名，作为结构类型名，该类型名一般写在右花括号与分号之间。例如，

```
typedef struct
{
    int month;
    int day;
    int year;
} Date ;                          //Date 是由 3 个 int 型成员所构成的结构类型名
```

结构类型与其成员或其他变量可重名，结构成员和其他变量也可以重名，但同一个结构的各个成员不能重名。注意，即使两个结构类型中的成员类型、名称、顺序都完全相同，它们也是不同的结构类型。不同结构类型的成员可以重名，但不同的结构类型不能重名。

构造结构类型时，花括号中至少要定义一个成员。除 void 类型和本结构类型外，结构成员可以是其他任意的 C 语言类型。

如果在函数内部构造结构类型，则此结构类型在该函数之外不可用。一般把结构类型的构造放在源文件头部，也可以把结构类型的构造放在头文件中。

8.1.2　结构变量的定义

可以用构造好的结构类型来定义结构变量。例如，

```
struct Student s1, s2;   //定义了两个 Student 类型的结构变量 s1、s2
struct Date d1, d2;      //定义了两个 Date 类型的结构变量 d1、d2
```

这种结构变量定义的形式中，前面的 struct 通常可以省略。

也可以在构造结构类型的同时直接定义结构变量，C 语言规定结构变量名写在右花括号与分号之间。例如，

```
struct Student
{
    int number;
    char name;
    int age;
}s1, s2;     //也可写成一行 struct Student{int number;char name;int age;}s1, s2;
```

若不再定义其他该类型的结构变量，则上述结构变量定义中的结构类型名可以省略：

```
struct
{
    int number;
    char name;
    int age;
}s1, s2;          //若在 struct 前面有 typedef 关键字，则 s1, s2 是结构类型名，而不是变量名
```

又如，

```
struct Employee
{
    int number;
    char name;
    struct Date
    {
        int year;
        int month;
        int day;
    } birthday ;             //其他结构类型 Date 的变量 birthday 可以作为本结构类型的成员
} e ;
```

该结构类型中含有另一结构类型成员，写成下面的形式易读性更好：

```
struct Date
{
    int year;
    int month;
    int day;
```

```
};
struct Employee
{
    int number;
    char name;
    Date birthay;
} e ;
```

程序执行到结构变量定义处，即意味着要在内存（结构变量一般不加 register 修饰）为该结构变量分配空间，并按照构造时的顺序排列各个成员。执行环境一般以字为单位给结构变量的每个成员分配空间，例如，在 32 位机器上，上述结构变量 s1、s2 均会按图 8-1 b 所示得到 12 字节的空间，而不是按图 8-1 a 所示得到 9 字节空间。按纵向对齐形式绘制的内存分配示意图如图 8-1 c 所示。实际所占用的空间可以用 sizeof(s1) 和 sizeof(s2) 测算。

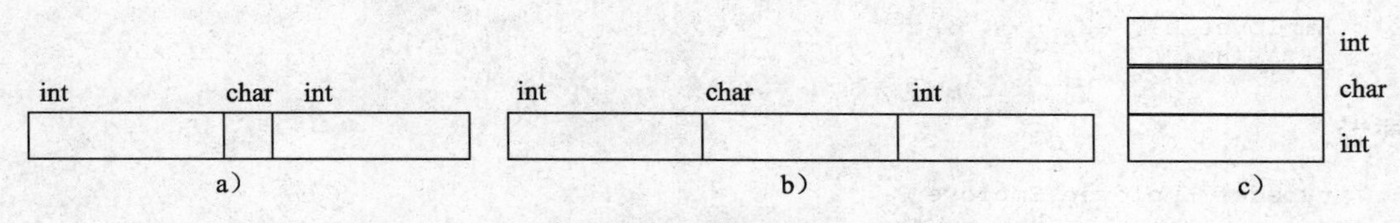

图 8-1　结构变量的内存分配

8.1.3　结构变量的初始化

C 语言允许在定义结构变量的同时给各个成员赋值，即结构变量的初始化。结构变量的初始化需要用花括号把成员的初值括起来。例如，

```
Student s1, s2 = {1220001, 'T', 19};
Employee e = {1160007, 'J', {1996, 12, 26}};
```

注意，在构造一个结构类型时，不能对其成员进行初始化，因为构造一种类型不是定义变量，不分配存储空间。例如，

```
struct Student
{
    int number = 1220001;                    //此处的初始化是错误的
    char name;
    int age;
};
```

8.1.4　结构的操作

结构的操作通常是通过成员操作符操作结构变量的成员完成的。访问成员的格式为：

```
<结构变量名> . <成员名>
```

这里的点号是成员操作符，它是双目操作符，具有 1 级优先级，结合性为自左向右。若成员的类型是另一个结构类型，则可以用若干个成员操作符访问最低一级的成员。例如，

```
s2.age = 19;
e.birthday.year = 1996;
```

由于对成员的访问不是按次序而是按名称访问的，所以，构造结构类型时与成员的排列顺序无关。

结构类型可以含有指针成员，指针成员的操作方法与其他类型成员的类似。例如，

```
struct
{
   int no;
   int *p;
} s ;
s.no = 1001;
s.p = &s.no;
```

不同结构类型的变量之间不能相互赋值，相同结构类型的变量之间可以直接相互赋值，其实质是两个结构变量相应的存储空间中的所有成员数据直接拷贝。例如，

```
Employee e1, e2;
e1 = e2;
```

或者，

```
typedef Employee Employe
Employee e1;
Employe e2;
e1 = e2;
```

而下面 a、b 两个结构变量则不可以相互赋值：

```
struct
{
   int no;
   char name;
} a ;
struct
{
   int no;
   char name;
} b ;
```

结构类型数据作为函数参数时，默认参数传递方式为值传递，即实参和形参代表两个不同的结构变量，执行时分配不同的存储空间。函数也可以返回一个结构类型的值。

例 8.1　验证结构类型参数的传值传递方式。

程序如下：

```
#include <stdio.h>
enum FeMale {F, M};
struct Stu
{
   int id;
   char m;
   FeMale s;
   int age;
   float score;
};
void MyFun(Stu);
```

```
int main( )
{
    Stu stu1;
    stu1.m = 'T';
    stu1.score = 90.0;
    printf("%c: %.1f \n", stu1.m, stu1.score);  // 调用函数前的输出
    MyFun(stu1);
    printf("%c: %.1f \n", stu1.m, stu1.score);  // 调用函数后的输出
    return 0;
}
void MyFun(Stu s1)
{
    s1.m = 'J';
    s1.score = 100.0;
    printf("%c: %.1f \n", s1.name, s1.score);
}                                                // 修改并输出形参的值
```

程序结果会显示：

```
T: 90.0
J: 100.0
T: 90.0                                          // 实际参数的值没有被改变
```

例 8.2　验证函数可以返回结构类型的值。

程序如下：

```
#include <stdio.h>
#define min(x, y) ((x) < (y) ? (x) : (y))
#define max(x, y) ((x) > (y) ? (x) : (y))
struct Point
{
    int x;
    int y;
};
struct Rect
{
    Point pt1;
    Point pt2;
};                              // 用左下角顶点与右上角顶点描述矩形
bool ptInRect(Point, Rect);
Rect canonRect(Rect);
int main( )
{
    Rect r1;
    printf(" 输入矩形左下角顶点与右上角顶点的坐标: \n");
    scanf("%d%d%d%d", &r1.pt1.x, &r1.pt1.y, &r1.pt2.x, &r1.pt2.y);
    Rect r2 = canonRect(r1);    // 将矩形坐标规范化，结构类型变量 r2 获得函数返回值
    Point pt;
    printf(" 输入一个点的坐标: \n");
    scanf("%d%d", &pt.x, &pt.y);
    if( ptInRect(pt, r2) )
        printf(" 该点在矩形内 \n");
    else
        printf(" 该点不在矩形内 \n");
    return 0;
```

```
}
bool ptInRect(Point p, Rect r)
{
    if(p.x >= r.pt1.x && p.x <= r.pt2.x && p.y >= r.pt1.y && p.y <= r.pt2.y)
        return true;
    else
        return false;
                                   //判断一个点是否在一个矩形内
}
Rect canonRect(Rect r)
{
    Rect temp;
    temp.pt1.x = min(r.pt1.x, r.pt2.x);
    temp.pt1.y = min(r.pt1.y, r.pt2.y);
    temp.pt2.x = max(r.pt1.x, r.pt2.x);
    temp.pt2.y = max(r.pt1.y, r.pt2.y);
    return temp;
}   //将矩形坐标规范化，即保证左下角顶点pt1的坐标小于右上角顶点pt2的坐标
```

【训练题 8.1】在例 8.1 和例 8.2 程序中修改结构类型的构造、定义、初始化和操作代码，验证本书相关内容描述的正确性。

8.2 结构类型数组

如果有两个或多个数组，长度相等且每个元素一一对应，则可以将它们定义成一个结构类型数组（简称结构数组）。例如，存放学生学号、成绩等信息的多个一维数组可以定义为一个一维结构数组，换句话说，一个结构变量可以存放一个学生的多种信息，而一个一维结构数组则可以存储多个学生的多种信息。结构数组可用来表示名表，如图 8-2 所示。

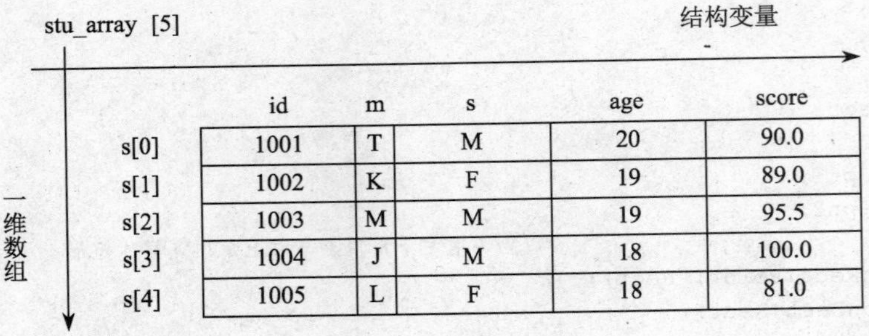

stu_array [5]　　结构变量　　一维数组

	id	m	s	age	score
s[0]	1001	T	M	20	90.0
s[1]	1002	K	F	19	89.0
s[2]	1003	M	M	19	95.5
s[3]	1004	J	M	18	100.0
s[4]	1005	L	F	18	81.0

图 8-2 结构数组

结构数组的用法与基本类型数组类似。例如，

```
Stu stu_array[5];                    //定义了一个一维结构数组
Stu stu_array[5] = {{1001, 'T', 'M', 20, 90.0}, ..., {1005, 'L', 'F', 81.0}};
                                     //初始化
```

例 8.3 名表的顺序查找。

```
#include <stdio.h>
const int  N = 5;
enum FeMale {F, M};
```

```
struct Stu
{
    int id;
    char name;
    FeMale s;
    int age;
    float score;
};
float Search(Stu stu_array[], int count, int id);
int main( )
{
    int num = 0;
    Stu stu_a[N] = {{1001, 'T', M, 20, 90.0}, {1002, 'K', F, 19, 89.0},
{1003, 'M', M, 19, 95.0}, {1004, 'J', M, 18, 100.0}, {1005, 'L', F, 18, 81.0}};
    printf("Input a student's id:");
    scanf("%d", &num);                              //从键盘输入待查学生的学号
    float x = Search(stu_a, N, num);                //查找指定学号的学生成绩
    if(x < 0)
        printf("The student's id is error.\n");
    else
        printf("The student's score is: %.1f \n", x);  //输出查找结果
    return 0;
}
float Search(Stu stu_array[], int count, int id)
{
    for(int i = 0; i < count; ++i)
    {
        if(id == stu_array[i].id)
            return stu_array[i].score;
    }
    return -1.0;
}
```

Search 函数可以改写为如下形式：

```
float Search(Stu stu_array[], int count, int id)
{
    int i;
    for(i = 0; i < count; ++i)
    {
        if(id == stu_array[i].id)
            break;
    }
    if(i >= count)
        return -1.0;
    else
        return stu_array[i].score;
}
```

例 8.4 基于结构数组的数据折半查找。

对于例 8.3 程序所实现的查找功能，可以改用折半查找法来实现。

程序如下：

```
BublSort(stu_a, N);         //在main函数中先调用排序函数(假设数组初始化中学号无序)
float x = BiSearchR(stu_a, 0, N, num);   //在main函数中调用折半查找递归函数
float BiSearchR(Stu stu_array[], int first, int last, int id)
```

```
{
    if(first > last)
        return -1.0;
    int mid = (first + last) / 2;
    if(id == stu_array[mid].id)
        return stu_array[mid].score;
    else if(id > stu_array[mid].id)
        return BiSearchR(stu_array, mid + 1, last, id);
    else
        return BiSearchR(stu_array, first, mid - 1, id);
}
void  BublSort(Stu stu_array[ ], int count)
{
    for(int i = 0; i < count-1; ++i)
        for(int j = 0; j < count-1-i; ++j)
            if(stu_array[j].id > stu_array[j+1].id)
            {
                Stu temp;
                temp = stu_array[j];
                stu_array[j] = stu_array[j+1];
                stu_array[j+1] = temp;
            }
}
```

【训练题 8.2】设计 C 程序完成下列功能：设有 3 个候选人，10 个选举人，每个选举人输入一个候选人姓名，最后输出各人的得票数。

【训练题 8.3】应用结构类型重新实现训练题 7.15 的压缩任务，以便对含有数字字符的字符串正确解压（该方法压缩效果略差，为节省空间，字符的个数可定义为 char 类型代替 int 类型）。

8.3 用指针操纵结构

将某结构类型变量的地址赋给基类型作为该结构类型的指针变量，则可以用这个指针变量操纵该结构变量的成员，这时成员操作符应写成箭头形式 (->)，而不是点形式 (.)。例如，

```
struct
{
    int no;
    float score;
} s, *ps ;
ps = &s;
ps -> no = 1001;                //相当于 (*ps).no 或 s.no
ps -> score = 90.0;             //相当于 (*ps).score 或 s.score
```

箭头形式的成员操作符也是双目操作符，具有 1 级优先级，结合性为自左向右。若有成员是另一结构类型的指针变量，则可用多个箭头形式的成员操作符访问最低一级成员。例如，

```
struct
{
    Student *p;                 //Student 类型与变量 s1 的定义参见 8.1.2 节
```

```
    float score;
  } ss, *pss ;
  pss = &ss;
  pss -> p = &s1;
  pss -> p -> number = 1220001;
  pss -> p -> name = 'Q';
  pss -> p -> age = 19;
  pss -> score = 85;
```

结构类型不可以作为其成员的类型，但可以是其指针成员的基类型（自引用，如图 8-3 所示）。例如，

```
struct Stup
{
    int no;
    Stup *p0;
} st;
st.p0 = &st;
stup st1;
Stup *pst = &st;
pst -> p0 = &st1;
```

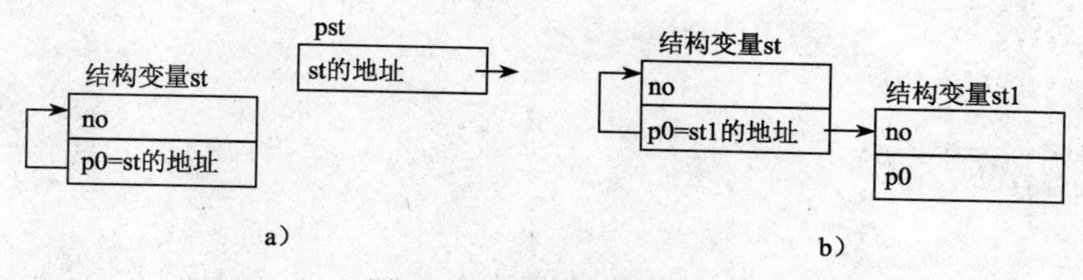

图 8-3　结构变量的自引用

为了提高程序的效率，函数间传递结构类型数据时，实参可以使用结构变量的地址，形参可以使用相同结构类型的指针。

例 8.5　使用指针操纵结构实现 Days 函数，计算一个日期是当年的第几天。

程序如下：

```
#include <stdio.h>
struct Date
{
    int year;                                              // 年
    int month;                                             // 月
    int day;                                               // 日
    int yearday;                                           // 当年的第几天
};
void Days(Date *sp);
int main( )
{
    Date d1;
    scanf("%d%d%d", &d1.year, d1.month, d1.day);         // 输入一个日期
    Days(&d1);
    printf(" 所输入的日期是当年的第 %d 天 ", d1.yearday");   // 输出是当年的第几天
```

```
    return 0;
}
void Days(Date *sp)                // 通过 sp 操纵 d1，获取年、月、日，并返回是当年的第几天
{
    int monthtable[ ][13]= { {0, 31, 28, 31, 30, 31, 30, 31, 31, 30, 31, 30, 31},
                             {0, 31, 29, 31, 30, 31, 30, 31, 31, 30, 31, 30, 31}};
    int i, leap = 0;
    sp -> yearday = sp -> day;                         // 当月的天数
    if(((sp -> year %4 == 0) && (sp -> year %100 != 0)) || (sp -> year % 400 == 0))
        leap = 1;                                      // 是闰年则修改 leap 标志
    for(i = 1; i < sp -> month; ++i)                   // 之前所有月份的天数之和
        sp -> yearday += monthtable[leap][i];          // 闰年则访问二维数组的第 2 行
}
```

【训练题 8.4】调试例 8.5 中的程序，熟悉用指针变量访问结构成员的方法。

例 8.6*　用结构类型实现栈（一种数据结构，规定其中的数据必须先进后出、后进先出）。

程序如下：

```
const int N = 100;
struct Stack
{   int top;
    int buffer[N];
};
#include <stdio.h>
int main()
{
    Stack st;                              // 定义栈数据
    st.top = -1;                           // 初始化栈
    st.top++;
    st.buffer[st.top] = 12;                // 入栈
    int x = st.buffer[st.top];             // 出栈
    st.top--;
    printf("x: %d\n", x);
    return 0;
}
```

例 8.6 中 main 函数的编写者必须知道栈的数据表示，而且可以修改数据（比如，成员 buffer 的数据类型），数据没有得到保护，栈的实现与使用混在一起。若将初始化、入栈及出栈过程均抽象为函数加以实现，一个函数对应一个功能，则可以清晰地描述计算任务，还能实现一定程度的软件复用：

```
void Init(Stack *s)
{
    s -> top = -1;
}                          // 初始化栈
bool Push(Stack *s, int i)
{
    if (s -> top == N-1)
    {
        printf("Stack is overflow.\n");
        return false;
```

```
        }
        else
        {
            s -> top++;
            s -> buffer[s -> top] = i;
            return true;
        }
    }               //入栈
    bool Pop(Stack *s, int &i)
    {
        if (s -> top == -1)
        {
            printf("Stack is empty.\n");
            return false;
        }
        else
        {
            i = s -> buffer[s -> top];
            s -> top--;
            return true;
        }
    }               //出栈
```

上述函数的声明与结构类型的构造可以放在头文件中，以便于调用，调用者不必知道数据的表示，main 函数也可以得到简化：

```
int main()
{
    Stack st;                                   //定义栈数据
    Init(&st);                                  //初始化栈
    Push(&st,12);                               //入栈
    int x;
    Pop(&st, x);                                //出栈
    printf("x: %d\n", x);
    return 0;
}
```

【训练题 8.5*】应用栈结构重新实现训练题 7.3 的圆括号是否配对检查任务。

例 8.5 和例 8.6 均利用函数的副作用返回计算结果，如果不需要通过参数反向传递数据，则可以用 const 避免函数的副作用。例如，

```
int G(const Date *p)
{
    ...
    p -> day = 20;                              //会出错，因为不能改变p所指向的数据
    ...
}
```

此外，与基本类型类似，函数可以返回结构类型变量的地址。同样，结构类型数组也可以用指针来操纵。例如，

```
Student stu[10], *psa;
psa = stu;
```

8.4　链表的构造与操作

实际应用中，常常要对一个数据群体进行处理。如果已知数据群体中个体的数目，例如，对输入的10个整数进行排序，则可以用数组来表示这个数据群体：

```
const int N = 10;
int i, a[N];
for(i = 0; i < N; ++i)
   scanf("%d", &a[i]);
Sort(a, N);
for(i = 0; i < N; ++i)
   printf("%d", a[i]);
```

又例如，对输入的若干个整数进行排序（先输入整数的个数n，后输入n个整数），可以用动态数组来实现：

```
int n, i;
int *pda;
scanf("%d", &n);
pda = (int *)malloc(sizeof(int) * n);
for(i = 0; i < n; ++i)
   scanf("%d", &pda[i]);
Sort(pda, n);
for(i = 0; i < n; ++i)
   printf("%d", pda[i]);
free(pda);
```

从C99标准开始，C语言允许数组的长度为变量，所以，对于支持新标准的编译器，上述程序可以改为：

```
int n, i;
scanf("%d", &n);
int a[n];
for(i = 0; i < n; ++i)
   scanf("%d", &a[i]);
Sort(a, n);
for(i = 0; i < n; ++i)
   printf("%d", a[i]);
```

再例如，对输入的若干个整数进行排序（先输入各个整数，最后输入一个结束标志 -1），由于事先不能确定整数的个数，所以需要用动态调整的动态数组来实现：

```
const int INC = 10;
int max_len = 20;
int *pda = (int *)malloc(sizeof(int) * max_len);
int m, count = 0;
scanf("%d", &m);
while(m != -1)
{
    if(count >= max_len)
    {
        max_len += INC;
        int *q = (int *)malloc(sizeof(int) * max_len);
        int i;
        for(i = 0; i < count; ++i)
```

```
            q[i] = pda[i];
        free(pda);
        pda = q;
    }
    pda[count] = m;
    ++count;
    scanf("%d", &m);
}
Sort(pda, count);
int i;
for(i = 0; i < n; ++i)
    printf("%d", pda[i]);
free(pda);
```

可见，数组的长度一般在定义前就已确定，所占空间在其存储期始终保持不变，即使可以动态调整，也比较麻烦，而且，由于数组元素的有序性，删除一个元素可能会引起大量数据的移动而降低效率，插入一个元素不仅可能会引起大量数据的移动，还可能会受数组所占空间大小的限制。

实际上，对于在程序执行期间元素个数可以随机增加或减少、所占空间大小可动态变化的数据群体，可以构造链表这种数据结构来表示，链表中的数据元素在逻辑上连续排列，而物理上并不一定占用连续存储空间。

读者可以设想用生活中的场景，比如订餐，来理解这个问题。如果聚餐人数事先确定，则提前预订一个大小合适的包间即可。如果事先人数不能确定，且须提前预订，那么只好等人数确定后临时在大厅找一张大小合适的桌子；如果餐馆条件许可，可以在人数确定之后找一个大小合适的包间。假定聚餐人数甚多，人数事先不能确定，且要求在同一张桌子就坐，问题就变得复杂了。直观的想法是，先预订一张大桌子，随着就餐同学的陆续到达，大桌子的座位渐渐被坐满，之后若仍有同学到达，则需要转到另一张更大的桌子上聚餐，假定要求同学们按学号就坐，那么一位同学就坐或离席可能需要多位同学挪动座位，可见，这个办法相当麻烦。另一个可选的办法是，餐馆为每一位到达的同学在大厅随便找一个空位就坐，并将其座位号牌放在前一位同学的座位上，这样，不仅便于餐馆统计这群就餐同学的人数、为他们服务，还便于离席（将自己座位上的号牌放到前一位同学的座位上，并拿走前一位同学座位上的号牌即可）等情况的处理，这种用号牌（地址）将坐在不同座位上的个体（节点）链接起来的做法类似于链表。

8.4.1 链表的建立

链表（list）不是一种数据类型，而是一种通过地址将若干个节点（同类型数据）链接起来的数据结构（参见 10.1 节）。链表中节点的数据类型一般是结构类型，其若干成员中至少有一个[⊖]指针类型的成员（存储地址），其余成员用于存储数据，其构造形式可以为：

```
struct Node
{
    int data;                                   //存储数据
```

⊖ 本书只讨论单向链表，即每个元素只包含一个指向某个节点的指针变量成员，且不带表头节点，head 为第一个节点的指针。

```
    Node *next;                                    //存储节点的地址
};
```

注意，结构类型的成员不能是本结构类型的变量，但可以是指向本结构类型变量的指针变量，正是通过这种自引用得以将若干个节点链接起来，从而完成链表的建立。可见，链表中的各节点不必存放在连续的存储空间中。本书基于C语言给出链表这种数据结构的一种实现方式，即链表中的每个节点是一个结构类型的动态变量。

（1）采用头部插入节点方式建立链表

程序如下：

```
const int N = 5;
Node *InsCreate( )
{
   Node *head = NULL;
   int i;
   for(i = 0; i < N; ++i)
   {
      Node *p = (Node *)malloc(sizeof(Node));         //创建新节点
      scanf("%d", & p -> data);                 //给新节点的数据成员输入值
      p -> next = head;                         //将head这个指针变量的值赋给新节点的指针成员
      head = p;                                 //将p这个指针变量的值赋给指针变量head
   }
   return head;
}
```

上述代码建立含5个节点链表的步骤如下。

第一步：定义指针变量head，并初始化为空地址（开发环境一般在头文件stdio.h中将空地址定义为符号常量NULL），以便接下来可以用head存储链表首节点的地址，如图8-4a所示。

第二步：进入第一次循环，创建第一个节点，节点地址赋给指针变量p，以便接下来可以用p操纵新节点，如图8-4b所示。

第三步：在第一次循环里给第一个节点的数据成员输入值（比如1），第一个节点的指针成员获得head的初值（空地址），如图8-4c所示（注意，这个第一个节点最后变成链表的最后一个节点）。

第四步：使head指向第一个节点，如图8-4d所示。

第五步：进入第二次循环，创建第二个节点，节点地址仍赋给指针变量p，如图8-4e所示。

第六步：在第二次循环里给第二个节点的数据成员输入值（比如2），第二个节点的指针成员获得head的值（即让第一个节点链接在第二个节点之后），并使head指向第二个节点，如图8-4f所示。

……

最后一步：使head指向第五个节点，结束循环，如图8-4g所示。

这样，第五个节点成为链表的头节点，只要知道头节点的地址（存放于head中），就可以访问链表中的所有节点。

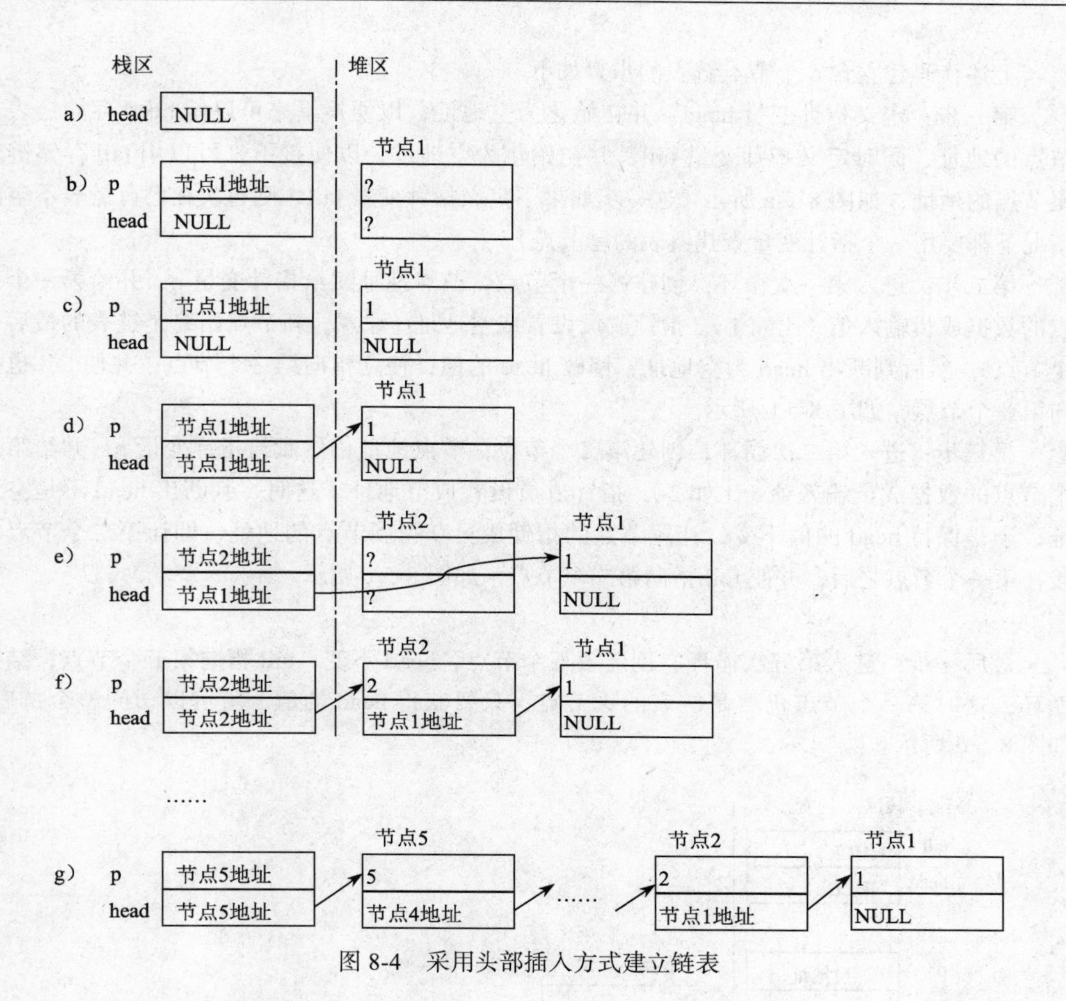

图 8-4　采用头部插入方式建立链表

（2）采用尾部追加节点方式建立链表

程序如下：

```
const int N = 5;
Node *AppCreate( )
{
   Node *head = NULL, *tail = NULL;
   for(int i = 0; i < N; ++i)
   {
      Node *p = (Node *)malloc(sizeof(Node));          //创建新节点
      scanf("%d", & p -> data);                         //给新节点的数据成员输入值
      p -> next = NULL;                                 //给新节点的指针成员赋值
      if(head == NULL)                                  //已有链表为空链表的情况
         head = p;
      else                                              //已有链表不空的情况
         tail -> next = p;
      tail = p;
   }
   return head;
}
```

上述代码建立含 5 个节点链表的步骤如下。

第一步：定义指针变量 head，并初始化为空地址，以便接下来可以用 head 存储链表首节点的地址，同时定义指针变量 tail，并初始化为空地址，以便接下来可以用 tail 存储链表尾节点的地址，如图 8-5 a 所示（这一步如果不定义指针变量 tail，则每次在已有链表不空的情况下都要用一个指针变量查找链表的尾节点）。

第二步：进入第一次循环，创建第一个节点，节点地址赋给指针变量 p，并给第一个节点的数据成员输入值（比如 1），指针成员设置成空地址（注意，新节点始终是链表的最后一个节点），然后判断出 head 为空地址，修改 head 的值，使之指向第一个节点，并使 tail 也指向第一个节点，如图 8-5 b 所示。

第三步：进入第二次循环，创建第二个节点，节点地址仍然赋给指针变量 p，并给第二个节点的数据成员输入值（比如 2），指针成员设置成空地址，这时，判断出 head 不是空地址，于是保持 head 的值不变，让尾节点的指针成员获得新节点的地址，即让第二个节点链接在第一个节点之后，并使 tail 指向第二个节点，如图 8-5 c 所示。

……

最后一步：进入第五次循环，创建第五个节点，head 不变，tail 指向第五个节点，结束循环，这时第一个节点仍然是链表的头节点，只要获得 head 的值，就可以访问整个链表，如图 8-5 d 所示。

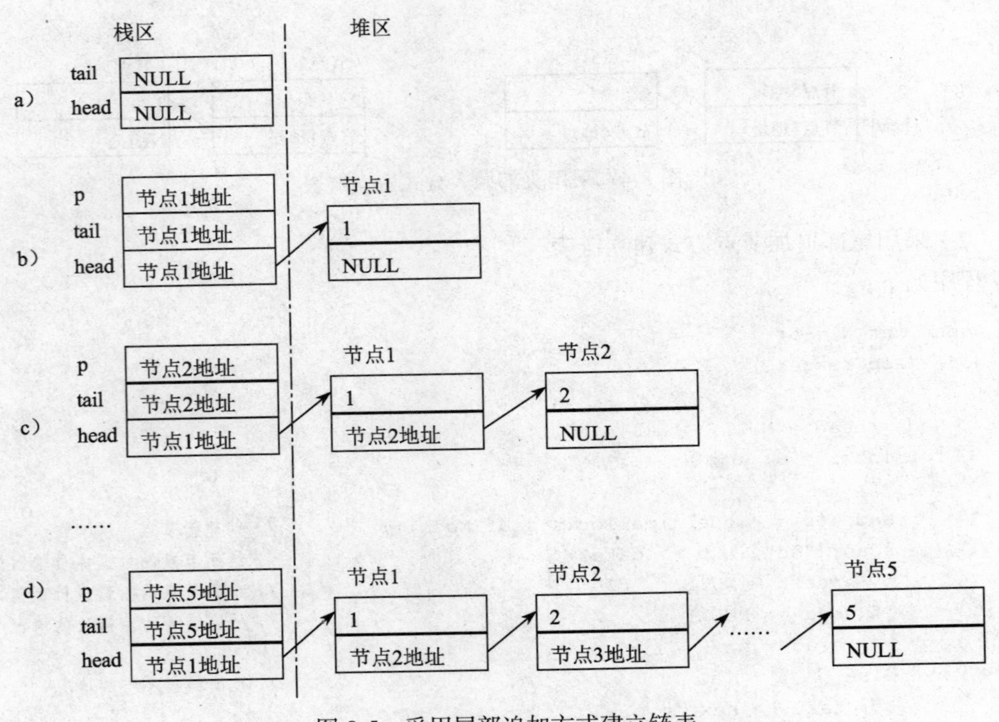

图 8-5　采用尾部追加方式建立链表

8.4.2 链表中节点的插入与删除

链表中的各个节点在物理上并非存储于连续的存储空间，所以在链表中插入或删除一个节点不会引起其他节点的移动。下面假设原链表首节点的地址存于 head 中。

（1）在第 i（i>0）个节点后插入一个节点

程序如下：

```
void InsertNode(Node *head, int i)
{
    Node *current = head;                              //current 指向第一个节点
    int j = 1;
    while(j < i && current -> next != NULL)           // 查找第 i 个节点
    {
        current = current -> next;
        ++j;
    }              // 循环结束时，current 指向第 i 个节点或最后一个节点（节点数不够 i 时）
    if(j == i)                                         // current 指向第 i 个节点
    {
        Node *p = (Node *)malloc(sizeof(Node)); // 创建新节点
        scanf("%d", & p -> data);
        p -> next = current ->next;                   // 让第 i+1 个节点链接在新节点之后
        current -> next = p;                          // 让新节点链接在第 i 个节点之后
    }
    else                                               // 链表中没有第 i 个节点
        printf(" 没有第 %d 个节点 \n", i);
}
```

在 InsertNode 函数中，使得 while 循环结束的情况有两种：一种是 j < i 不成立；另一种是 current -> next != NULL 不成立，后续代码可以用分支流程分别加以处理。这种循环流程与分支流程搭配的实现方法可以解决存在多种可能性的实际问题。

上述程序执行效果如图 8-6 所示。

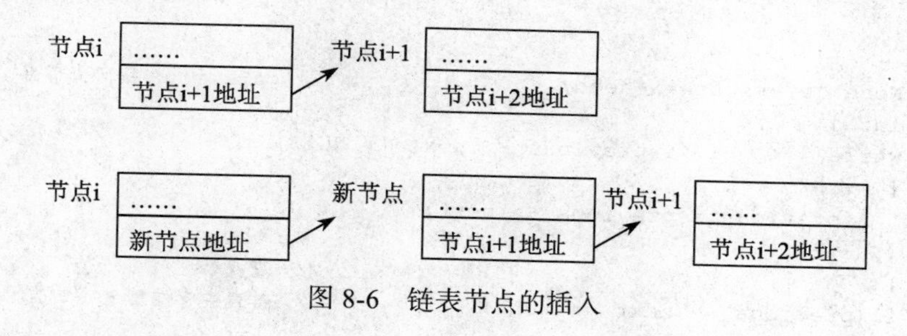

图 8-6 链表节点的插入

（2）删除第 i（i>0）个节点

程序如下：

```
Node *DeleteNode(Node *head, int i)
{
  if(i == 1)                                  // 删除头节点
  {
      Node *current = head;                   // current 指向头节点
      head = head -> next;                    // head 指向新的头节点
      free(current);                          // 释放已删除节点的空间
```

```
    }
    else
    {
        Node *previous = head;                          // previous 指向头节点
        int j = 1;
        while(j < i-1 && previous -> next != NULL)
        {
            previous = previous -> next;
            ++j;
        }                                               // 查找第 i-1 个节点
        if(previous -> next != NULL)                    // 链表中存在第 i 个节点
        {
            Node *current = previous -> next;           // current 指向第 i 个节点
            previous -> next = current -> next;         // 让待删除节点的前后两个节点相链接
            free(current);                              // 释放第 i 个节点的空间
        }
        else                                            // 链表中没有第 i 个节点
            printf("没有第 %d 个节点 \n", i);
    }
    return head;
}
```

上述程序中的形参 head 与实参（即使变量名也是 head）是不同的指针变量，形参的值有可能发生改变，所以要通过 return 语句返回给调用者。如果利用函数的副作用返回其值，则形参需定义成二级指针类型，程序如下：

```
void DeleteNode(Node **head, int i)
{
    if(i == 1)                                          // 删除头节点
    {
        Node *current = *head;                          // current 指向头节点
        *head = *head->next;                            // head 指向新的头节点
        free(current);                                  // 释放已删除节点的空间
    }
    else
    {
        Node *previous = *head;                         // previous 指向头节点
        int j = 1;
        while(j < i-1 && previous -> next != NULL)
        {
            previous = previous -> next;
            ++j;
        }                                               // 查找第 i-1 个节点
        if(previous -> next != NULL)                    // 链表中存在第 i 个节点
        {
            Node *current = previous -> next;           // current 指向第 i 个节点
            previous -> next = current -> next;         // 让待删除节点的前后两个节点相链接
            free(current);                              // 释放第 i 个节点的空间
        }
        else                                            // 链表中没有第 i 个节点
            printf("没有第 %d 个节点 \n", i);
    }
    return *head;
}
```

如果只考虑删除链表中的最后一个节点，还可以用下列方式实现：

```
Node *DeleteLastNode(Node *head)
{
    Node *previous = NULL, *current = head;
    while(current -> next != NULL)
    {
        previous = current;
        current = current -> next;
    }   //查找最后一个节点，current 指向它，previous 指向倒数第二个节点
    if(previous != NULL)                //存在倒数第二个节点
        previous -> next = NULL;        //让最后一个节点与倒数第二个节点断开
    else                                //链表中只有一个节点
        head = NULL;                    //让唯一的节点与头指针断开
    free(current);                      //释放已删除节点的空间
    return head;
}
```

8.4.3　整个链表的输出与撤销

假设原链表首节点的地址存于 head 中，则输出整个链表的实现方式为：

```
#define NDEBUG
#include <assert.h>
void PrintList(Node *head)
{
    assert(head);                       //相当于 assert(head != NULL);
    while(head)                         //遍历链表，等价于 while(head != NULL)
    {
        printf("%d, ", head -> data);
        head = head -> next;
    }
    printf("\n");
}
```

上面的遍历链表如果写成 while(head -> next)，则不能输出尾节点。另外，开发程序时可将第一行的宏定义注释掉，让循环前的断言发挥检测空指针的作用。

按上述方式建立的链表，其中的每个节点都是动态变量，所以在链表处理完后，最好用一个函数释放整个链表所占的空间，即撤销链表。假设原链表首节点的地址存于 head 中，则撤销整个链表的程序为：

```
void FreeList(Node *head)
{
    while(head)    //遍历链表，如果写成 while(head -> next)，则不能撤销尾节点
    {
        Node *current = head;
        head = head -> next;
        free(current);
    }
}
```

【训练题 8.6】 设计 C 程序，对一个 N 个节点的单向链表中的一个 int 型数据成员求和（假设和非 0），要求用递归函数实现求和功能：`int SumR(Node *head);`。

【训练题 8.7】 设计 C 程序，实现用链表存储输入的一个字符串，并用一个函数计算字符串的长度。

8.4.4* 链表的反转

链表的反转指的是将链表的前后关系颠倒，头节点变成尾节点，尾节点变成头节点。对于双向链表的反转比较容易实现，对于单向链表，反转的思路可以是：依次将每个当前节点的前一个节点链接在当前节点的后面，不过，事先要将当前节点、前一个节点、下一个节点的地址存于三个指针变量中，以免被覆盖，其中头节点的前一个节点和尾节点的下一个节点都看作空地址。

程序如下：

```
Node *Reverse(Node *head)
{
   Node *prev = NULL;
   Node *cur = NULL;
   Node *proc = head;
   while(proc != NULL)
   {
       prev = cur;
       cur = proc;
       proc = cur -> next;
       cur -> next = prev;
   }
   return cur;
}
```

还可以用递归函数实现链表的反转，基本思路是：丢掉head节点，反转小规模链表，将丢掉的头节点链接在小规模链表的尾部。

程序如下：

```
Node *RecReverse(Node *head)
{
   if(!head)                                   //整个链表为空
       return NULL;
   if(head-> next == NULL)                     //链表只剩下一个节点
       return head;
   Node *temp = RecReverse(head -> next);      //反转小规模链表
   head -> next  -> next = head;               //在小规模链表尾部链接头节点
   head -> next = NULL;                        //小规模链表的尾部置空
   return temp;                                //返回小规模链表首节点的地址
}
```

8.4.5 基于链表的排序与检索程序

对于用链表表示的数据群体，如果用起泡法或选择法进行排序，则两个节点的交换实现起来比较烦琐。当然，如果每个节点只有一个数据成员，则可以不交换整个节点，而仅交换两个节点中的数据成员。不过，如果用插入法进行排序，则不需要交换整个节点。

例 8.7　用链表实现 N 个数的插入法排序。

程序如下：

```
struct Node
{
```

```
    int data;
    Node *next;
};
#include <stdio.h>
extern Node *AppCreate( );
extern Node *ListSort(Node *head);
extern void PrintList(Node *head);
extern void FreeList(Node *head);

int main( )
{
    Node *head = AppCreate( );                  // 建立链表，程序略
    PrintList(head);                            // 输出链表，程序略
    PrintList(ListSort(head));                  // 输出排序之后的链表
    FreeList(head);                             // 撤销链表，程序略
    return 0;
}

    Node *ListSort(Node *head)
    {
        if(head == NULL) return NULL;
        if(head -> next == NULL) return head;
        Node *cur = head -> next;
        head -> next = NULL;                    // 将头节点脱离下来，作为已排序队列
        while(cur)                              // 将后面的节点依次插入已排序队列
        {
            Node *prev = cur;
            cur = cur -> next;
            if(prev -> data < head -> data)
            {
                prev -> next = head;
                head = prev;
            }                                   // 插入头部
            else
            {
                Node *p = head;
                Node *q = p -> next;
                while(q)
                {
                    if(prev -> data < q -> data) break;
                    p = q;
                    q = q -> next;
                }                               // 查找合适的位置
                prev -> next = q;
                p -> next = prev;
            }                                   // 插入合适的位置
        }
        return head;
    }
```

上面的排序函数可以拆分成两个函数，形成风格更为良好的程序，如下：

```
Node *ListSortInsert(Node *head, Node *p);
Node *ListSort(Node *head)
{
    if(head == NULL)
        return NULL;
    if(head -> next == NULL)
```

```
        return head;
    Node *cur = head -> next;
    head -> next = NULL;                //将头节点脱离下来，作为已排序队列
    while(cur)                          //将后面的节点依次插入已排序队列
    {
        Node *prev = cur;
        cur = cur -> next;
        head = ListSortInsert(head, prev);
    }
    return head;
}

Node *ListSortInsert(Node *head, Node *p)
{
    if(p -> data < head -> data)
    {
        p -> next = head;
        head = p;
        return head;
    }                                   //插入头部
    Node *cur = head;
    Node *prev;
    while(cur)
    {
        if(p -> data < cur -> data)
            break;
        prev = cur;
        cur = cur -> next;
    }                                   //查找合适的位置
    p -> next = prev -> next;
    prev -> next = p;
    return head;                        //插入合适的位置，使用cur和prev指针操纵已排序队列
}
```

例 8.8　基于链表的顺序查找程序（基于链表的信息检索一般不适合使用折半查找法）。

程序如下：

```
#include <stdio.h>
struct NodeStu
{
    int id;
    float score;
    NodeStu *next;
};
extern NodeStu *AppCreate( );
extern float ListSearch(NodeStu *head);
extern void FreeList(NodeStu *head);
int main( )
{
    NodeStu *head = AppCreateStu( );  //建立链表，程序略
    int x = 1001;
    float y = ListSearch(head, x);                  //在链表中查找指定id对应的score值
    if(y < 0)
        printf("没有找到学号为%d的同学的成绩.\n", x);
    else
        printf("学号为%d的同学的成绩为%f.\n", x, y);
```

```
    FreeList(head);                              //撤销链表，程序略
    return 0;
}

float ListSearch(NodeStu *head, int x)
{
    NodeStu *p;
    for(p = head; p != NULL; p = p->next)        //遍历链表，查找 id 为 x 的节点
        if(p -> id == x)
            break;
    if(p != NULL)                                //找到了
        return p -> score;
    else
        return -1.0;
}
```

【训练题 8.8】 实现链表的起泡法排序函数：`Node *ListBubbleSort(Node *head);`。

【训练题 8.9】 用 C 语言设计并实现一个简单的机票管理系统。用单链表存储某航班已售机票信息（已售机票流水号、乘客姓名、机票价格、含日期的出售时间），系统业务功能包括售票、退票、按出售价格排序、客户查找等功能。

【训练题 8.10】 设计 C 程序，首先用链表建立两个集合（从键盘输入集合的元素，以 -1 结束），然后计算这两个集合的交集、并集与一个差集，最后输出计算结果。

【训练题 8.11*】 判断一个单向链表中是否有环（即最后一个节点的 next 指针是否指向了链表中的某个节点），对无环的非空单向链表建立一个环（从链表最后一个节点指向第 *M* 个节点，其中，*M* 可以是 1、2、3、…），操作成功返回 true，否则（链表空）返回 false。函数原型分别为 `bool HasLoop(Node *head);` 及 `bool CreateLoop(Node *head, int m);`。

【训练题 8.12*】 实现 findFirstCross 函数：查找两个无环单向链表首个重合节点的位置，若无重合返回 NULL。函数原型为 `const Node *findFirstCross (const Node *headA, const Node *headB);`。

8.5 联合类型

与结构类型类似，联合类型由程序员构造而成。构造时需要用到关键字 union。例如，

```
union myType
{
    int i;
    char c;
    double d;
};
```

然后用构造好的联合类型定义联合变量。例如，

```
myType v;                          //定义了一个 myType 类型的联合变量 v
```

联合变量的初始化、成员的操作方式也与结构变量的类似。与结构变量不同的是，执行环境采用覆盖技术按需要占用内存单元最多的成员为联合变量分配内存，例如，在 32 位机器上，上述联合变量 v 会按如图 8-7 a 所示得到 8 个内存单元，而不是按如图 8-7 b 所示得到

16个内存单元。实际所占内存单元数可以用 sizeof(v) 测算。

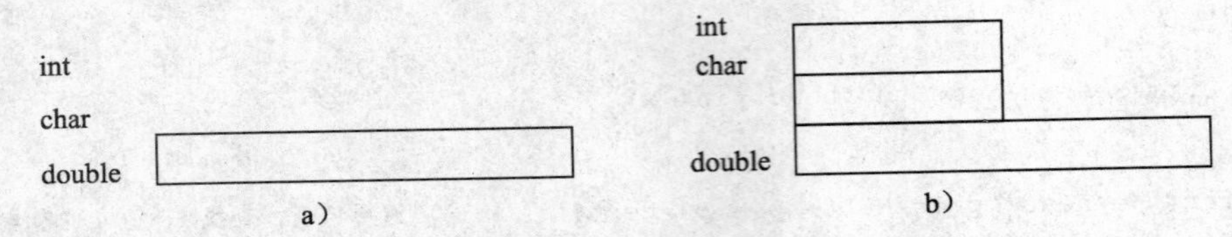

图 8-7　联合变量的内存分配

对于上述联合变量 v，在程序中可以分时操作其中不同数据类型的成员。例如，

```
v.i = 12;                    //以下只操作变量v的成员i
...
v.c = 'X';                   //以下只操作变量v的成员c
...
v.d = 12.95;                 //以下只操作变量v的成员d
...
```

当给一个联合变量的某成员赋值后，再访问该变量的另外一个成员，将得不到原来的值。例如，

```
v.i = 12;
printf("%lf", v.d);          //不会输出12
```

即可以分时把 v 当作不同类型的变量来使用，但不可以同时把 v 当作不同类型的变量来使用。

联合类型使程序呈现出某种程度的多态性。这种多态性的好处是在提高程序灵活性的同时可以实现多种数据共享存储空间。例如，

```
union Array
{
    int int_a[100];
    double dbl_a[100];
};
Array buffer;
... buffer.int_a ...           //使用数组int_a，只有一半存储空间闲置
...
... buffer.dbl_a ...           //使用数组dbl_a，没有存储空间闲置
...
```

如果不使用联合类型，则会造成大量存储空间在某个时段的闲置，例如，

```
int int_a[100];
double dbl_a[100];
... int_a...                   //使用数组int_a（dbl_a所占的存储空间闲置）
...
... dbl_a ...                  //使用数组dbl_a（int_a所占的存储空间闲置）
...
```

如果是联合类型的数组，则其每一个元素的类型可以不同，如例 8.9 所示。

例 8.9　从键盘输入一组人员的编号、姓名、职级，以及学分绩或已发表论文篇数，然后给出各类职级中排名第一的人员名单。其中的人员可以是本科生、硕士生、博士生或教师。

```
#include <stdio.h>
const int N = 10;                                  // 人员的个数
enum Grade{UNDERGRAD, MASTER, PHD, FACULTY};      // 职级
union Performanc
{
    int nPaper;                                    // 已发表论文篇数
    double gpa;                                    // GPA
};                                                 // 业绩类型
struct Person
{
    char id[20];
    char name[20];
    enum Grade grd;
    union Performanc pfmc;                         // 每一个人员信息的业绩属性的类型可以不同
};
void input(Person prsn[ ], int num);
int main( )
{
    Person prsn[N] = {{0,0,0,0}};
    input(prsn, N);
    double maxgpa = 0.1;
    int maxMaster = 0;
    int maxPhd = 0;
    int maxFaculty = 0;
    for(int i = 0; i < N; i++)
    {
        if(prsn[i].grd == UNDERGRAD && prsn[i].pfmc.gpa > maxgpa)
            maxgpa = prsn[i].pfmc.gpa;
        if( prsn[i].grd == MASTER && prsn[i].pfmc.nPaper > maxMaster)
            maxMaster = prsn[i].pfmc.nPaper;
        if( prsn[i].grd == PHD && prsn[i].pfmc.nPaper > maxPhd)
            maxPhd = prsn[i].pfmc.nPaper;
        if( prsn[i].grd == FACULTY && prsn[i].pfmc.nPaper > maxFaculty)
            maxFaculty = prsn[i].pfmc.nPaper;
    }
    for(int i = 0; i < N; i++)
        if(prsn[i].grd == UNDERGRAD && prsn[i].pfmc.gpa == maxgpa)
            printf( "本科生获奖者: %s \n",  prsn[i].name);
    //...
    return 0;
}
void input(Person prsn[ ], int num)
{   int g = 0;
    for(int i = 0; i < num; i++)
    {
        printf( "输入人员的编号与姓名: \n");
        scanf("%s%s", prsn[i].id, prsn[i].name);
        printf( "输入0、1、2、3, 分别代表本科生、硕士生、博士生和教师: ");
        scanf("%d", &g);
        switch(g)
        {   case 0: prsn[i].grd = UNDERGRAD;
                printf( "输入学分绩: ");
                scanf("%lf", &prsn[i].pfmc.gpa);
                break;
            case 1: prsn[i].grd = MASTER;
                printf( "输入已发表论文篇数: ");
```

```
                scanf("%d", &prsn[i].pfmc.nPaper);
                break;
            //...
        }
    }
}
```

联合类型变量也可以初始化，早期标准规定初始值必须是第一个成员的类型（如果被赋予其他值，有可能会被强制类型转换），C99 之后的标准允许初始化其他成员。

【训练题 8.13】 假设网络节点 *A* 和网络节点 *B* 之间的通信协议涉及四种格式的报文内容，通信时，先传送报文内容的格式种类，再传送相应格式的报文内容，每次只能发送一种格式的报文内容，四种报文内容的数据类型是结构类型 StructType1~ StructType4，请用统一的数据类型描述整个报文（含格式种类和报文内容）。

【训练题 8.14】 输入一组图形数据，然后输出相应的图形。其中的图形可以是线段、矩形和圆。（提示：一组图形数据可以用一个数组来表示和存储，数组中每个元素可以是结构类型，包括表示是何种图形的枚举类型成员，以及存储图形数据的联合类型成员。联合类型自身可以包括线段、矩形和圆三种结构类型成员。线段结构类型的成员对应端点坐标，矩形结构类型的成员对应左上角和右下角端点坐标，圆结构类型的成员对应半径和圆点坐标。每种图形的具体数据采用结构类型表示，是为了灵活设置其中成员的类型，如圆的半径可以是整数，也可以是小数。）

8.6 本章小结

C 语言中的结构是一种派生数据类型，它可以用来描述多个不同类型的数据群体。本章着重介绍了结构的类型构造、变量定义、初始化及其操作方法。通过本章的学习，读者可以熟悉结构类型的构造、变量定义、初始化及其操作方法，可以应用结构数组实现简单的信息管理。比如，输入一批学生信息：学号、姓名以及多门课的成绩，然后按平均成绩由高到低顺序输出学生的学号、姓名及平均成绩。通过配合本章的实践训练，读者可以掌握基于结构类型的一种数据结构——链表的创建、撤销、插入节点、删除节点等操作方法。此外，本章还介绍了基于结构数组和链表的排序和检索算法的程序实现方法。程序中涉及链表操作时，应注意将最后一个节点的 next 指针置为 NULL。另外，还要注意几种特殊情况下的处理：①链表为空表时；②链表只有一个节点时；③对链表的第一个节点进行操作时；④对链表的最后一个节点进行操作时。

C 语言中的联合是一种与结构类似的派生数据类型，它与结构类型的不同点仅在于存储方式，执行环境对联合类型的成员采用了覆盖存储技术，可以在实现多态性程序的同时节约存储空间，程序的多态性可以提高程序的易读性，面向对象技术中对于多态性有更好的实现方案。

在存储空间极其宝贵的应用场景中，可以采用 C 语言提供的位字段（bit-field）定义和访问方法，它是一种联合数据类型的应用技术。位字段的所有属性几乎都与具体实现有关，采用该方法的程序往往不具有可移植性。本书对此方法未作介绍。

CHAPTER 9

第9章 文件

计算机中的文件是一种数据集合，每个文件由若干个数据项序列组成，操作系统将其组织在特定的目录中，可以永久保存在外存中。每个文件由“文件名.扩展名”来标识，扩展名通常有1~3个字母，例如，“文件名.c”表示C程序的源文件，“文件名.exe”表示可执行文件，“文件名.txt”表示文本文件，“文件名.jpg”表示一种图像的压缩数据文件，“文件名.dat”可以表示自定义数据文件，等等。

C语言将文件看作外存设备中的一段字节串（一般用十六进制数表示）进行处理，这是一种流式文件处理方式[⊖]。根据文件中数据存储时的编码，可以将C文件分为二进制文件和文本文件。

（1）二进制文件

按数据对应的二进制数所组成的字节串存储。例如，对于32位机器，整数3可存为“00 11 00 00 11”四个字节串（对于16位机器，可存为“00 11”两个字节串），整数365可存为“00 00 01 6d”四个字节串（对于16位机器，可存为01 6d两个字节串），整数2147483647可存为“7f ff ff ff”四个字节串，字符'A'可存为“41”一个字节串，字符'3'可存为“33”一个字节串，字符串"365"可存为“33 36 35”三个字节串。

（2）文本文件

按数据中每个字符的ASCII码组成的字节串存储。例如，整数3可存为“33”一个字节串，整数365可存为“33 36 35”三个字节串，整数2147483647可存为“32 31 34 37 34 38 33 36 34 37”十个字节串，字符'A'可存为“41”一个字节串，字符'3'可存为“33”一个字节串，字符串"365"可存为“33 36 35”三个字节串。

可见，文本文件的平台无关性更好，但文本文件中的数据只能按文本含义来理解；而二进制文件中的数据可以由读/写程序自行约定为各种含义。另外，文本（字符与字符串）在二进制文件和文本文件中一般没有什么不同，但一些特殊字符，例如，表示回车换行的转义字符等，因不同操作系统的处理方式不同会有差别，编程时需注意这个问题（参见9.3节）。

根据文件中数据的语义又可以将文件分为程序文件（长期保存的程序代码）、数据文件（长期保存的程序处理对象或处理结果），以及设备文件（C语言将输入/输出设备当成文件来处理）。本章主要以数据文件为例讨论文件的访问。

C语言对文件的操作（即对文件的访问）通常是以字节为单位顺序进行的，包括读和写两大类操作。其中，文件的读操作一般是指从外部设备将数据逐字节读至内存（对于

⊖ C家族语言基本延续了这种无结构的流式文件处理方式，与之相对的是有结构的记录式文件处理方式。

内存而言，是输入数据)。文件的写操作一般是指将内存的数据逐字节写至外部设备（对于内存而言，是输出数据)。

9.1　文件类型指针

C 程序访问的文件往往位于外存或其他外部设备中，其访问速度比内存的访问速度慢得多，为了节省访问时间，提高程序执行效率，C 语言采用缓冲机制，如图 9-1 所示，即在内存开辟一块缓冲区。然后成批读 / 写数据，以减少对外部设备的读 / 写次数。缓冲区的大小由具体的执行环境确定。

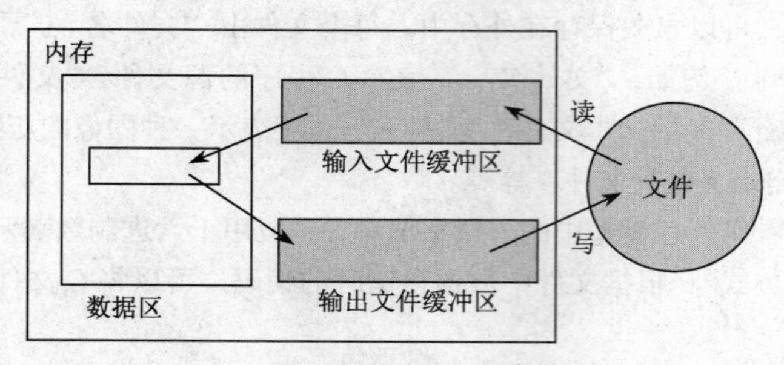

图 9-1　文件访问机制

为了对文件进行有效管理，C 语言规定，在 stdio.h 中定义一个名为 FILE 的结构类型[⊖]，定义形式如下：

```
typedef struct
{
    short level;                    //缓冲区满空程度
    unsigned    flags;              //文件状态标志
    char fd;                        //文件描述符
    unsigned char hold;             //无缓冲则不读取字符
    short bsize;                    //缓冲区大小
    unsigned char *buffer;          //数据缓冲区
    unsigned char *curp;            //当前位置指针，每读 / 写一字节，自动自增 1
    short token;                    //用于有效性检查
}FILE;
```

对于每一个要操作的文件，都必须定义一个 FILE 类型的指针变量，并使它指向“文件信息描述区”，以便对文件进行读 / 写操作。“文件信息描述区”由执行环境在程序打开文件时自动创建。文件的打开、读 / 写操作、关闭等环节，需调用相应的库函数。从程序设计角度来看，C 语言中的文件操作是结构类型与指针类型等知识的综合运用。

9.2　文件的打开

在对文件进行读 / 写操作前，要先打开文件，以便为文件建立“文件信息描述区”，即

⊖ FILE 结构类型的成员跟 C 语言的具体实现有关，不同开发环境定义的 FILE 结构类型成员不尽相同。

用程序内部一个表示文件的变量与外部一个具体文件之间建立联系，并指定是按文本文件还是按二进制文件来打开。文件的打开是通过库函数 fopen 实现的，其原型为：

```
FILE *fopen(const char *filename, const char *mode);
```

如果成功打开文件，则函数 fopen 的返回值为被打开文件信息描述区的地址，否则返回空指针。参数 filename 是要打开的文件名（含目录）；参数 mode 是文件的处理模式，它可以是以下模式。

（1）"r"：读模式

该模式表示打开一个文本文件进行读操作。该文件必须存在，否则打开文件失败。文件位置指针初值指向文件的头部。

（2）"w"：写模式

该模式表示打开一个文本文件进行写操作。如果文件已经存在，则先将其内容清除；否则，先创建一个空文件。文件位置指针初值指向文件的头部。

（3）"a"：追加模式

该模式表示打开一个文本文件进行追加写操作。如果该文件不存在，则先创建一个空文件。文件位置指针初值指向文件的尾部。

（4）"r+"：读更新模式

该模式表示打开一个文本文件进行读或写操作。该文件必须存在，否则打开文件失败。文件位置指针初值指向文件的头部。若写入 *n* 字节，则覆盖前 *n* 字节，其余内容仍保留。

（5）"w+"：写更新模式

该模式表示打开一个文本文件进行读或写操作。如果文件已经存在，则先将其内容清除；否则，先创建一个空文件。文件位置指针初值指向文件的头部。

（6）"a+"：追加更新模式

该模式表示打开一个文本文件进行读或追加写操作。如果该文件不存在，则先创建一个空文件。文件位置指针初值指向文件的尾部。

上述表示文本文件处理模式的字母后面还可以加一个字母 b，例如 "rb"、"wb"、"ab"、"r+b" 或 "rb+"、"w+b" 或 "wb+"、"a+b" 或 "ab+"，表示打开一个二进制文件。

例 9.1　文件打开程序示例。

程序如下：

```
#include <stdio.h>
int main( )
{
   FILE *pfile = fopen("d:\\data\\tfile.txt", "w");      // 字符串中的反斜杠需用转义符⊖
   if(pfile == NULL)
      printf("Error! \n");
   else
      printf("file has been opened. \n");
   printf("%s\n%s\n%s\n", __FILE__, __TIME__, __DATE__); // 输出源文件名及编译时间
   // ...
```

⊖ 在 UNIX 和 Linux 环境下，文件的目录用斜杠分隔："d:/data/tfile.txt"。

```
    return 0;
}
```

执行该程序前，用户需先在计算机的 d 盘建立 data 目录。该程序执行后，用户可以搜索到相应目录下新创建的 tfile.txt 文件。程序中还使用了预定义标识符 __FILE__、__TIME__ 和 __DATE__（前后都是两个下划线），用于显示该程序的编译日期和源文件名等信息。

不能成功打开文件的原因有多种，包括当前用户没有磁盘的访问权限、目录不存在等。如果是读模式或读更新模式，文件不存在也会导致文件打开失败。

9.3 文件的读 / 写操作

文件的读 / 写操作也是通过库函数实现的，常用文件操作库函数有以下几种。

（1）`int fputc(int c, FILE *stream);`

该函数的功能是将字符 c 写至文件，正常情况下返回字符 c 的 ASCII 码，否则（发生写入错误等异常时）返回 EOF。

EOF 代表与任何字符的 ASCII 码都不相同的一个值，是程序中表示文本文件操作异常的宏名，在不同的开发环境用来表示此类异常的值不一定相同，统一约定在程序中用 EOF 代表能增强程序的可移植性。开发环境通常在头文件 stdio.h 中进行如下定义：`#define EOF -1`。

最典型的文本文件操作异常是从文本文件末尾（end of file）读数据，即读到文本文件结束标志（跟操作系统有关㊀）时发生异常。例如，库函数 getchar 将键盘看作输入设备文本文件，当用户从键盘输入文件结束标志时，库函数读到后会返回 EOF：

```
char ch;    //㊁
while((ch = getchar()) != EOF)
    putchar(ch);
```

类似地，行结束标志也跟操作系统有关㊂。例如，向文本文件写一个字符 \n，作为某行的结束：

```
pfile = fopen("d:\\data\\tfile.txt", "w");
fputc('\n', pfile);
```

上述代码在不同的环境下执行后效果不同，在 Windows 环境下查看文件 tfile.txt 的属性，可以看到大小为 2 字节，而不是 1 字节。所以，也应注意代码的通用性，通常改为：

```
pfile = fopen("d:\\data\\tfile.txt", "wb");          // 按二进制方式打开文件
fputc('\n', pfile);
```

㊀ 例如，在 DOS 和 Windows 环境下，键入 Ctrl+Z（ASCII 码为 0x1A）作为文件的结束标志，在 UNIX 和 Linux 环境下，键入 Ctrl+D（ASCII 码为 0x04）作为文件的结束标志。

㊁ 若将 "char" 改成 "unsigned char"，则当 getchar 函数返回 EOF 时，会被隐式转换成无符号数 255，从而与此段代码中的 EOF（-1）不等，以致即使输入文件结束符循环也无法正常结束。对于 char 默认为 unsigned char 的开发环境，应将变量 ch 定义为 "int"，以便能涵盖正常值（ASCII 码）与异常值（EOF 对应的值）。

㊂ 例如，在 DOS 和 Windows 环境下，将 ASCII 码为 0x0A 的回车换行符 \n 写入文本文件时，会自动在前面添加一个 ASCII 码为 0x0D 的回车符 \r。而在 UNIX 和 Linux 环境下，则不会有此现象。

即添加模式字母 b 按二进制方式打开文件即可，使得在 Windows 环境下执行后，文件 tfile.txt 的大小也为 1 字节。

（2）int fputs(const char *s, FILE *stream);

该函数的功能是将字符串 s 写至文件，正常情况下返回一个非负整数，否则返回 EOF。

（3）int fprintf(FILE *stream, const char *format, ...);

该函数的功能是将基本类型数据写至文件中，正常情况下返回传输字符的个数，否则返回一个负整数。参数 format 与 printf 函数的参数类似。例如，

```
pfile = fopen("d:\\data\\tfile.txt", "w");
char name[20];                                    // 学生姓名
int num;                                          // 学号
scanf("%d", &num);
while(num > 0)                                    // 可以输入学号 0 结束程序
{
    scanf("%s", name);
    fprintf(pfile, "%d  %s\n", num, name);        // 向文件写入数据
    scanf("%d", &num);
}
```

（4）size_t fwrite(const void *ptr, size_t size, size_t nmemb, FILE *stream);

该函数的功能是按字节将 ptr 指向的 nmemb 个字节块的数据写至文件中。size_t 是在头文件 stddef.h 中定义的类型，相当于 unsigned int。参数 size 为字节块的大小。正常情况下返回实际写至文件的字节块的个数，异常情况下返回值小于 nmemb。如果 size 或 nmemb 的值为 0，则返回 0，文件内容不变。例如，“ fwrite(&i, sizeof(i), 1, pfile);”表示向某二进制文件写入 i 的值。又如，“fwrite("\r\n", 1, 2, pfile);”表示向某二进制文件写入两个字符。

上述函数中，fputc、fputs、fprintf 主要用于向文本文件写数据，fwrite 主要用于向二进制文件写数据[⊖]。

（5）int fgetc(FILE *stream);

该函数的功能是从文件读取一个字符，正常情况下返回字符的 ASCII 码，否则返回 EOF。

（6）char *fgets(char *s, int n, FILE *stream);

该函数的功能是从文件读取一个长度为 n 的字符串至 s，正常情况下返回 s，否则返回空指针。

（7）int fscanf(FILE *stream, const char *format, ...);

该函数的功能是从文件中读取基本类型数据（如果是整数或小数，之间应有分隔符），正常情况下返回读取数据的个数，否则返回 EOF。参数 format 与 scanf 函数的参数类似。例如，

```
pfile = fopen("d:\\data\\tfile.txt", "r");        // 将 "r" 改成 "w", 观察程序执行结果
int i = 0;
if(fscanf(pfile, "%d", &i) != EOF)                // 从文件中读取一个整数，赋给变量 i
    printf("%d", i);
```

⊖ 有些执行环境忽视模式字母 b，根据具体库函数判断以何种文件方式进行读 / 写。

（8）size_t fread(const void *ptr, size_t size, size_t nmemb, FILE *stream);

该函数的功能是从文件中将 nmemb 个字节块的数据按字节读至 ptr 所指向的字节块，返回实际读取字节块的个数。例如，“fread(&i, sizeof(i), 1, pfile);”表示从某二进制文件中读取数据，赋给变量 i。

上述函数中，fgetc、fgets、fscanf 主要用于从文本文件读取数据，fread 主要用于从二进制文件读取数据。

从文件中读取数据时，要根据文件中数据的存储格式选用恰当的库函数，否则无法正确读取数据。一般来说，用 fgetc、fgets、fscanf 和 fread 函数一一对应 fputc、fputs、fprintf 和 fwrite 函数，对产生的文件数据进行读操作，且要保持其中参数类型一致。

此外，从文本文件读取数据时，对于 ASCII 码为 0x0D 的回车符 \r + ASCII 码为 0x0A 的回车换行符 \n，在 DOS 和 Windows 环境下，ASCII 码为 0x0D 的回车符 \r 会丢弃（在 UNIX 和 Linux 环境下则不会丢弃）：

```
char ch;
pfile = fopen("d:\\data\\tfile.txt", "r");          //假定文件中含一个\r和一个\n
while(fscanf(pfile, "%c", &ch) != EOF)   //或while( fread(&ch, 1, 1, pfile) != 0)
    printf("%d\n", ch);                 //Windows下只显示10(回车换行符\n的ASCII码)
```

在上述代码中添加模式字母 b，改为按二进制方式打开文件，通常可提高代码的通用性。

（9）int feof(FILE *stream);

该函数的功能是判断文件是否结束，如果文件结束（即文件位置指针在文件末尾）并继续进行读操作，则返回非 0 数，否则返回 0。例如，

```
pfile = fopen("d:\\data\\tfile.txt", "r");
int i = 0;
while(!feof(pfile))
{
   if(fscanf(pfile, "%d", &i) != EOF)
       printf("%d\n", i);
}
```

文件结束和其他文件操作异常都有可能导致相关函数返回 EOF，feof 函数可以专门用来判断文件是否结束（其他错误可以用函数 ferror() 进行甄别）。

每个打开的文件都有一个位置指针，指向当前读 / 写位置，每读 / 写一个字符，文件的位置指针都会自动往后移动一个位置。一般情况下，文件的读 / 写操作是顺序进行的，即在进行读操作时，如果要读取文件中的第 n 字节，则必须先读取前 $n-1$ 字节；在进行写操作时，如果要写第 n 字节，则也必须先写前 $n-1$ 字节。这种文件的访问方式效率往往不高。为了提高文件访问的效率，可以用库函数来显式指定文件位置。

（10）int fseek(FILE *stream, long offset, int whence);

该函数的功能是将文件位置指针指向位置 whence + offset，参数 whence 指出参考位置，其取值可以为 SEEK_SET（值为 0 的宏，表示文件头）、SEEK_CUR（值为 1 的宏，表示当前位置）或 SEEK_END（值为 2 的宏，表示文件末尾），参数 offset 偏移参考位置的字节数，它

可以为正值（向后偏移,forward）或负值（向前偏移,backward）。fseek 函数成功执行时返回 0,否则返回非 0 整数。例如,

```
fseek(pfile, 10, SEEK_SET);          //位置指针移至第 11 字节处
fseek(pfile, 10, SEEK_CUR);          //位置指针从当前位置向后移动 10 字节
fseek(pfile, -10, SEEK_END);         //位置指针移至倒数第 10 字节处
```

文件位置指针的当前位置可以通过库函数获得:

```
long ftell(FILE *stream);            //返回位置指针的位置
```

也可以用库函数将文件位置指针拉回到文件头部:

```
void rewind(FILE *stream);           //等价于 fseek(stream, 0, SEEK_SET)
```

9.4　文件的关闭

在完成文件的相关操作之后，应及时关闭文件，以释放缓冲区的空间。关闭文件时，执行环境先将输出文件缓冲区的内容都写入文件（无论缓冲区是否为满），这样可防止丢失准备写入文件的数据。文件的关闭是通过库函数 fclose 实现的，其原型为:

```
int fclose(FILE *pfile);
```

如果成功关闭文件，则函数 fclose 的返回值为 0，否则返回 EOF。参数 pfile 是要关闭的文件信息描述区指针。

【训练题 9.1】先运行例 9.1 程序，再修改该程序，并验证文件操作相关库函数的功能。

例 9.2　假定无线传感器网络采集的火山口温度值存于数据文件 vol.dat 中，编程对异常采集数据进行预处理（比如将温度值为 0 的采集数据用前后相邻两个采集数据的平均值代替，最后一个温度值若为 0，则用前一个数代替）。

【分析】可以采用随机数生成的方式模拟数据采集，以便向所创建的文件中写入原始数据。

程序如下:

```
#include <stdio.h>
#include <stdlib.h>
#include <time.h>
const int N = 100;
void DatGenerator(FILE **fpp);
void PreTreat();

int main( )
{
   FILE *fp;
   char *fname = "d:\\data\\vol.dat";
   if( (fp = fopen(fname,"wb")) == NULL )        //打开、建立数据文件
   {
```

```
        printf("Can't open this file ! \n");
        exit(0);  //exit(0) 为结束程序运行的库函数，其相关信息在头文件 stdlib.h 中
    }
    DatGenerator(&fp);                          // 调用函数，产生原始数据
    fclose(fp);                                 // 关闭文件，保存数据

    printf(" 原始数据为: \n");
    FILE *pfile = fopen("d:\\data\\vol.dat", "rb");
    float t;
    while(!feof(pfile))
    {
        if(fread(&t, sizeof(t), 1, pfile) != 0)
            printf("%f\n", t);
    }   // 观察产生的原始数据
    fclose(pfile);

    PreTreat();                                 // 调用函数，预处理数据

    return 0;
}

void DatGenerator(FILE **fpp)                   // 注意实参是指针变量的地址
{
    srand(time(0));
    for(int i = 0; i < 5; ++i)                  // 为了便于调试，将循环次数 N 改成了 5
    {
        float j = 100.0*rand()/RAND_MAX;  // 生成随机数，模拟数据采集
        fwrite(&j, sizeof(j), 1, *fpp);  // 写入文件

        float k = 0;
        fwrite(&k, sizeof(k), 1, *fpp);  // 为了便于调试，故意间隔写入异常数据 0
    }
}

void PreTreat()
{
    FILE *pfile = fopen("d:\\data\\vol.dat", "r+b");
    float t, tNext, tPre;
    fread(&tPre, sizeof(t), 1, pfile);      // 读取第一个数据作为前一个数据
    fread(&t, sizeof(t), 1, pfile);         // 读取第二个数据作为当前待处理数据
    while(!feof(pfile))
    {
        if(fread(&tNext, sizeof(t), 1, pfile) != 0)       // 读取下一个数据
        {
            if(t <= 0.1)
            {
                t = (tPre + tNext)/2;
                fseek(pfile, -2*sizeof(t), SEEK_CUR);
                                            // 位置指针往回移至待处理数据前端
                fwrite(&t, sizeof(t), 1, pfile);          // 修改数据
                fseek(pfile, sizeof(t), SEEK_CUR);        // 恢复位置指针至下一个数据前端
            }
            tPre = t;                       // 当前数据处理完毕后作为下一次处理的前一个数据
            t = tNext;                      // 下一个数据作为待处理数据
        }
```

```
    }   //调试阶段可将此循环改为 for(int i=0; i < 9; ++i)

    fseek(pfile, -sizeof(t), SEEK_CUR);   //恢复位置指针至最后一个数据前端
    fwrite(&tPre, sizeof(t), 1, pfile);   //修改最后一个数据

    printf("\n 预处理后的数据为: \n");
    rewind(pfile);
    while(!feof(pfile))            //调试阶段可将此循环改为 for(int i=0; i < 10; ++i)
    {
        if(fread(&t, sizeof(t), 1, pfile) != 0)
            printf("%f\n", t);
    }   //观察预处理结果数据

    fclose(pfile);
}
```

通过注释，读者可以理解例 9.2 中的程序实现方法与过程，实际上，通过注释还可以单独调试数据产生模块与数据预处理模块。

【训练题 9.2】参考例 9.2，使用文本文件存储数据，实现学生信息管理功能（参见 8.6 节）。

9.5　本章小结

程序执行过程中，数据一般以变量、字符串等形式存在，当数据量比较大或需要长期保存时，则往往存储在文件中。程序的代码也是以文件的形式保存的。另外，C 语言把标准输入 / 输出设备（一般指的是键盘、显示器和打印机）也看成是一种文件。本章介绍了 C 语言文件的操作方法。通过配合本章的实践训练，读者可以掌握文件的打开、关闭、读 / 写等操作方法与注意事项。

至此，我们学习了三种主要的输入 / 输出方式：①基于控制台的 I/O，即从标准输入设备获得数据 / 把程序结果从标准输出设备输出（参见 0.10 节和 0.11 节）；②基于字符串的 I/O，即从程序的字符串中获得数据 / 把程序结果保存到字符串中（参见 7.3 节）；③文件 I/O，即从磁盘文件获得程序执行所需要的数据 / 把程序执行结果永久保存在磁盘文件中（参见 9.3 节）。

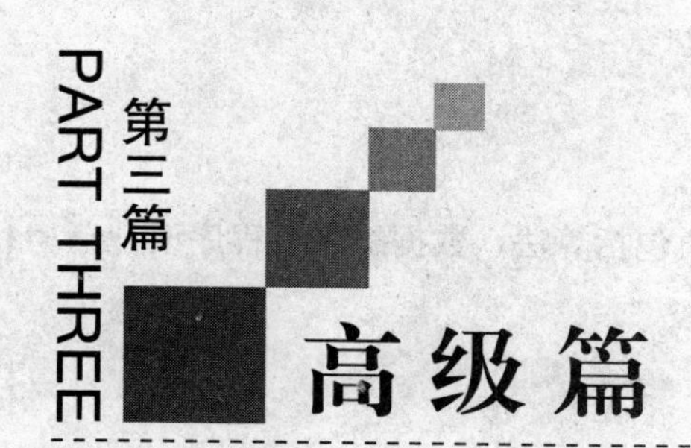

前面以C语言为例详细介绍了一种较为通用的程序设计基本做法。下面在此基础上介绍程序与程序设计的本质，以及程序设计的全过程。

第10章 程序与程序设计的本质

程序与程序设计的本质包括算法、数据结构、程序设计范型和语言等概念。

10.1 程序的本质

本书一开始介绍了程序是“一组连续的相互关联的计算机指令，更通俗地讲，是指示计算机处理某项计算任务的任务书，计算机根据该任务书执行一系列操作，并产生有效的结果”。该描述回答了“什么是程序？”这个问题，并反映出程序的本质是对计算及其对象进行描述。Pascal 语言之父 Niklaus Emil Wirth（1984 年的图灵奖得主）曾给出下列经典公式：

程序 = 算法 + 数据结构

该公式具体、简洁地揭示了程序的本质，其中的算法（algorithm）是指对数据进行加工的步骤，数据结构（data structure）是指对数据的描述及在计算机中存储和组织数据的方式。

（1）算法

解决任何问题都有一定的方法和步骤，即算法。解决一个问题的算法往往有多种，有的易于理解，有的效率更高。例如，对于信息检索问题，按顺序穷举的方法（参见例 7.9）易于理解，而分治法（divide and conquer algorithm，参见例 7.10）则往往效率更高。已有的大量算法除了解决数值问题的经典算法外，更多的算法是用来解决非数值问题的，例如排序、推理等问题。

另外，目前计算机的计算方式与人类的计算方式不尽相同，所以人类解决一个问题的多种方法中，有的不太适用于计算机。例如，与克莱姆法则（Cramer’s Rule）相比，雅可比迭代法（Jaccobi Iterative Method，参见例 10.3）更便于让计算机求解高阶线性方程组。随着计算机科学与应用的发展，新的问题不断出现，需要人们根据计算机的结构与工作特点设计各种各样的新算法。根据 Donald Ervin Knuth（1974 年的图灵奖得主）的描述，计算机算法应具有以下特征。

1）输入量与输出量：一个算法通常有零个或多个输入量，并有一个或多个输出量，也即，给定初始状态或输入数据，就能够得到结果状态或输出数据。

2）确定性：算法中每一步应当是确定无歧义的，而不能是含糊的、模棱两可的。

3）有穷性：一个算法应包含有限的操作步骤，以及有限个输入量与输出量。

4）有效性：即可行性，算法中的每一步应能通过已经实现的基本运算有效地执行。

一个算法对应一个程序的总流程，在算法设计阶段，可以采用与具体程序设计语言无关的流程图来描述算法，也可以采用自然语言或伪代码等方式来描述算法。其中，伪代码是一种介于自然语言与程序设计语言之间的文字和符号系统，因书写简便、易于阅读而广泛使用。在算法设计阶段使用伪代码，不必关注语法或开发环境等方面的细节。例如，求两个正整数的最大公约数的欧几里得算法（Euclidean algorithm，即辗转相除法[⊖]）可以描述为：

输入：两个正整数 M、N。

输出：M、N 的最大公约数。

用自然语言描述：

第一步：如果 $M<N$，则交换 M 和 N，否则转第二步；

第二步：如果 N 为 0，则转第五步，否则转第三步；

第三步：将 N 赋值给 R，M 除以 N 的余数赋给 N；

第四步：将 R 赋值给 M，转第二步；

第五步：输出 M，M 为“最大公约数”。

用流程图描述如图 10-1 所示。

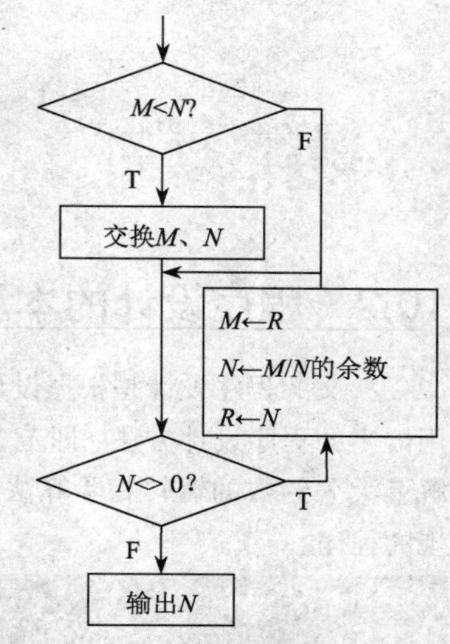

图 10-1　辗转相除法算法流程图

用伪代码描述：

```
IF m < n THEN SWAP m, n
WHILE n < > 0
    r = n
    n = m MOD n
    m = r
END
OUTPUT m
```

（2）数据结构

数据是程序的加工对象，程序中需指定数据的组织形式，即通过编程语言所提供的数据类型与相关操作实现某种数据结构，例如数组、链表等。不同的数据结构适用于不同的应用。通常情况下，精心选择的数据结构可以带来高效的算法。一个设计良好的数据结构，应该在尽可能使用较少的时间与空间资源的前提下，为各种临界状态下的运行提供支持。例如，洗牌游戏的数据结构可以设计如下。

用自然语言描述：

洗牌前：一副牌（用整数 1 ~ 54 表示 54 张牌，用整型数组 acard[54] 表示 54 个位置）。

洗牌后：一副牌（1 ~ 54 随机存于 acard[54] 的 54 个元素中）。

用框图描述如图 10-2 所示。

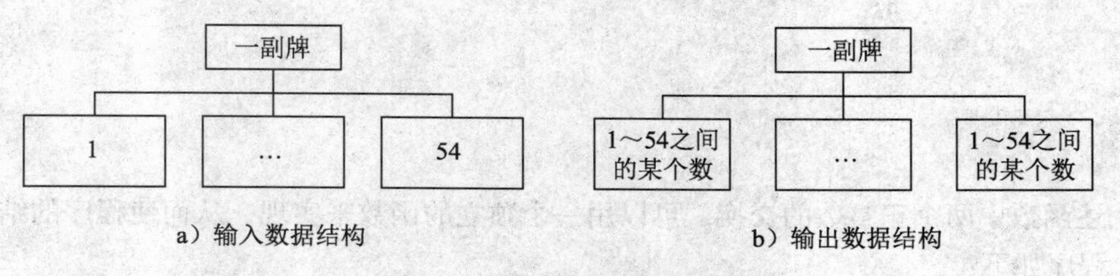

图 10-2　洗牌数据结构框图

⊖ 求两个正整数 M 和 N 的最大公约数，可以先分别求出 M 和 N 的所有约数，然后找出两者公共约数中的最大值，也可以用辗转相除法，前者易于理解，后者便于计算机实现。辗转相除法的缺陷在于，当 M、N 非常大的时候，计算 M 除以 N 的余数将是一个复杂而耗时的过程。感兴趣的读者可以了解只涉及整数的移位和加减法的 Stein 算法。

用伪代码描述：

输入数据结构：

```
INT array_card[1...54]
INT n  //1...54
```

输出数据结构：

```
FOR n FROM 1 TO 54
   i = random of 1~54
   array_card[i] = n
END
```

10.2　程序设计的本质

狭义的程序设计是根据设计好的算法和数据结构产生程序的过程，程序设计的本质是选用恰当的程序设计方法（即范型）和程序设计语言元素实现算法和数据结构。例如，对于求解最大公约数的辗转相除算法，可以用多种程序设计语言加以实现，例 10.1 是用 C 语言实现的程序。

例 10.1　设计 C 程序，实现求解两个整数的最大公约数。

根据最大公约数的求解算法，该问题的求解程序首先可以用一个分支流程使被除数不小于除数，然后需要一个循环流程辗转求余数，最终得到两个整数的最大公约数。

程序如下：

```
int MyGcd1(int m, int n)
{
   if(m < n)
   {
       int temp = m;
       m = n;
       n = temp;
   }
   while(n != 0)
   {
       int r = n;
       n = m % n;
       m = r;
   }
   return m;
}
```

上述函数中两个正整数的交换，可以用一个独立的函数来实现，从而使程序的结构得以优化，程序如下：

```
void MySwap(int *pm, int *pn)
{
   int temp = *pm;
   *pm = *pn;
```

```
    *pn = temp;
}
int MyGcd2(int m, int n)
{
    if(m < n) MySwap(&m, &n);                               // 实际上，该步骤可以省略
    while(n != 0)
    {
        int r = n;
        n = m % n;
        m = r;
    }
    return m;
}
```

还可以用递归函数进一步优化程序的结构，程序如下：

```
int MyGcd3(int m, int n)
{
    if(m%n)
        return MyGcd3(n, m%n);
    return n;
}
```

对于前面所设计的洗牌数据结构，也可以用多种程序设计语言加以实现，例 10.2 是用 C 语言实现的程序。

例 10.2　设计 C 函数，模拟洗牌游戏。

程序如下：

```
#include <stdlib.h>
int array_card[54] = {0};                                   // 初始化所有位置为空
void MyShuffle( )
{
    for(int n = 1; n <= 54; ++n)
    {
        int i = 54.0 * rand( )/RAND_MAX;                    // 随机一个位置
        if(!array_card[i])                                  // 如果是空位置
            array_card[i] = n;
        else                                                // 如果不是空位置
            for(int j = 0; j <= 53; ++j)                    // 从头找一个空位置
                if(!array_card[j])
                {
                    array_card[j] = n;
                    break;
                }
    }
}
```

上述实现中需要调用 C 语言库函数 rand，以便生成随机数，另外还要注意 C 语言数组下标是从 0 开始的。

广义的程序设计，特别是小型程序的设计，可以认为是包括问题分析、算法和数据结构的设计、算法和数据结构的实现、测试、运行等一系列过程，其本质涉及算法、数据结构、程序设计范型、程序设计语言与程序开发环境等多方面内容。

例 10.3*　采用 N 阶线性方程组的 Jaccobi 迭代法求解简化程序。

【分析】对于 N 阶线性方程组 $\boldsymbol{A}x=b$，$\boldsymbol{A}$ 是方程组的系数矩阵，x 是未知数的列向量矩阵，b 是常数项的列向量矩阵。线性方程组可以写成 $Dx=b-Rx$，其中 D 为 $\boldsymbol{A}$ 中的正对角部分，R 为 $\boldsymbol{A}$ 中的剩余部分。求解未知数的 Jaccobi 迭代公式为 $x^{(k+1)}=D^{-1}(b\text{-}Rx^{(k)})$，计算每个元素的迭代公式为：

$$x_i^{(k+1)} = a_{ii}^{-1}(b_i - \sum_{j\neq 1} a_{ij}x_j^{(k)}),\ i, j = 1, 2, \cdots, N$$

如果用 C 语言实现该公式的计算，可以用一维数组 a[] 表示系数矩阵 $\boldsymbol{A}$，常数项的列向量可以用一维数组 b[] 表示，用 double 型变量 dErr 表示精度，程序如下：

```
#include <stdio.h>
#include <math.h>
#include <stdbool.h>
const int MAX = 15;
void Solve(double a[], double b[], unsigned int n, double dErr, double x[]);

int main()
{
    const unsigned int N = 3;
    double a[] = {8, -3, 2, 4, 11, -1, 2, 1, 4};
    double b[N] = {20, 33, 12};
    double x[N];
    Solve(a, b, N, 1e-6, x);
    for(unsigned int i = 0; i < N; ++i)                    // 输出结果
        printf("x%d = %lf\n", i + 1, x[i]);
    return 0;
}

void Solve(double a[], double b[], unsigned int n, double dErr, double x[])
{
    double res[MAX];                                       // 上一次迭代方程组的近似解
    if(n > MAX)
    {
        printf("最多支持 %d 阶方程组 .", MAX);
        return;
    }
    for(unsigned int i = 0; i < n; ++i)
        res[i] = 0.0;                                      // 初始化解向量为 (0.0, 0.0, ...)
    while(true)
    {   //Jaccobi 迭代过程
        bool bStopIterative = true;
        for(unsigned int i = 0; i < n; ++i)
        {
            double dSum2 = 0;
            for(unsigned int j = 0; j < n; ++j)
            {
                if(j == i)
                  continue;                                // 剔除不参加求和的对角元素
                dSum2 += a[i * n + j] * res[j];
            }
            x[i] = 1 / a[i * n + i] * (b[i] - dSum2);
            if(fabs(res[i] - res [i]) > dErr)
                bStopIterative = false;
        }   // 计算求和项
```

```
        if(bStopIterative)
            break;                                      //终止迭代

        for(unsigned int i = 0; i < n; ++i)
            res[i] = x[i];                      //更新解向量
    }   //Jaccobi 迭代过程
}
```

例 10.3 程序中采用独立的函数 Solve 实现 Jaccobi 迭代算法，采用嵌套的 for 循环计算公式中的求和项，迭代过程对应外层大循环，每大循环一次，用新的迭代结果替换旧值，当迭代终止条件满足时，用 break 语句折断循环流程。

本书的主要内容是基于过程式程序设计方法和 C 语言，介绍如何选用恰当的程序设计语言元素解决简单的问题，兼顾狭义和广义的程序设计所涉及的基本方法和概念。

【训练题 10.1】你所理解的程序设计及其本质是什么？

【训练题 10.2】设计 C 函数，判断一个年份是否为闰年（先设计算法、数据结构，再转换成程序），并基于训练题 1.29 完成闰年、非闰年日历输出功能。

对于实现算法和数据结构的程序，最终要在计算机上执行才能产生有效的结果。早期的计算机在执行程序时，数据位于存储单元中，程序以一种外插型的电路手工接入系统。20 世纪 40 年代，匈牙利人 John von Neumann 提出更为实用的冯 · 诺依曼体系结构，采用该体系结构的计算机由存储器、运算器、控制器、输入设备及输出设备五个单元构成。程序执行时，数据和程序均位于存储器中，具体来说，待执行的程序装入内存后，带有运算器和控制器的 CPU 从内存逐条地取出指令加以执行，并从内存（例如变量、字符数组）或输入设备（例如键盘、磁盘文件）中获得所需数据，运算器进行运算，控制器发出控制信号控制整个系统，程序执行产生的临时结果保存在内存（例如变量、字符数组）中，程序执行的最终结果通过输出设备（例如显示器、磁盘文件）输出，这种体系结构一直沿用至今。

采用冯 · 诺依曼体系结构的计算机通过不断地改变程序的状态实现计算任务，不同的时刻存储器中的数据（一般为变量的值）反映了程序在不同时刻的状态，变量值的改变通常是通过赋值操作来实现的，所以，赋值操作构成了采用冯 · 诺依曼体系结构的计算机的一个重要特征。由于计算机各个部件存在访问速度上的差别，快速部件往往要花费大量的时间等待慢速部件的访问，因此，涉及 CPU、内存以及输入 / 输出设备之间数据传输的赋值操作产生了性能瓶颈。不过，程序的执行及其对数据的访问通常具有局部性特征，所以现代计算机往往利用这一特征在 CPU 中为内存提供内存高速缓存（cache），暂存一批局部数据，以减少 CPU 访问内存的次数，在内存中为外存提供磁盘高速缓存（disk cache），以减少 CPU 访问外存的次数，从而从一定程度上解决部件之间速度不匹配问题。

10.3　程序设计范型

基于不同的计算模式来描述计算，形成不同的程序设计范型（programming paradigms）。典型的程序设计范型有过程式、对象式、函数式及逻辑式。不同的程序设计语言支持的程序设计范型不尽相同。

10.3.1　过程式程序设计

过程式程序设计（procedural programming）是一种基于过程调用的程序设计范型。这里的过程指的是封装了一系列计算步骤的子程序（C 语言中的子程序表现为函数），一个过程可以在程序执行的任何一个时间点被其他过程或自身所调用。这种方式实现了一定程度的软件复用。

在过程式程序设计中，一方面，一个过程对应一个子功能，过程内部的计算步骤按顺序、分支或循环流程执行，对计算任务的功能描述比较清晰；另一方面，对数据的描述和对数据的操作相分离，这种模式与冯 · 诺依曼体系结构比较吻合。早期的程序设计大都采用过程式程序设计范型，支持该范型的程序设计语言有 Fortran、COBOL、Basic、Pascal、C、C++、Lisp 等，后期出现的支持对象式程序设计的语言一般也支持过程式程序设计。

过程式程序设计的不足在于对数据缺乏足够的保护。另外，程序的功能常会随着需求的改变而变化，功能的变化往往会导致整个程序结构的变动，从而使程序难以维护。

本书着重介绍了过程式程序设计的基本做法，包括流程控制方法、模块设计方法、数据和操作的描述方法等，掌握了这些基本做法，可以为学习其他范型的程序设计方法打下坚实的基础。

10.3.2　对象式程序设计

对象式程序设计（object-oriented programming，又叫面向对象程序设计）是一种基于对象及其操作的程序设计范型。这里的对象指的是封装了细节（若干描述实体属性的变量值）的数据实体，对象的数据特征（数据成员）及其操作特征（成员函数）在相应的类（相当于过程式程序中构造的类型）中进行描述，一个类可以从其他的类继承（具有相同的数据特征和操作特征，并添加新的数据成员和成员函数），数据的处理是通过调用对应类中的成员函数实现的。对象式程序设计是目前大型程序的主流设计范型，能比较好地支持这种范型的程序设计语言有 Simula、Ada、Smalltalk、Java、C++ 和 Python 等。

在对象式程序设计中，一方面，一个对象对应一个待处理的数据实体，对数据的描述比较清晰，另一方面，对数据的操作必须通过相应的对象来调用，这种模式加强了对数据的保护。此外，数据的描述通常是实际应用中相对稳定的实体，功能上的变化通常只涉及程序局部范围内的操作调整，对象式程序设计使得程序的开发与维护不至于牵一发而动全身，从而能够更好地适应需求的改变。例如，对于一个企业信息管理系统，原有的产品信息发布功能需要增加某项特殊产品的发布前审核功能，那么，在对象式程序设计中，只要派生一个特殊产品类，在其中增加审核操作函数，然后在产品发布程序前增加该特殊产品对象的审核操作调用即可，而若是在过程式程序设计中，则需要增加一个产品属性变量，然后可能需要修改所有产品相关的操作子程序。

对象式程序设计的不足在于对程序的整体功能描述不明显，程序包含较多的冗余信息，效率不高，不太适合小型应用软件的开发。

过程式程序是对象式程序的基础，对象式程序的局部及类定义中的数据操作一般都是过程式程序。

10.3.3 函数式程序设计

函数式程序设计（functional programming）是一种基于函数计算的程序设计范型。这里的函数用来描述变量之间的关系，也可以看作数值，函数的参数也可以是函数，从一连串的函数计算中得出最终的计算结果，递归函数理论和 lambda 演算是其理论基础。函数式程序设计通常用于人工智能领域程序的开发，能够比较好地支持这种范型的程序设计语言有 Haskell、Lisp 和 Scheme 等。

函数式程序设计秉承了过程式程序设计的模块化与代码重用的思想，二者有类似的函数调用、参数、返回值及变量的作用域等概念，所不同的是，函数式程序设计语言几乎没有命令元素，很少控制程序的执行次序。

10.3.4 逻辑式程序设计

逻辑式程序设计（logical programming）是一种基于事实和规则及推理的程序设计范型。这里的规则用来描述变量之间的关系，从一连串基于事实和规则的推理中得出最终的计算结果，谓词演算（predicate calculus）是其理论基础。逻辑式程序设计通常用于专家系统和自动化定理证明程序的开发，支持这种范型的程序设计语言有 Mercury 和 Prolog 等。

逻辑式程序设计往往关注于问题是什么，而不是如何解决一个问题。数学家和哲学家认为逻辑是有效的理论分析工具，是解答问题的可靠方法，逻辑式程序设计实现了这一过程的自动化。随着大数据时代的到来，面对浩瀚的数据，人们在迷惑“这些数据能解决什么问题”之前往往先被“这些数据是什么”所困惑，逻辑式程序设计正在发挥日益重要的作用。不过，基于冯 · 诺依曼体系结构的计算机运行逻辑式程序的效率不高，有经验的程序员往往会在能保证正确性的前提下，在逻辑式程序中嵌入部分过程式程序，以提高程序的运行效率。

10.4 程序设计语言

程序设计语言，即编程语言，是一套用于编写计算机程序的符号与规则。编程语言可以让程序员准确地在计算机世界为现实世界建立对应的模型，即定义现实世界实体的属性（数据结构）和不同情况下所实施的操作（算法）。根据与计算机指令和人类自然语言的接近程度，通常把编程语言分为低级语言和高级语言。

10.4.1 低级语言

低级语言（low-level programming language）是一类与计算机指令直接对应，与人类自然语言相距甚远的编程语言，包括机器语言和汇编语言两类。

机器语言（machine language）采用二进制形式的指令码和数据的存储位置来表示操作与操作数。硬件构成的裸机[⊖]只能识别用机器语言表示的指令，穿上 C 语言编译器这层外衣的虚拟机[⊜]可以执行由 C 语言所表示的指令（基本操作或语句）。

⊖ 由硬件构成的计算机常被称为“裸机”。

⊜ 在“裸机”之上，每加上一层软件就得到比它功能更强的计算机，即“虚拟机”。例如，硬件加上操作系统构成最基本的虚拟机。虚拟机的另外一个含义是指通过软件模拟的具有完整硬件功能的计算机系统，它运行在一台宿主机上，例如，Vmware 虚拟机、VirtualBox 虚拟机、Virtual pc 虚拟机等。

汇编语言（assembly language）采用助记符来表示操作和数据的存储位置，以帮助程序员记忆和运用，提高程序的易读性，汇编语言程序经汇编器（assembler，一种软件）翻译成机器语言程序即可被 CPU 执行。

对于表达式 r = a + b * c − d 的求解，可以用机器语言程序描述为：

```
...
0000 0000 0000 0010 1100 1000 1011 0100 0101 1111 1100
...
```

可以用汇编语言描述为（其中的 ax 为寄存器，即 CPU 中暂存数据的器件）：

```
...
mov ax, b
mul ax, c
add ax, a
sub ax, d
mov r, ax
```

低级语言与特定计算机指令系统密切相关，低级语言程序一般占用空间少，不需要进行大量的编译就可以被 CPU 执行，所以程序运行的效率比较高。不过，由于不同型号的计算机指令系统不尽相同，低级语言程序可移植性不好，而且，对于程序员而言，低级语言程序难以编写和维护，不容易实现对数据和操作的抽象，因此，随着计算机硬件速度的提高、存储空间的增大，加上程序规模大和复杂度高的影响，低级语言逐渐被现代编程所淘汰。

10.4.2　高级语言

高级语言（high-level programming language）是一类以人类自然语言为基础的编程语言。它通常采用人们熟悉的数学符号和精炼的英语单词来描述操作与操作数。

对于表达式 r = a + b * c − d 的求解，可以用高级语言程序直接写成：

```
r = a + b * c - d
```

高级语言程序（即源程序）必须被编译器（compiler，一种软件）或解释器（interpreter，一种软件）翻译成机器语言程序（即目标程序）才能被 CPU 执行。编译执行方式下（例如，Fortran、COBOL、Pascal、C、Simula、Ada、C++ 等语言），编译器将适合某种执行环境的源程序翻译成等价的目标程序㊀，以便形成该环境下的可执行程序，执行时不再需要源程序。解释执行方式下（例如，Basic、Smalltalk、Java、Lisp、Prolog 等语言）的源程序，一边由解释器根据当前执行环境逐条翻译，一边被逐条执行，翻译过程中不产生完整的目标程序㊁。一般来说，编译执行效率高，解释执行可移植性好。

高级语言避免了低级语言的缺陷，程序员不必过分关注计算机的硬件，而是可以基于一种虚拟机来进行编程，从而降低了编程的复杂度。虽然高级语言程序一般比低级语言程序占用的空间大，翻译为目标程序的工作量大，运行的效率低，但是随着计算机硬件技术的发

㊀ 或先翻译成汇编语言程序，再通过汇编器翻译成目标程序。

㊁ 有的高级语言，例如 Java，其源程序可以被一次性翻译成平台无关的接近机器语言的中间码，执行时，只要根据当前执行环境逐条翻译中间码并执行即可，这样既可以保证可移植性，又可以提高执行效率。

展，这些已经不是程序员需要担心的主要问题。现代编程一般都使用高级语言，例如用于科学计算的 Fortran 语言，用于商务处理的 COBOL 语言，用于教学的 Pascal 语言，用于嵌入式或实时系统的 Ada 语言，用于系统软件开发的 C/C++ 语言，用于网络应用的 Java 语言，等等。

本书所使用的编程语言是 C 语言，它是一种编译执行的语言，具有高级语言的优点，提供了丰富的类型和结构化流程控制机制，同时，它又提供了内存地址操作和位操作机制，从而兼具低级语言才具有的部分硬件访问能力。所以 C 语言往往又被认为是一种中级语言。另外，运行 C 程序的效率比较高，因为，首先它是一种静态类型语言，即要求在静态的程序（运行前的程序）中指定每个数据的类型，这样在编译时就能知道程序中每个数据的类型，可以由编译器检查一些与类型相关的程序错误，并且为数据测算其所需要的存储空间，从而产生高效的目标程序代码；其次，C 语言是一种弱类型语言，即对类型检查不完全，一些程序类型方面的错误只有在得出错误结果或异常终止时才会被发现，C 语言也很少做运行时的其他合法性检查，例如数组下标越界等，从而减少了运行程序时的开销，但也给程序的安全性带来隐患，对程序员的素质要求较高。

10.4.3　程序设计语言的设计、实现及使用

一门程序设计语言需要经过设计和实现，才能被程序员使用。设计阶段需要考虑语法、语义和语用三个方面的要素。其中，语法（syntax）是一系列语言成分之间的组合规则，它规定了程序的结构和形式；语义（semantics）是各个语言成分的含义，它代表程序的内容和功能；语用（pragmatics）是指语言成分的使用场合及所产生的实际效果。例如“if(x = 0) printf("zero");”在 C 语言语法上是正确的，但在语义上可能有问题，程序员的本意可能是“if(x == 0) printf("zero");”，这就好比“My desk is Susan”在语法上是正确的，而在语义上可能应该是“My deskmate is Susan”。再例如，“(++i) + (++i) + (++i);”在 C 语言语法、语义都是通顺的，但在不同的开发环境下输出的结果可能不同，就好比中国人通常认为在一个星期四说“next Saturday（下星期六）”指的是九天后的那个星期六，而英美人则往往以为是两天后的那个星期六，这是语言在语用方面存在的歧义。语言在设计阶段不易预料这样的问题，程序员在使用语言的时候应尽量避免出现这种歧义。语言的实现是指在某种计算机平台上开发出语言的翻译软件，针对某种语言可以有多种实现，任何一种语言的实现都可以被程序员用来开发（这种开发也是一种实现）出完成计算任务的程序。

语言在设计阶段，通常用严格的形式化定义来精确描述语法规则，以便于语言的实现。形式化定义通常要利用一种简单的形式语言，又叫元语言（meta language）。常用的程序设计语言的元语言采用巴科斯范式（Backus-Naur Form，简记为 BNF，由 1977 年的图灵奖得主 John Warner Backus 和 2005 年的图灵奖得主 Peter Naur 引入）。例如，C 语言标识符可用 BNF 进行如下的形式化定义：

```
<标识符> ::= <非数字字符>|<标识符><非数字字符>|<标识符><数字字符>
<非数字字符> ::= _|A|B|C|D|E|F|G|H|I|J|K|L|M|N|O|P|Q|R|S|T|U|V|W|X|Y|Z|
                 a|b|c|d|e|f|g|h|i|j|k|l|m|n|o|p|q|r|s|t|u|v|w|x|y|z
<数字字符> ::= 0|1|2|3|4|5|6|7|8|9
```

其中，<、>、| 和 ::= 是元语言符号，它们不属于被定义的语言。::= 表示“定义为”；| 表示“或者”；< 标识符 >、< 非数字字符 > 以及 < 数字字符 > 为元语言变量，它们代表被定义语言中的语法实体。另外，在一些扩充的 BNF 中，方括号 [] 表示其中的内容可有可无、花括号 {} 表示其中的内容可以重复出现多次，等等。

本书不是 C 语言的定义文本，没有采用不易理解的形式化定义描述 C 语言成分，而是采用了自然语言、流程图、示例程序等描述形式。

语言的设计、实现和使用是三类由不同人员承担的相对独立而又有联系的工作。例如，C 语言是 Dennis M. Ritchie 设计的，Turbo C 是 Borland 公司给出的一种 C 语言的实现，许许多多程序员用 C 语言编写了大量的应用程序，语言的设计者需要考虑语言成分是否必要、是否容易实现等问题，程序员在使用语言成分时往往要考虑语言设计者的初衷和语言成分的实现效率等内容。随着计算机科技的不断发展和日益增长的应用需求，程序设计语言还有待进一步发展和创新。

10.5　程序设计过程

完整的程序设计过程一般包括问题分析、算法和数据结构的设计、算法和数据结构的实现、测试和运行五个阶段。1971 年，Nicklaus Wirth 首次提出“结构化程序设计”（structured programming）理念：强调“自顶向下”、“逐步求精”的问题分析方法（如例 1.12 所示），以及设计阶段的“模块化”（如例 2.7 所示）和实现阶段的“结构化”思想（参见 1.5 节）。该理念在程序设计领域引发了一场革命，其后出现的程序设计语言都带有某种程度上的模块化、结构化思想，这些思想方法在后来发展起来的软件工程中获得了广泛应用。

10.5.1　问题分析

面对任何需要解决的问题，首先要明确问题是什么，即需要进行问题的分析（analysis）。用计算机来求解计算问题也不例外，其问题分析阶段的主要任务是要找出已知数据和未知数据，以及二者之间的关系。已知数据有时候是笼统的，需要剥茧抽丝地整理出数据细节。一个复杂的问题往往需要分解成若干个子问题，并且应当尽量降低子问题之间的耦合程度。子问题如果还不够简单，则需要进一步分解，直至明确每个问题的已知数据和未知数据为止。

10.5.2　算法和数据结构的设计

问题明确之后，需要考虑如何解决问题，即解决问题的方法和步骤的设计（design）。对于计算机求解的计算问题，设计阶段的主要任务就是要进行算法的设计，以及已知数据与未知数据的合理组织。由于已知数据与未知数据明确之后，二者之间的关系往往还是模糊的，所以需要通过一系列操作建立二者之间的清晰“桥梁”。

不同程序设计范型的程序设计思路不同。对于过程式程序设计，设计思路是功能分解，需要明确用哪些过程实现分解的子功能，以及它们之间的关系，在这种模式下，数据结构设计和算法设计往往是分开考虑的。对于对象式程序设计，设计思路主要是数据抽象，需要明确用哪些对象和类为数据实体建模，以及它们之间的关系，在这种模式下，数据结构和算法结合在对象和类中一并设计。对于函数式与逻辑式程序设计，则需要明确用哪些函数与规则完成已知数据到未知数据的转换。

10.5.3　算法和数据结构的实现

设计的算法和数据结构一般用伪代码、自然语言或流程图及框图表示，不能被计算机理解，必须用某种程序设计语言把它们表示出来，这个阶段叫实现或编码（coding）。

编码阶段首先需要选择一种程序设计语言。选择时可以根据应用系统的需求特点、程序设计范型、软硬件平台等因素综合考虑。实际上，现有各种语言大多基于冯·诺依曼体系结构，在表达能力上几乎等价，所以，一些非技术因素，如人员、时间和资金等，会起决定性作用。其次，要选择适当的语言元素来表达算法与数据结构。

对于同一个设计，不同的人会写出不同风格的程序。风格的优劣会影响程序的质量。高质量的程序缺陷少、效率高、易维护、能容错。程序设计风格取决于编程人员对程序设计基本思想方法、语言和开发环境掌握的程度，以及工作作风和习惯的优劣。初学者可以通过刻意学习和训练来培养良好的程序设计风格。

10.5.4　测试与调试

编写的程序中可能含有语法、逻辑（或语义）或运行异常错误。语法错误是指程序不符合某些语言的语法规则，这类错误可以由编译器检查发现。逻辑错误是指程序不符合所设计的算法或数据结构，或者算法或数据结构本身就不符合问题的求解。运行异常错误是指程序对执行环境的缺陷或用户操作的失误考虑不足而引起的程序异常终止，比如内存空间不足、打开不存在的文件进行读操作、数组下标越界、程序执行了除以0的指令等等。部分逻辑错误和运行异常错误可以通过少量模拟数据进行测试（test）来发现，并通过调试（debug）来对错误进行定位和排除。测试工作可以先分单元分模块测试，后进行集成化的整体测试，调试工作也可以分段运行。通过测试能够运行的程序并不一定是没有错误的程序。通过更多的模拟数据或部分真实数据进一步测试往往还能发现新的错误，这就需要进一步的调试。何时结束调试一般由程序员的经验和实际需求等因素决定。

10.5.5　运行与维护

测试通过后的程序交付使用时，一般仍要进一步维护（maintenance），因为所有的测试手段只能发现程序中有无错误，不能证明一个程序是否完全正确。维护主要是指在运行使用过程中发现并改正程序的错误。程序维护可分成三类：正确性维护、完善性维护及适应性维护。正确性维护是指改正程序中的错误；完善性维护是指根据用户的要求使得程序功能更加完善；适应性维护是指把程序移植到不同的计算平台或环境中，使之能够运行。

值得一提的是，程序维护所花费的人力和物力往往是很大的，因此，在设计阶段与实现阶段要设法提高程序的易维护性。

【训练题 10.3】基于过程式程序设计范型和编译执行方式的高级语言，详述程序设计全过程。

【训练题 10.4】设计 C 程序，实现两个超长正整数的加法（写出设计全过程）。

【训练题 10.5】现有 1 元、2 元和 5 元的货币（数量不限），请计算购买价值为 *n* 元的物品，有多少种支付方式（要求输出每种支付方式）。

【训练题 10.6】从扑克牌中随机抽 5 张不同的牌，判断是不是一个顺子，即这五张牌是不是连续的。扑克牌上的数字表示为整数，2~10 为数字本身，A 为 1，J 为 11，Q 为 12，K 为 13。大、小王为 0 且可以看成任意数字。编写 C 程序求解这个问题，输入一个长度为 5 的无序整型数组，输出 Yes/No。

【训练题 10.7】用包括 main 函数在内的多个函数，实现小数到分数的转换：向字符数组输入一个大于 0 的有限纯小数，输出其最简分数（例如，输入 0.4，输出 2/5；输入 0.0125，输出 1/80。小数部分不超过 8 位），用结构类型表示分数。转换函数原型为“Fraction decimal Tofraction(char []);”。

10.6 本章小结

本章介绍了程序与程序设计的本质，以及常用的程序设计方法和语言。通过本章的学习，读者可以了解程序设计的本质是选用恰当的程序设计方法（即范型）和程序设计语言元素实现算法和数据结构，需要考虑算法、数据结构、程序设计范型、程序设计语言，甚至程序开发环境等多方面的内容，整个程序设计的过程包括问题分析、算法和数据结构的设计、算法和数据结构的实现、测试和运行等步骤。通过配合本章的实践训练，读者可以初步掌握程序设计的全过程。

APPENDIX A

附录 A

集成开发环境下运行程序步骤简介（以 Dev-C++ 为例）

1．启动集成开发环境（以 Dev-C++4.9.9.2 为例，其他新版本的操作方法类似）

用鼠标左键点击“开始”，选择其中的“所有程序 | Bloodshed Dev-C++ | Dev-C++”，得到 Dev-C++ 4.9.9.2 启动后的界面，如图 A-1 所示。

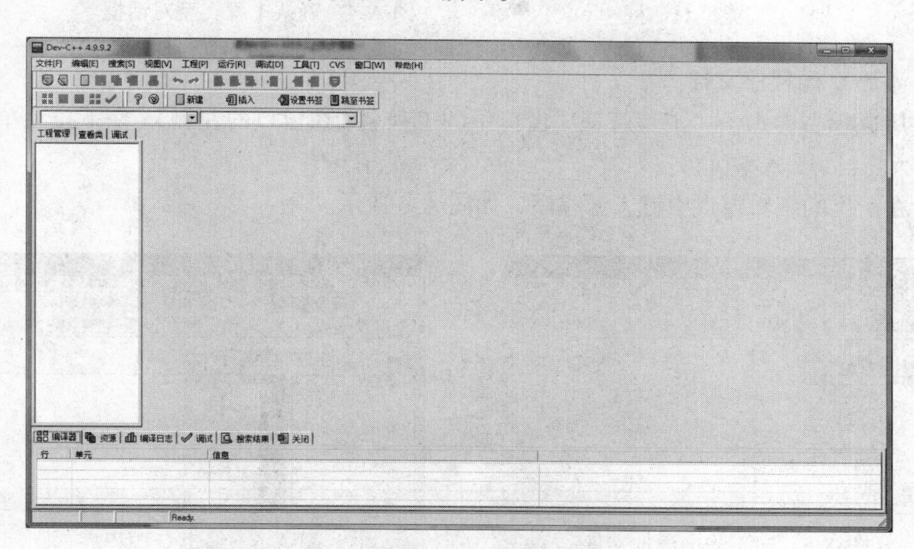

图 A-1　Dev-C++ 4.9.9.2 界面

2．创建工程（一个工程对应一个完整的 C 程序）

1）点击“文件”菜单，出现一个下拉式菜单，选择其中的“新建 | 工程”，如图 A-2 所示。

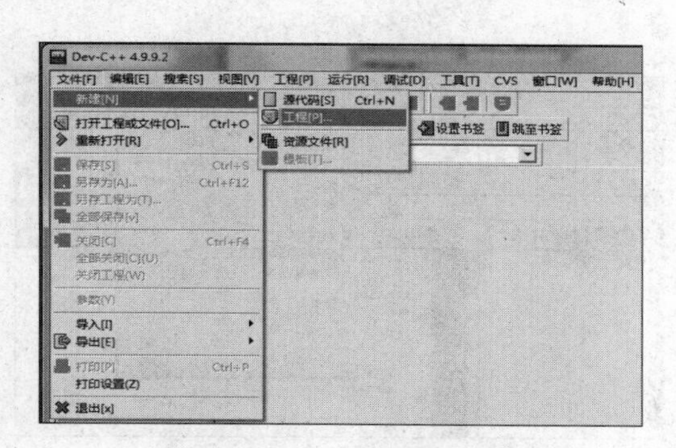

图 A-2　新建工程对话框

2）在弹出的对话框中，选择“Basic”中的“Empty Project”，并点选“C 工程”按钮，再点击“确定”按钮，如图 A-3 所示。

3）在接下来的窗口中选择工程保存的文件夹，并点击“保存”按钮，如图 A-4 所示。

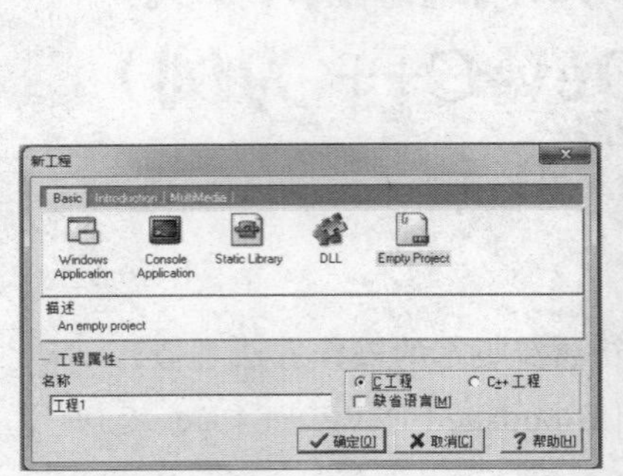

图 A-3　选择工程类型对话框　　　　图 A-4　确认工程类型对话框

3. 添加 C 源程序文件

1）用鼠标右键点击“工程管理”窗口中的工程名（在窗口的左侧），在下拉菜单中选择“新建单元”，如图 A-5 所示。

2）在产生的编辑窗口中键入源程序，如图 A-6 所示。

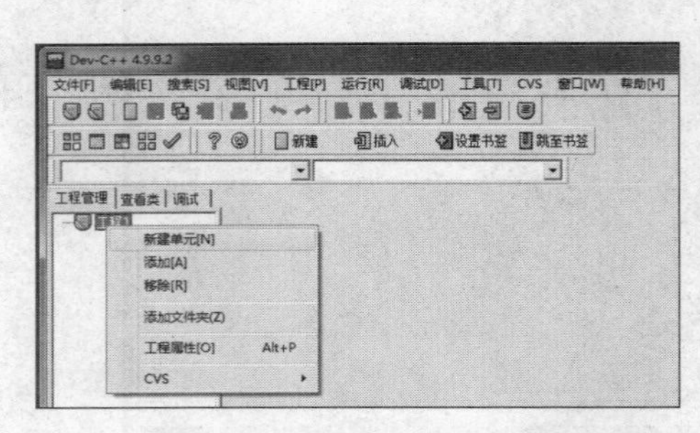

图 A-5　向工程中添加文件

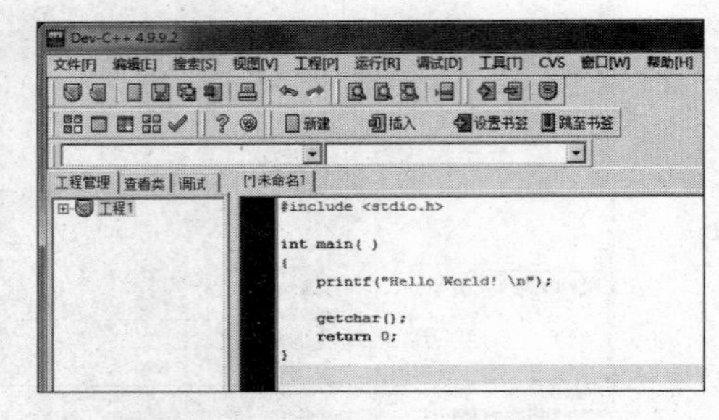

图 A-6　编辑 C 源程序

4. 编译和运行 C 程序

1）点击“运行”菜单，在出现的下拉式菜单中选择“编译”（快捷键为 Ctrl+F9），如图 A-7 所示。

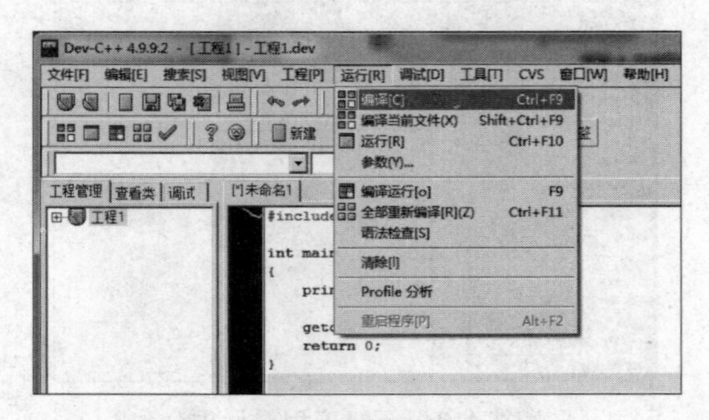

图 A-7　编译窗口

2）在弹出的对话框中输入源文件的文件名，点击“保存”按钮，将含 main 函数的代码保存在文件 main.c 中，如图 A-8 所示。

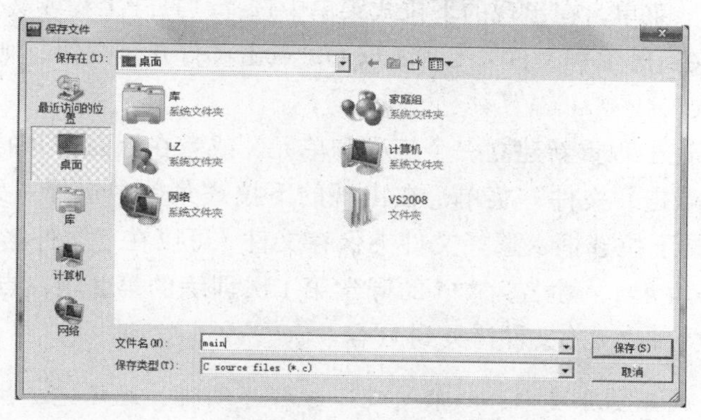

图 A-8　编译窗口

3）这时集成开发环境开始对当前的源程序进行编译。错误信息显示在屏幕下方的编译窗口中，包括错误所在的行号和错误的性质，可双击错误信息对错误行进行定位，以便修改。没有错误，则可在弹出的窗口中点击“关闭”按钮，如图 A-9 所示。

4）接下来可以运行无编译错误的程序，点击“运行”菜单，在出现的下拉式菜单中选择“运行”（快捷键为 Ctrl+F10），如图 A-10 所示。

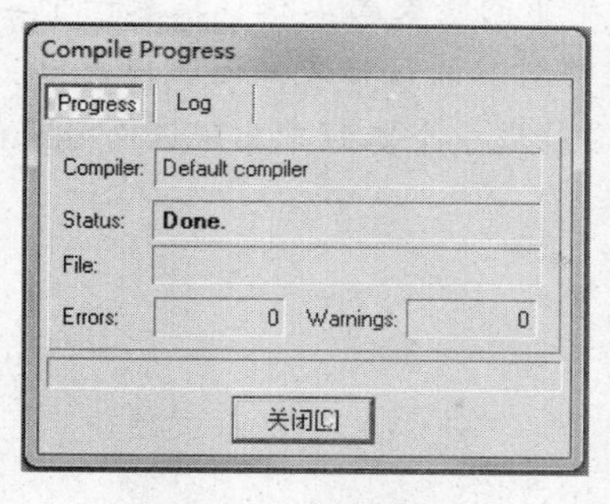

图 A-9　编译结果窗口

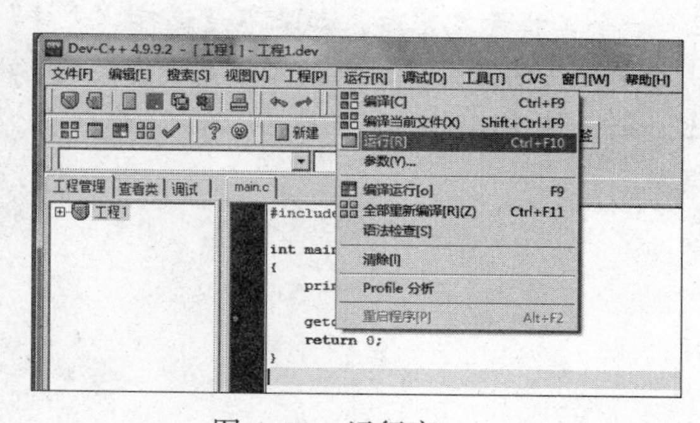

图 A-10　运行窗口

5）工程执行结果显示在另外一个窗口中，如图 A-11 所示。（如果程序中有输入命令，执行到输入命令时，用户要从键盘输入相应数据，以便程序正常继续执行。）

图 A-11　C 工程的执行结果

5. 保存程序

1）点击“文件”菜单，在出现的下拉式菜单中选择“另存为”，在弹出的对话框中双击文件夹，保存文件。可以在“文件名”中输入“###***_ex1_1”（表示学号为 ###、姓名为 *** 的同学第 1 次训练的第 1 题），点击“保存”按钮，调试完毕后将 ###***_ex1_1.c 文件拷贝到 U 盘，便于自己复习或提交给老师。

2）点击“文件”菜单，在出现的下拉式菜单中选择“关闭工程”，结束一个工程的开发。

3）点击“文件”菜单，在出现的下拉式菜单中选择“打开工程或文件”，在弹出的对话框中选定相应文件夹下的工程文件（工程 1.dev），点击“打开”按钮，则可打开刚才生成的工程进行查看或修改。

4）再次关闭上述工程重新建立一个工程和单元，或者在上面打开的工程源文件中修改 main 函数的代码，点击“文件”菜单，在出现的下拉式菜单中选择“另存为”，在弹出的对话框中点击文件夹下拉选框，选择文件夹保存文件（可以在“文件名”中输入“###***_ex1_2”，表示学号为 ###、姓名为 *** 的同学第 1 次训练的第 2 题，点击“保存”按钮）。调试完毕后将 ###***_ex1_2.c 文件拷贝到 U 盘。

注意： 1）在集成开发环境中，一般情况下，程序编辑、编译完、执行完，屏幕都是停留在编辑窗口，而运行结果是显示在用户窗口的。为了看到运行后的显示结果，要程序员切换到用户窗口。如果程序运行后看不到显示结果（用户窗口一闪而过），可以在 main 函数的“return 0;”前添加“getchar();”或“getchar();getchar();”（输入数据后的回车键会匹配掉一个“getchar();”）。这样，程序运行到最后一个 getchar 时会停在用户窗口，等待用户从键盘输入一个字符，于是用户就可以顺便看到之前程序执行的显示结果，输入一个字符后，程序继续执行“return 0;”结束运行，屏幕又停留在编辑窗口。

2）一个工程开发完后，如果不是选择“文件”菜单下的“关闭工程”结束一个工程的开发，而是仅关闭源文件，则该工程并没有关闭，源文件对应的目标文件还在内存中。这时如果添加新文件，调试一个带 main 函数的新程序，则会造成一个工程中出现两个 main 函数的错误。

命令行方式运行程序步骤简介（以 Dev-C++ & Windows 为例）

1．启动命令行窗口（以 Windows 7 为例，其他新版本的操作方法类似）

用鼠标左键点击“开始”，在搜索框中输入 cmd，按回车键，得到命令行窗口，如图 B-1 所示。

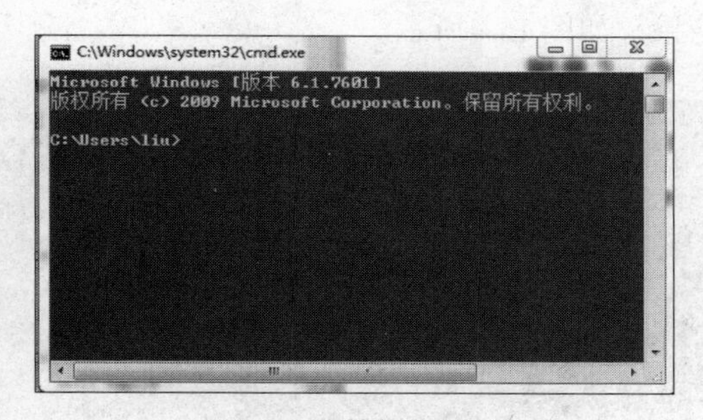

图 B-1　命令行窗口

2．编辑产生源程序

使用 cd（change directory）命令转到编译器所在的文件夹（比如 c:\dev-cpp\bin），启动编辑器（比如输入 edit），编辑源程序（比如 cmdtest.c，如图 B-2 所示），然后保存源文件，关闭编辑器（也可以使用其他文本编辑器，包括记事本，编辑源程序，并将源文件移至当前文件夹）。

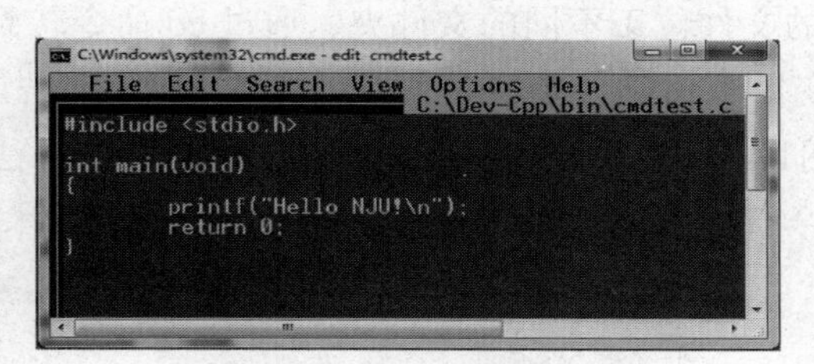

图 B-2　编辑程序

3．编译产生目标程序

在命令行窗口输入编译命令（比如 gcc –c cmdtest.c –o cmdtest.obj，其中 gcc 表示使用著名的编译器 GCC，参数 -c 表示编译操作，-o 表示将操作结果导入后面的文件中），将源程序编译成目标程序，如图 B-3 所示。这时，在文件夹下可以看到新产生的目标文件。

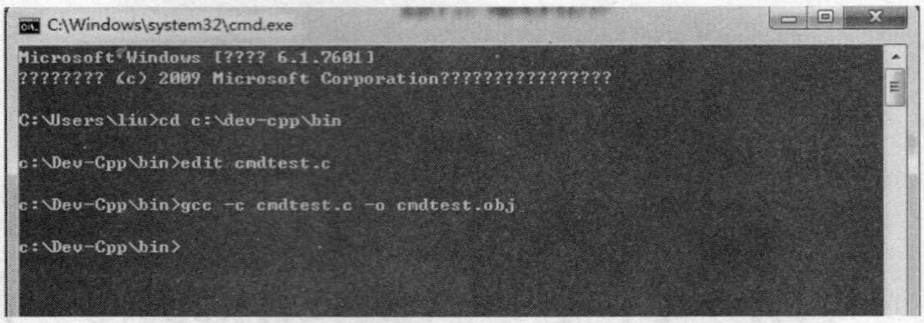

图 B-3　编译程序

4. 链接产生可执行程序

在命令行窗口输入命令（比如 gcc cmdtest.o –o cmdtest.exe，其中目标文件可以为多个），形成脱离标准库可执行的应用程序。这时，在文件夹下可以看到新产生的可执行文件。

5. 运行程序

在命令行窗口输入可执行文件名（比如 cmdtest）运行应用程序。这时，在命令行窗口可以看到程序执行的输出结果，如图 B-4 所示。

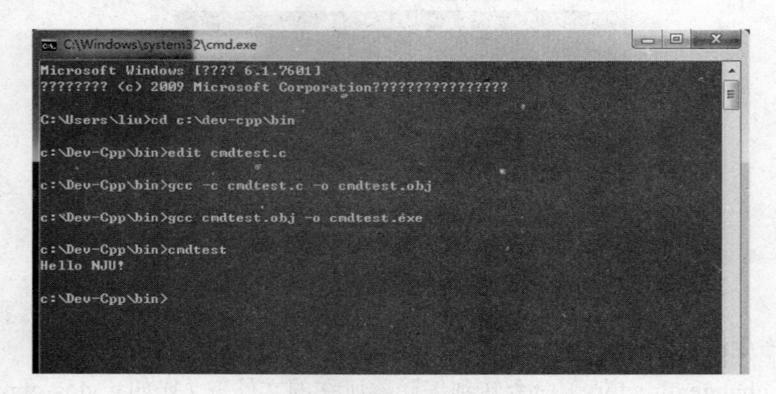

图 B-4　链接、运行程序

实际操作中，如果看到“…不是可用的内部或外部命令，也不是可运行的程序或批处理文件”等错误，说明没有转到正确的文件夹，执行环境搜索不到所需文件。有时候，多个命令或可运行的程序对应的文件位于不同的文件夹，通过 cd 命令转到正确的文件夹变得不现实。可以通过设置环境变量 path 解决该问题，即将相关目录提前告诉操作系统，以扩大执行环境的搜索范围。读者可以通过互联网寻找类似问题的具体解决办法。

读者还可以结合命令行方式运行程序步骤自行了解批处理技术，以加深对 main 函数返回值的理解。

APPENDIX C

附录 C

计算机中的信息表示

1. 常用计数系统（numeral system）及相互转换

（1）十进制

现实世界中常用的计数系统，用 0~9 十种符号进行计数，基数为十，其进位方式为逢十进一，即到了十就需要用两个符号的组合来表示。例如，18 和 3.14。

（2）二进制

计算机世界中常用的计数系统，用 0 和 1 两种符号进行计数，基数为二，其进位方式为逢二进一，即到了二就需要用两个符号的组合来表示。例如，10010（对应十进制数 18）和 11.001（对应十进制数 3.14）。

（3）八进制

一种压缩的二进制，用 0~7 八种符号进行计数，可使每三位二进制数位压缩成一位，基数为八，其进位方式为逢八进一，即到了八就需要用两个符号的组合来表示。例如，22（对应二进制数 10 010，对应十进制数 18）和 3.1075（对应二进制数 11.001，对应十进制数 3.14）。

（4）十六进制

一种压缩的二进制，用 0 ~ 9、A ~ F 共十六种符号进行计数，可使每四位二进制数位压缩成一位，基数为十六，其进位方式为逢十六进一，即到了十六就需要用两个符号的组合来表示。例如，12（对应二进制数 1 0010，对应十进制数 18）和 3.23D（对应二进制数 11.001，对应十进制数 3.14）。

（5）二进制与十进制之间的转换

1）整数的二进制转换成十进制。

$(11101)_2 = 1\times2^4 + 1\times2^3 + 1\times2^2 + 0\times2^1 + 1\times2^0 = 29$

$(35)_8 = 3\times8^1 + 5\times8^0 = 29$

$(1D)_{16} = 1\times16^1 + 13\times16^0 = 29$

2）整数的十进制转换成二进制：除以基数，取余数，直到商为 0。

整数的进制转换如图 C-1 所示。

3）小数的二进制转换成十进制。

$(0.1101)_2 = 1\times2^{-1} + 1\times2^{-2} + 0\times2^{-3} + 1\times2^{-4} = 0.8125$

$(0.64)_8 = 6\times8^{-1} + 4\times8^{-2} = 0.8125$

$(0.D)_{16} = 13\times16^{-1} = 0.8125$

除数	商	余数
2	18	
2	9	0
2	4	1
2	2	0
2	1	0
2	0	1

除数	商	余数
8	18	
8	2	2
	0	2

除数	商	余数
16	18	
16	1	2
	0	1

图 C-1　整数的进制转换

4）小数的十进制转换成二进制：小数部分乘以基数，取整数，直到乘积为整或精度满足。

小数的进制转换如图 C-2 所示。

整数	小数	乘数
	3.14	× 2
0	0.28	× 2
0	0.56	× 2
1	1.12	× 2
0	0.24	

整数	小数	乘数
	3.14	× 8
1	1.12	× 8
0	0.96	× 8
7	7.68	× 8
5	5.44	

整数	小数	乘数
	3.14	× 16
2	2.24	× 16
3	3.84	× 16
D	13.44	× 16
7	7.04	

图 C-2　小数的进制转换

（6）二进制与八 / 十六进制之间的转换

1）整数的二进制与八 / 十六进制互转：从低位向高位每三 / 四位一组，高位不足补 0。

2）小数的二进制与八 / 十六进制互转：从高位向低位每三 / 四位一组，低位不足补 0。

$(11101.1101)_2 = (011\ 101.110\ 100)_2 = (35.64)8$

$(11101.1101)_2 = (0001\ 1101.1101)_2 = (1D.D)16$

2．机器数

相对于二进制真值（一般是指在数值前面用“+”号表示正数，“–”号表示负数的有符号二进制整数，例如 –1010111）或其他数值、文字、符号等信息，计算机中有多种机器数与之对应，由不同的人为制定的编码或存储方案来决定，与在机器中所占空间（二进制位数）的大小有关，具体包括原码、补码、BCD 码、ASCII 码、定点数、浮点数，等等。

（1）原码

原码是把真值的符号位数值化后的二进制数，用 0 表示符号 +，1 表示符号 –，例如 –1010111 的 8 位原码为 11010111，16 位原码为 1000000001010111。原码的弊端在于不便于减法运算，此外，0 的原码不唯一，例如 8 位原码 00000000 和 10000000 都可以表示 0。

（2）补码（complement）

对于整数 X，若 $X \geqslant 0$，其补码与原码相同，否则，其 n 位补码为 $2^{n-1}-|X|$，X 的范围为 $[-2^{n-1}, 2^{n-1}-1]$。一个负数的补码的简单求法为：符号位同原码，其余各位取反，末位加 1[⊖]。例如 –1010111 的 8 位补码为 10101001，16 位补码为 1111111110101001。补码的优势在于其

⊖　这是因为每位二进制数只有 0 和 1 两种情况，故 $2^{n-1}-|X|$ 就相当于是对 $|X|$ 的各位取反，末位加 1。

可将减法变成加法，并保证结果正确，从而免去借位的麻烦，此外，0 的补码是唯一的，例如，根据补码的定义，8 位补码 00000000 表示 0，而 10000000 表示 -128。

为什么补码可以将减法变成加法呢？读者可以想象在一个 10 个格子的钟面上进行加减运算，加法对应“经过顺时针运动找到结果”，减法对应“经过逆时针运动找到结果”，逆时针运动能到达的点，顺时针运动一定也能到达，例如，8-6 = 8+4 = 2，从而可以将减法转化为加法。对于 8-6 = 8+4，可以看作 8+(-6) = 8+4，称 -6 的补数为 4(10-|-6|)。假设钟面上的格子数为 128，则负数 X 的补数为 128-|-X|。推而广之，对于格子数为 2^{n-1} 的钟面，负数 X 的补数为 $2^{n-1}-|X|$。

读者可以思考：内存中的 11111111111111111111111111111111 对应的十进制数是多少？[⊖]

（3）BCD（Binary-coded decimal）

BCD 码有多种形式，常用的是 8421 码，即用 4 位二进制数对应 1 位十进制数，不允许出现 1010 ~ 1111 六种组合（可采用这六种组合中的某种组合表示正号、负号或小数点等信息）。BCD 码有利于用二进制数来精确表示十进制数，也有利于二进制数和十进制数之间进行快捷转换（BCD 码可避免浮点运算时所耗费的时间）。BCD 码常用于要对长数字串作准确计算的会计系统中，以及其他需要高精度的计算场合。此外，基于 BCD 码设计电路，可以便于数码管显示数字，例如 13 对应 BCD 码 0001 0011。

采用 BCD 码运算时，逢 16 进 1 比逢 10 进 1“迟钝”了 6，需要进行加 6、60 或 66 等进行修正，所以不便于诸如求 sin(x) 这样的复杂计算。

（4）ASCII（American Standard Code for Information Interchange）

ASCII 即美国标准信息交换码，1967 年被定为国际标准，是将英文字母、阿拉伯数字、西文标点等电传打字机上的常用字符转[⊜]换成二进制数的标准编码。ASCII 码用 8 位二进制数对应 1 个字符，其中最高位通常为校验位，用于传输过程中检验数据的正确性，其余 7 位二进制数共有 128 种组合，对应 128 个不同的字符，若校验位也扩展为数据位，则有 256 种组合，可以对应 256 个不同的字符。为了方便起见，常常用十六进制数或十进制数来描述二进制 ASCII 码，如表 C-1 所示。

（5）其他码制

为了便于机器处理更多的符号（例如汉字、中文标点等），人们制定了用 16 位或 32 位二进制数表示的编码，共有 65536（2^{16}）种或更多种组合，如 GB2312（简体）、Big5（繁体）、Unicode 等国际通用大字符集（Universal Character Set）等，它们一般都兼容 ASCII 码，可以对应 6 万多种符号，基本可以满足各国文字符号处理使用的要求。实际上，当前版本的 Unicode 尚未填充满，保留了大量编码对应特殊或扩展功能。

⊖ 如果该机器数是原码，则对应的十进制数为 -2147483647，若是补码，则对应 -1，若是无符号数，则对应 4294967295。

⊜ 在早期的电传打字机上，回车换行动作对应控制回车与控制换行的两个字符；而在计算机上，该动作通常仅由换行符一个字符即可控制，故本书称换行符为回车换行符。

表 C-1 常用字符的 ASCII 码

ASCII 码		字符	控制字符	意义	ASCII 码		字符	ASCII 码		字符	ASCII 码		字符
十进制	十六进制				十进制	十六进制		十进制	十六进制		十进制	十六进制	
000	00		NULL		032	20	（空格）	064	40	@	096	60	`
001	01	☺	SOH	标题开始	033	21	!	065	41	A	097	61	a
002	02	☻	STX	正文开始	034	22	"	066	42	B	098	62	b
003	03	♥	ETX	正文结束	035	23	#	067	43	C	099	63	c
004	04	♦	EOT	传输结束	036	24	$	068	44	D	100	64	d
005	05	♣	ENQ	询问字符	037	25	%	069	45	E	101	65	e
006	06	♠	ACK	确认	038	26	&	070	46	F	102	66	f
007	07	•	BELL	报警	039	27	'	071	47	G	103	67	g
008	08	◘	BS	退格	040	28	(	072	48	H	104	68	h
009	09	○	HT	水平制表	041	29	)	073	49	I	105	69	i
010	0A	◙	LF	换行	042	2A	*	074	4A	J	106	6A	j
011	0B	♂	VT	垂直制表	043	2B	+	075	4B	K	107	6B	k
012	0C	♀	FF	走纸	044	2C	,	076	4C	L	108	6C	l
013	0D	♪	CR	回车	045	2D	–	077	4D	M	109	6D	m
014	0E	♫	SO	移位输出	046	2E	.	078	4E	N	110	6E	n
015	0F	☼	SI	移位输入	047	2F	/	079	4F	O	111	6F	o
016	10	►	DLE	转义	048	30	0	080	50	P	112	70	p
017	11	◄	DC1	设备控制 1	049	31	1	081	51	Q	113	71	q
018	12	↕	DC2	设备控制 2	050	32	2	082	52	R	114	72	r
019	13	‼	DC3	设备控制 3	051	33	3	083	53	S	115	73	s
020	14	¶	DC4	设备控制 4	052	34	4	084	54	T	116	74	t
021	15	§	NAK	否定	053	35	5	085	55	U	117	75	u
022	16	▬	SYN	空转同步	054	36	6	086	56	V	118	76	v
023	17	↨	ETB	信息组传送结束	055	37	7	087	57	W	119	77	w
024	18	↑	CAN	作废	056	38	8	088	58	X	120	78	x
025	19	↓	EM	纸尽	057	39	9	089	59	Y	121	79	y
026	1A	→	SUB	替换	058	3A	:	090	5A	Z	122	7A	z
027	1B	←	ESC	换码	059	3B	;	091	5B	[	123	7B	{
028	1C	∟	FS	文件分隔	060	3C	<	092	5C	\	124	7C	|
029	1D	↔	GS	组分隔	061	3D	=	093	5D	]	125	7D	}
030	1E	▲	RS	记录分隔	062	3E	>	094	5E	^	126	7E	~
031	1F	▼	US	单元分隔	063	3F	?	095	5F	_	127	7F	（删除）

从表 C-1 可以看出，阿拉伯数字与其十六进制 ASCII 码的末位相同，这样的设计便于数据处理。另外，大小写英文字母的 ASCII 码分别是 41~5A、61~7A，比较容易记忆。

（6）计算机中的实数（non-integral numbers）

计算机中的实数主要有定点数和浮点数两种机器数。

定点数（fixed-point）的小数点位置固定不变，一般约定整数的小数点在数的最右方，小数（纯小数）的小数点在符号位之后。定点数中的小数点和小数点前的 0 一般是隐含的，不另外开辟空间存放。定点数参与运算时，要么都调整成整数，要么都调整成小数（纯小数），如 $3+0.5=(3\times10+0.5\times10)/10$，又如 $3+0.5=(3/100+0.5/100)\times100$，式子中的 10、100 叫作比例因子，如果编程时比例因子选择不当，会产生溢出或降低运算精度。定点数可用于表示数值的范围，如表 C-2 所示。

表 C-2 定点数可用于表示数值的范围

码 制	定点小数		定点整数	
	最大数	最小数	最大数	最小数
原码	$1-2^{-n}$	$-(1-2^{-n})$	2^{n-1}	$-(2^n-1)$
补码	$1-2^{-n}$	-1	2^{n-1}	-2^n

由于定点数在运算精度和可表示数值的范围方面都存在较大的局限性，所以现代计算机中的实数一般为浮点数（floating point）。浮点数由四部分组成：$_SM\times R^E$，其中，S（sign）为实数的符号；M（mantissa）为尾数，一般为补码或原码表示的定点小数；R（radix）为比例因子的基数，一般为 2、8 或 16；E（exponent）为比例因子的指数，又称浮点数的阶码，一般为补码或移码表示的定点整数。浮点数尾数的位数表示数的有效数位，有效数位越多，数据的精度越高。为了在浮点数运算过程中尽可能多地保留有效数字的位数，使有效数字尽量占满尾数数位，必须经常对浮点数进行规格化（尾数最高位具有非 0 数字）操作。以 IEEE754 标准[⊖]中的单精度浮点数为例，−0.5 对应的机器数为 1 01111110 00000000000000000000000，这是因为约定基数 R 为 2 时，十进制数 0.5 转换成二进制数为 0.1，规格化后为 1.0×2^{-1}，这样，符号位 S 为 1，尾数 M 为全 0（1 是隐含的），指数 E 为 01111110（−1 的移码为 126）。

根据浮点数的存储方案，可以推算出其值域，以 IEEE754 标准下的单精度浮点数为例，其值域为（$N_{max}=2^{127}\cdot(2-2^{-23})$，$N_{min}=-2^{127}\cdot(2-2^{-23})$），能够表示的最小正数为 $|N|_{min}=2^{-126}$，分辨率（即相邻两个数值之间的差值）是 2^{-23}（$\approx1.192\times10^{-7}$，即有 6 位数字有效）。

⊖ 该标准规定，符号位占 1 位，尾数用 23 位原码表示，且规格化后隐含存储 1，指数用 8 位移码（一个数 X 的移码 = $127+X$）表示，指数范围为 −126~127，对应十六进制移码 01~FE。对于移码为 00 的情况，尾数为 0 时表示 0，尾数不为 0 时表示绝对值非常小的数；对于移码为 FF 的情况，尾数为 0 时表示无穷大，尾数不为 0 时表示不是一个数（NaN）。

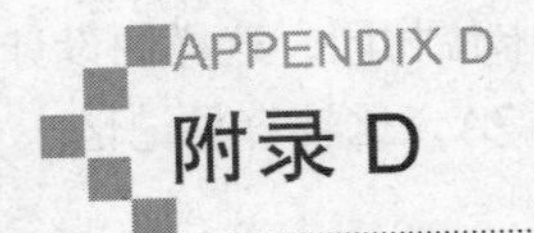

常用 C 语言标准函数库

1. 输入与输出（使用时需添加 #include <stdio.h>）

（1）格式化输出函数

```
int printf(const char *format, ...);              //向控制台输出，format 为格式字符串
int sprintf(char *s, const char *format, ...)            //向字符串输出
int fprintf(FILE *stream, const char *format, ...)       //向文件输出
```

格式字符串的形式为“%[正负号][0][输出占位总长度 . 小数部分或字符串输出长度][l]< 格式字母 >”，其中格式字母的含义说明如表 D-1 所示。

表 D-1 格式字母的含义说明

格式字母	输出格式
d, i	十进制整数
x, X	十六进制整数
o	八进制整数
u	无符号十进制整数
c	单个字符
s	字符串
f	小数形式的浮点数，默认保留 6 位小数
e, E	规格化指数形式的浮点数，小数占 6 位，指数符号占 1 位，指数占 3 位，之间有 e 作为分隔
g, G	e 和 f 中较短的一种
%	符号“%”本身

例如：

```
printf("Today is sunny.\n");        //Today is sunny.（原样输出）
printf("%d,  %d\n", 3, 12);         //3,  12（格式字符串之外的逗号与 2 个空格原样输出）
printf("%-2dh\n", 3);    //3 h（整数不足 2 位，3 右边补 1 个空格，没有负号则左边补空格）
printf("%ld\n", 13L);               //13（字母 l 表示输出长整型数）
printf("%f\n", 111111.111);         //111111.111000（有的机器输出 111111.109375）
printf("PI = %.2f\n", 3.14159265);
                                    //PI = 3.14（按小数点和格式字母 f 之间的整数保留小数）
printf("%5.2f\n", 3.14159265);  // 3.14（保留 2 位小数，整个数据不足 5 位，左补 1 个空格）
printf("%e\n", 123.456); //1.234560e+002
printf("%c\n", 'A');                //A
printf("%-5.2sNJ\n", "HELLO");      //HE   NJ（按小数点和格式字母 s 之间的整数
//保留左边 2 个字符，不足 5 位，右边补 3 个空格，没有负号则左边补空格）
printf("100%%\n");                  //100%
```

（2）格式化输入函数

```
int scanf(const char *format, ...)             //从控制台输入，format为格式字符串
int sscanf(const char *s, const char *format, ...)    //从字符串输入
int fscanf(FILE *stream, const char *format, ...);    //从文件输入
```

格式字符串的形式为“%[输入数据的长度][l][h][*]<格式字母>”。格式字母的含义与格式化输出函数的类似。此外，格式字符串之外的其他内容（包括空格）必须原样输入（所以格式字符串之外没有其他内容更好），带*的输入项不赋给相应的变量（便于修改程序），字母l用于输入长整型或双精度型数据，字母h用于输入短整型数据。输入数据时，以一个或多个空格键为间隔，也可以用回车键或制表键为间隔，不能用逗号分隔，对%c不需要分隔符，遇到回车换行符或非法字符则认为该数据输入结束。程序员在调用该函数前，最好调用printf函数显示要输入数据的类型、个数等提示信息。

例如（假定a、b均为int型变量，c1、c2、c3均为char类型变量）：

```
scanf("a=%d", &a);
                    //若输入“a=8”，则a为8；若输入8，则a得不到该输入值，故最好写为“%d”
scanf("%d%d", &a, &b);  //若输入“10 20”，则a为1，b为一无意义值，O若为小数点，亦然
scanf("%d %*d %d", &a, &b);  //输入“12 345 6”，则a、b分别为12、6
scanf("%c%c%c",&c1,&c2,&c3);   //输入“x y z”，则c1、c2、c3分别为'x'、' '(空格)、'y'
scanf("%c%c", &c1, &c2); //输入“2.5”，则c1为'2'，c2为'.'
scanf("%d%c%d", &a, &c1, &b);  //输入“3 4”，则a、c1、b为3、' '(空格)、4
```

（3）字符输入/输出函数

```
int getchar(void);                                   //从控制台输入一个字符
char *gets(char *s)                                  //从控制台输入一个字符串
int fgetc(FILE *stream)                              //从文件输入一个字符
char *fgets(char *s, int n, FILE *stream)            //从文件输入一个字符串
int putchar(int c);                                  //向控制台输出一个字符
int puts(const char *s)                              //向控制台输出一个字符串
int fputc(int c, FILE *stream)                       //向文件输出一个字符
int fputs(const char *s, FILE *stream)               //向文件输出一个字符串
```

（4）文件操作

```
FILE *fopen(const char *filename, const char *mode);   //打开文件
size_t fwrite(const void *ptr, size_t size, size_t nmemb, FILE *stream);
                                                       //向文件写数据
size_t fread(const void *ptr, size_t size, size_t nmemb, FILE *stream);
                                                       //从文件读数据
int feof(FILE *stream);          //如果文件结束并继续进行读操作，则返回非0，否则返回0
int fseek(FILE *stream, long offset, int whence);      //调整文件位置指针
long ftell(FILE *stream);                              //返回位置指针的位置
void rewind(FILE *stream);                             //将文件位置指针拉回到文件头部
int fclose(FILE *pfile);                               //关闭文件
```

2. 字符处理库函数（使用时需添加#include < ctype.h>）

```
int isdigit( int c );    //判断c是否为数字，是则返回非0，否则返回0
int isalpha( int c );    //判断c是否为字母，是则返回非0，否则返回0
```

```
int isalnum( int c );      //判断c是否为字母或数字，是则返回非0，否则返回0
int isupper( int c );      //判断c是否为大写字母，是则返回非0，否则返回0
int islower( int c );      //判断c是否为小写字母，是则返回非0，否则返回0
int tolower( int c );      //如果c是大写字母，则返回相应的小写字母，否则返回c
int toupper( int c );      //如果c是小写字母，则返回相应的大写字母，否则返回c
```

3. 字符串处理库函数（使用时需添加 #include < string.h>）

```
char *strcat(char *s, const char *ct)              //将字符串ct连接至s尾部
char *strncat(char *s, const char *ct, size_t n)
                                                   //将字符串ct前n个字符连接至s尾部
char *strcpy(char *s, const char *ct)              //将字符串ct拷贝至s头部
char *strncpy(char *s, const char *ct, size_t n)
                                                   //将字符串ct前n个字符拷贝至s头部
int strcmp(const char *cs, const char *ct)         //比较字符串cs与ct的大小
int strncmp(const char *cs, const char *ct, size_t n)
                                                   //比较字符串cs与ct前n个字符的大小
size_t strlen(const char *cs)                      //计算字符串的长度
char *strstr(const char *cs, const char *ct)       //在cs中查找第一个ct
```

4. 数学库函数（使用时需添加 #include < math.h>）

```
double fabs( double x );                           //double型的绝对值
double ceil( double x );             //不小于x的最小整数（返回值为以double表示的整型数）
double floor( double x );            //不大于x的最大整数（返回值为以double表示的整型数）
double sqrt( double x );                           //平方根
double pow( double x, double y );                  //x的y次幂
double exp( double x );                            //e(2.71828...)的x次幂
double log( double x );                            //自然对数（以e为底的对数）
double log10( double x );                          //以10为底的对数
double sin( double x );                            //正弦函数（x为弧度）
double cos( double x );                            //余弦函数（x为弧度）
double tan( double x );                            //正切函数（x为弧度）
double asin( double x );                           //反正弦函数（返回值为弧度）
double acos( double x );                           //反余弦函数（返回值为弧度）
double atan( double x );                           //反正切函数（返回值为弧度）
```

5. 实用函数（使用时需添加 #include < stdlib.h>）

```
int abs( int n );                                  //int型的绝对值
long labs( long n );                               //long int型的绝对值
double atof( const char string[] );                //把字符串转换成double型
int atoi( const char string[] );                   //把字符串转换成int型
long atol( const char string[] );                  //把字符串转换成long int型
int rand( );                                       //生成一个伪随机数
void srand( unsigned int seed );                   //为rand设置种子的值
void exit( int status ); //终止整个程序的执行，status用于指出原因，一般0表示正常终止
void abort( );    //终止整个程序的执行，与exit的主要区别是它不做关闭文件等善后处理工作
int system(const char *s);                         //将字符串s传递给执行环境
```

6. 日期与时间函数（使用时需添加 #include < time.h>）

```
clock_t clock(void);     //返回程序从开始执行到调用该函数占用处理器的秒数
```

```
time_t time(time_t *tp);          //返回当前时间⊖
```

7. 其他库函数

（1）动态存储分配函数（使用时需添加 #include < malloc.h>⊜）

```
void malloc(size_t size);         //为长度为size字节的数据对象分配内存空间
void free(void *p);               //释放p所指向的内存空间
```

（2）文本屏幕处理函数（使用时需添加 #include < conio.h>）

```
clrscr( );                        //清理屏幕，擦除程序之前的输出内容
```

⊖ 该函数的返回值跟具体实现有关，例如，对于“time(0);”，许多IDE会返回从公元1970年1月1日0时0分0秒以来所经过的秒数。

⊜ 在有的开发环境中使用时需添加 #include <stdlib.h>。

参考文献

[1] Brian W Kernighan, Dennis M Ritchie. C 程序设计语言 [M]. 2 版. 徐宝文，李志，译. 北京：机械工业出版社，2004.

[2] 陈家骏，郑滔. 程序设计教程——用 C++ 语言编程 [M]. 3 版. 北京：机械工业出版社，2015.

[3] Donald Ervin Knuth. 计算机程序设计艺术 · 第 1 卷 · 基本算法 [M]. 3 版. 苏运霖，译. 北京：国防工业出版社，2007.

[4] American National Standards Institute. ISO/IEC 9899:1990(E) International Standard for Programming Languages——C[S].1990.

[5] American National Standards Institute. ISO/IEC 9899:1999(E) International Standard for Programming Languages——C[S].1999.

[6] American National Standards Institute. ISO/IEC 9899:2011(E) International Standard for Programming Languages——C[S].2011.

[7] Ellis Horowitz. Fundamentals of Programming Languages [M]. New York：Springer-Verlag, 1983.

[8] Alice E Fischer, David W Eggert，等. C 语言程序设计实用教程 [M]. 裘岚，张晓芸，等译. 北京：电子工业出版社，2001.

[9] P J Deitel, H M Deitel，等. C 大学教程 [M]. 苏小红，李东，王甜甜，等译. 北京：电子工业出版社，2008.

[10] Andrew Koenig. C 陷阱与缺陷 [M]. 高巍，译. 北京：人民邮电出版社，2008.

[11]《编程之美》小组. 编程之美 [M]. 北京：电子工业出版社，2008.

[12] 谭浩强. C 程序设计 [M]. 北京：清华大学出版社，1991.

[13] 黄维通，孟威. C 程序设计教程 [M]. 北京：机械工业出版社，2002.

[14] 吕凤翥. C++ 语言基础教程 [M]. 北京：清华大学出版社，1999.

[15] 袁春风. 计算机系统基础 [M]. 北京：机械工业出版社，2014.

[16] American National Standards Institute. ISO/IEC 14882:1998(E) International Standard for Programming Languages——C++[S]. 1998.